战略性新兴产业系列丛书——物联网

21世纪高等教育计算机规划教材
21st Century University Planned Textbooks of Computer Science

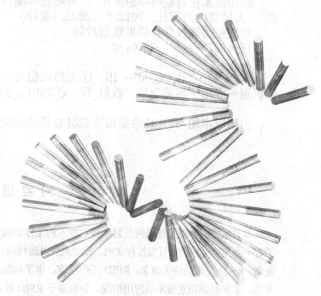

# RFID技术
## 在物联网中的应用

Rfid-Radio Frequency
IDentification

◎ 贝毅君 干红华 程学林 赵斌 编著

人民邮电出版社

北京

图书在版编目（CIP）数据

RFID技术在物联网中的应用 / 贝毅君等编著. -- 北京：人民邮电出版社，2013.4（2022.1重印）
21世纪高等教育计算机规划教材
ISBN 978-7-115-30001-0

Ⅰ. ①R… Ⅱ. ①贝… Ⅲ. ①无线电信号－射频－信号识别－应用－高等学校－教材 Ⅳ. ①TN911.23

中国版本图书馆CIP数据核字(2013)第025063号

### 内 容 提 要

本书系统地介绍了物联网及射频识别技术的工作原理，分析了 RFID 技术在各领域的典型应用，并给出了若干面向实际应用的开发过程实例、原型系统及源代码。通过本书的学习，读者可以深刻理解物联网的相关概念、RFID 技术的相关概念、RFID 工作原理、电子标签体系结构、RFID 读写器体系结构、RFID 中间件等内容，了解射频识别技术的应用情况，掌握基于 RFID 技术的应用系统的开发方法。

本书内容丰富，实践案例详尽，可以作为高等学校高年级本科生和研究生教学用书，也可以作为 RFID 项目应用的参考资料。

---

◆ 编　著　贝毅君　干红华　程学林　赵　斌
　责任编辑　武恩玉

◆ 人民邮电出版社出版发行　北京市丰台区成寿寺路 11 号
　邮编　100164　电子邮件　315@ptpress.com.cn
　网址　http://www.ptpress.com.cn
　北京天宇星印刷厂印刷

◆ 开本：787×1092　1/16
　印张：15　　　　　　　　　2013 年 4 月第 1 版
　字数：393 千字　　　　　　2022 年 1 月北京第 12 次印刷

ISBN 978-7-115-30001-0
定价：35.00 元

读者服务热线：(010)81055256　印装质量热线：(010)81055316
反盗版热线：(010)81055315

# 前言

"十二五"期间,为进一步加快信息技术与城市发展的融合,国内诸多城市纷纷提出了以云计算、物联网、互联网等技术为支撑的智慧城市建设。物联网作为智慧城市建设核心技术之一,被称为继计算机、互联网之后的世界信息产业的第三次浪潮,代表了信息产业领域的新一轮革命。在国家"十二五"规划中,物联网被确定为国家战略性新兴产业之一,计划在2011—2015年初步形成从传感器、芯片、软件、终端、整机、网络到业务应用的完整产业链,并培育一批具有国际竞争力的领军企业。

目前,物联网被广泛应用于智能交通、环境保护、政府工作、公共安全、平安家居、个人健康等诸多领域,而物联网的支撑技术则融合了传感器技术、射频识别(Radio Frequency Identification, RFID)技术、计算机技术、通信网络技术、电子技术等多种技术。其中射频识别技术是构成物联网的关键技术之一。射频识别技术是一种非接触式自动识别技术,作为快速、实时、准确采集与处理信息的高新技术和信息标准化的基础,被公认为21世纪十大重要技术之一,已在生产、零售、物流、交通等各个行业广泛应用。

本书共分为3个篇章,第一篇为物联网概论及RFID技术篇,包括6章。第1章~第3章帮助读者初步了解物联网及RFID技术的基本概念;第4章~第5章介绍电子标签的体系结构和RFID读写器的体系结构;第6章分别从商业版本和开源版本两方面介绍通用RFID中间件的典型架构以及目前最新的中间件架构类型。第二篇为RFID技术应用案例分析篇,包括4章,主要对RFID在交通、仓储物流、电力及医疗领域中的应用情况进行了介绍和分析。第三篇为RFID技术开发实践篇,包括3章,通过结合文档管理、资产管理以及化妆品智能导购三种不同应用场景,给出了利用RFID技术来实现智能管理系统的解决方案,并提供了与RFID技术相关的软、硬件实现方法。

本书有以下几个特点:一是以理论作为基础,按照由浅入深的顺序介绍射频识别相关技术,重点介绍了它的工作原理及其应用,尽量避免过多的理论推导;二是理论与案例相结合,在介绍射频识别技术的基础之上,对其在各个行业的应用举出了很多实例,努力做到理论深刻而又浅显易懂,通过案例分析论证,深化知识,从而加深对RFID技术的理解;三是通过引入实践环节,使读者不但能够掌握RFID技术,而且能够设计和搭建实际的射频识别应用系统。

本书由贝毅君、干红华、程学林和赵斌共同编著,其中贝毅君编写了第1章、第3章、第7章~第9章,干红华编写了第2章、第10章,程学林编写了第4章~第6章,赵斌编写了第11章~第13章,由贝毅君负责全书的统稿。浙江大学软件学院的部分研究生也参与了本书的编写,特别是郇笑、唐宏波、赵栋栋、付建双、吴娅和潘祖龙等帮助实现了部分应用案例的系统搭建和代码编写。

感谢东软集团、香港 EBSL 公司、宁波国际物流发展有限公司、浙江钧普科技有限公司等产业界合作伙伴提供部分应用案例原型和技术支持。感谢黄础章（Ed Wong）、司海涛、董善华、杨冰之、施青松等多次参与关于 RFID 技术及物联网的讨论。

本书得到了宁波市应用型专业人才培养基地建设项目和宁波市智慧产业人才基地建设项目的资助。

由于种种原因，书中难免存在谬误之处，请各界读者予以指正。

编　者

2012 年 10 月

# 目 录

## 第一篇 物联网概论及 RFID 技术

### 第1章 物联网概述 ...... 2
- 1.1 什么是物联网 ...... 2
- 1.2 物联网基本原理 ...... 3
- 1.3 物联网体系架构 ...... 3
- 1.4 国外物联网发展现状 ...... 4
  - 1.4.1 美国物联网发展现状 ...... 4
  - 1.4.2 欧盟物联网发展现状 ...... 5
- 1.5 中国物联网发展现状 ...... 5
- 1.6 国内物联网发展的瓶颈 ...... 6
- 小结 ...... 7
- 讨论与习题 ...... 7

### 第2章 RFID 技术概述 ...... 8
- 2.1 自动识别技术 ...... 8
  - 2.1.1 自动识别技术的概念 ...... 8
  - 2.1.2 自动识别技术的分类与比较 ...... 9
- 2.2 RFID 技术发展阶段 ...... 13
  - 2.2.1 RFID 技术的产生阶段 ...... 13
  - 2.2.2 RFID 技术的探索阶段 ...... 13
  - 2.2.3 RFID 技术的应用阶段 ...... 14
  - 2.2.4 RFID 技术的推广阶段 ...... 14
  - 2.2.5 RFID 技术的普及阶段 ...... 14
- 2.3 RFID 系统概述 ...... 15
  - 2.3.1 RFID 系统的构成 ...... 15
  - 2.3.2 RFID 系统工作流程 ...... 18
  - 2.3.3 RFID 系统的特点 ...... 18
  - 2.3.4 RFID 系统的分类 ...... 19
- 2.4 RFID 的应用前景 ...... 21
- 小结 ...... 22
- 讨论与习题 ...... 22

### 第3章 RFID 标准体系 ...... 23
- 3.1 EPC 系统概述 ...... 23
  - 3.1.1 EPC 系统的构成 ...... 23
  - 3.1.2 EPC 系统工作流程 ...... 24
- 3.2 产品电子编码 ...... 25
  - 3.2.1 EPC 码 ...... 26
  - 3.2.2 EPC 的特点 ...... 26
- 3.3 EPC 识别系统 ...... 27
  - 3.3.1 EPC 标签 ...... 27
  - 3.3.2 EPC 读写器 ...... 29
- 3.4 中间件 ...... 30
  - 3.4.1 中间件的作用 ...... 30
  - 3.4.2 中间件的结构 ...... 31
- 3.5 物联网名称解析服务 ...... 32
  - 3.5.1 ONS 系统架构 ...... 32
  - 3.5.2 ONS 工作原理 ...... 32
- 3.6 物联网信息发布服务 ...... 34
  - 3.6.1 EPCIS 的作用 ...... 34
  - 3.6.2 EPCIS 在 EPC 系统中的位置 ...... 34
  - 3.6.3 EPCIS 框架 ...... 35
- 3.7 物联网 RFID 标准体系 ...... 35
  - 3.7.1 物联网 RFID 标准组织 ...... 36
  - 3.7.2 物联网 RFID 标准体系的构成 ...... 37
  - 3.7.3 国内物联网 RFID 标准 ...... 38
- 小结 ...... 39
- 讨论与习题 ...... 39

### 第4章 RFID 电子标签 ...... 40
- 4.1 电子标签概述 ...... 40
- 4.2 一位电子标签 ...... 40
- 4.3 采用声表面波技术的标签 ...... 42
  - 4.3.1 声表面波器件 ...... 42
  - 4.3.2 声表面波技术的特点 ...... 43
  - 4.3.3 声表面波标签 ...... 44
  - 4.3.4 声表面波技术的发展方向 ...... 45
- 4.4 采用电路技术的电子标签 ...... 46
  - 4.4.1 模拟前端 ...... 46
  - 4.4.2 控制电路 ...... 49
- 4.5 基于存储器的电子标签 ...... 50

4.5.1　地址和安全逻辑 ································· 51
　　4.5.2　存储器 ············································ 51
4.6　基于微处理器的电子标签 ······················· 54
小结 ································································ 55
讨论与习题 ····················································· 55

## 第5章　RFID读写器 ································· 56

5.1　RFID读写器的构成 ································· 56
　　5.1.1　天线 ················································ 57
　　5.1.2　射频模块 ········································· 57
　　5.1.3　读写模块 ········································· 58
　　5.1.4　电源、时钟等基本功能单元 ··········· 58
5.2　RFID读写器的作用与工作方式 ··············· 58
5.3　RFID读写器的设计 ································· 59
5.4　RFID读写器的分类 ································· 60
　　5.4.1　低频读写器 ······································ 60
　　5.4.2　高频读写器 ······································ 62
　　5.4.3　微波读写器 ······································ 67
5.5　RFID读写器技术的发展趋势 ·················· 70
小结 ································································ 71
讨论与习题 ····················································· 71

## 第6章　RFID中间件 ································· 72

6.1　RFID中间件概述 ····································· 72
　　6.1.1　国内情况 ········································· 72

　　6.1.2　国外情况 ········································· 73
6.2　RFID中间件分类 ····································· 73
　　6.2.1　RFID中间件的分类 ························ 74
　　6.2.2　RFID中间件的研究目标 ················· 74
6.3　RFID中间件架构技术 ····························· 75
　　6.3.1　Savant中间件架构 ·························· 75
　　6.3.2　ALE和EPCIS规范 ························· 76
6.4　典型RFID中间件架构层次模型 ··············· 77
　　6.4.1　设备交互层 ······································ 78
　　6.4.2　数据源读取层 ·································· 78
　　6.4.3　数据处理层与事件生成层 ··············· 78
　　6.4.4　应用交互层 ······································ 79
6.5　商业RFID中间件 ···································· 80
　　6.5.1　BEA ················································· 80
　　6.5.2　Oracle ·············································· 81
　　6.5.3　Microsoft ········································· 83
　　6.5.4　IBM ················································· 84
6.6　开源RFID中间件 ···································· 87
　　6.6.1　Rifidi Edge Server ··························· 87
　　6.6.2　Fosstrak ··········································· 88
　　6.6.3　AspireRFID ······································ 89
小结 ································································ 92
讨论与习题 ····················································· 92

# 第二篇　RFID技术应用案例分析

## 第7章　RFID技术在交通领域的应用 ········· 94

7.1　行业概况 ················································· 94
7.2　RFID应用需求 ········································· 94
7.3　典型应用 ················································· 95
　　7.3.1　电子车牌系统 ·································· 95
　　7.3.2　ETC不停车收费系统 ······················ 96
　　7.3.3　城市智能公共交通系统 ··················· 98
小结 ································································ 99
讨论与习题 ····················································· 99

## 第8章　RFID技术在仓储物流领域的应用 ·· 100

8.1　行业概况 ··············································· 100
8.2　RFID应用需求 ······································ 101

8.3　典型应用 ··············································· 102
　　8.3.1　仓库管理系统 ································ 102
　　8.3.2　物流管理系统 ································ 105
　　8.3.3　港口信息化管理系统 ····················· 106
小结 ······························································ 107
讨论与习题 ··················································· 107

## 第9章　RFID技术在电力领域的应用 ······· 108

9.1　行业概况 ··············································· 108
9.2　RFID应用需求 ······································ 109
9.3　典型应用 ··············································· 110
　　9.3.1　电网设备的检测及应急处理系统 ··· 110
　　9.3.2　电力资产管理系统 ························· 112
小结 ······························································ 113
讨论与习题 ··················································· 113

# 第10章 RFID 技术在医疗领域的应用 ································ 114
## 10.1 行业概况 ································ 114
## 10.2 RFID 应用需求 ································ 115
## 10.3 典型应用 ································ 116
### 10.3.1 药品管理系统 ································ 116
### 10.3.2 医疗废物管理系统 ································ 118
## 小结 ································ 120
## 讨论与习题 ································ 120

# 第三篇 RFID 技术开发实践

# 第11章 文档信息管理系统 ································ 122
## 11.1 系统需求分析 ································ 123
### 11.1.1 任务目标与功能需求 ································ 123
### 11.1.2 用例及用例描述 ································ 123
### 11.1.3 过程建模 ································ 130
### 11.1.4 运行环境需求 ································ 134
## 11.2 系统设计 ································ 134
### 11.2.1 总体设计 ································ 134
### 11.2.2 功能类设计 ································ 135
### 11.2.3 数据库设计 ································ 137
## 11.3 系统实现 ································ 138
### 11.3.1 阅读器模块的实现 ································ 138
### 11.3.2 客户端系统实现 ································ 143
### 11.3.3 数据库连接 ································ 149
## 11.4 系统使用说明 ································ 152
### 11.4.1 主界面 ································ 152
### 11.4.2 用户登录 ································ 153
### 11.4.3 文档借出 ································ 154
### 11.4.4 文档还入 ································ 155
### 11.4.5 数据库设置 ································ 155
### 11.4.6 RFIDReader 设置 ································ 156
### 11.4.7 文档管理 ································ 156
### 11.4.8 用户管理 ································ 158
## 小结 ································ 160
## 讨论与习题 ································ 160

# 第12章 资产管理系统 ································ 161
## 12.1 系统需求分析 ································ 161
### 12.1.1 任务目标与功能需求 ································ 161
### 12.1.2 用例及用例描述 ································ 162
### 12.1.3 运行环境需求 ································ 167
## 12.2 系统设计 ································ 167
### 12.2.1 总体设计 ································ 167
### 12.2.2 主要逻辑图 ································ 171
### 12.2.3 硬件选择 ································ 172
## 12.3 系统实现 ································ 172
### 12.3.1 界面设计与处理 ································ 172
### 12.3.2 数据的存储 ································ 182
### 12.3.3 读取 RFID 标签 ································ 187
## 12.4 系统使用说明 ································ 189
### 12.4.1 用户管理 ································ 189
### 12.4.2 物品种类管理 ································ 190
### 12.4.3 资产管理 ································ 191
## 小结 ································ 193
## 讨论与习题 ································ 193

# 第13章 化妆品智能导购系统 ································ 194
## 13.1 系统需求分析 ································ 194
### 13.1.1 任务目标与功能需求 ································ 194
### 13.1.2 功能需求 ································ 194
### 13.1.3 用例及用例描述 ································ 195
### 13.1.4 过程建模 ································ 201
### 13.1.5 运行环境需求 ································ 205
## 13.2 系统设计 ································ 206
### 13.2.1 总体设计 ································ 206
### 13.2.2 RFID 读写模块详细设计 ································ 207
### 13.2.3 主要模块接口设计 ································ 209
### 13.2.4 数据结构设计 ································ 209
## 13.3 系统实现 ································ 213
### 13.3.1 化妆品标签阅读实现 ································ 213
### 13.3.2 用户卡端信息读取实现 ································ 215
### 13.3.3 系统前台和后台管理模块实现 ································ 219
## 13.4 系统使用说明 ································ 219
### 13.4.1 化妆品标签阅读模块使用 ································ 221
### 13.4.2 系统前台界面展示 ································ 222
### 13.4.3 用户卡标签读取模块使用 ································ 225
## 小结 ································ 227
## 讨论与习题 ································ 227

# 参考文献 ································ 228
# 缩略词 ································ 230

# 第一篇
# 物联网概论及 RFID 技术

第1章　物联网概述
第2章　RFID 技术概述
第3章　RFID 标准体系
第4章　RFID 电子标签
第5章　RFID 读写器
第6章　RFID 中间件

# 第1章
# 物联网概述

物联网已成为当前世界新一轮经济和科技发展的战略制高点之一，发展物联网对于促进经济发展和社会进步具有重要的现实意义。2008年，全球金融危机爆发后，美国政府为寻找新的经济增长点，对国际商业机器公司（International Business Machines，IBM）针对下一代的信息浪潮所提出的"智慧地球"战略高度关注，由此引发了世界各国对物联网的追捧。

我国为了大力发展新型战略性产业，使国内物联网发展与国外保持一致，于2009年提出了"感知中国"的发展战略，并指出"在传感网发展中，要早一点谋划未来，早一点攻破核心技术"，明确要求尽快建立中国的传感信息中心。2009年11月，国家领导人在北京科技界发表的题为《让科技引领中国可持续发展》的讲话中，强调可持续发展的五大方面，其中就包括了着力突破传感网、物联网关键技术，及早部署后IP时代相关技术研发工作，使信息网络产业成为推动产业升级、迈向信息社会的"发动机"。

如今，物联网已经成为全球最为关注的词语，物联网本身则被称为继计算机、互联网之后世界信息产业的第三次浪潮。

## 1.1 什么是物联网

物联网是指在计算机互联网的基础上，利用射频识别、传感器、红外感应器、无线数据通信等技术，构造一个覆盖世界上万事万物的"The Internet of Things"（IOT），也就是"实现物物相连的互联网络"。其内涵包含两个方面意思：一是物联网的核心和基础仍是互联网，是在互联网基础之上延伸和扩展的一种网络；二是其用户端延伸和扩展到了任何物品与物品之间，进行信息交换和通信。物联网的定义是：通过射频识别（Rodio Frequency Identification，RFID）装置、传感器、红外感应器、全球定位系统、激光扫描器等信息传感设备，按约定的协议，把任何物品与互联网相连接，以进行信息交换和通信，从而实现智慧化识别、定位、跟踪、监控和管理的一种网络体系。

物联网将把新一代信息技术充分运用在各行各业之中，具体地说，就是把感应器嵌入和装备到电网、铁路、桥梁、隧道、公路、建筑、大坝、油气管道等种种物体中，然后将"物联网"与现有的互联网整合起来，实现人类社会与物理系统的整合，在这个整合的网络当中，存在能力超级强大的中心计算机群，能够对整合网络内的人员、机器、设备和基础设施进行实时的管理和控制，以更加精细和动态的方式管理生产和生活，达到"智慧"状态，提高资源利用率和生产力水平，改善人与自然间的关系。

物联网概念的问世，打破了之前的传统思维。过去的思路一直是将物理基础设施和信息基础设施分开，一方面是机场、公路、建筑物，另一方面是数据中心、个人电脑、宽带等。而在物联网时代，钢筋混凝土、电缆将与芯片、宽带整合为统一的基础设施，在此意义上，基础设施更像是一块新的地球工地，世界的运转就在它上面进行，其中包括经济管理、生产运行、社会管理乃至个人生活。故也有业内人士认为，物联网是智慧地球的有机构成部分，是智慧城市建设的核心技术之一。

## 1.2 物联网基本原理

如前所述，物联网是在计算机互联网的基础上，利用射频识别、无线数据通信等技术所构造的一个覆盖世界上万事万物的网络。在这个网络中，物品能够彼此进行"交流"，而无需人的干预，通过计算机互联网实现物品的自动识别和信息的互联与共享。

物联网中非常重要的技术是射频识别技术，射频识别技术是一种能够让物品真正实现相互沟通的技术。在物联网世界中，射频识别标签中存储着规范而具有互用性的信息，通过互联网和移动通信网络把它们自动采集到中央信息系统，实现物品的识别，进而通过开放性的计算机网络实现信息交换和共享，实现对物品的"透明"管理。

物联网以射频识别系统为基础，结合已有的互联网技术、数据库技术、中间件技术以及最新的云计算技术等，构筑一个由大量联网的读写器和无数移动的电子标签组成的，比互联网更为庞大的网络。

物联网需要各行各业的参与，是一项综合的技术和系统的工程。物联网的规划、设计和研发关键在于射频识别、传感器、嵌入式软件以及传输数据计算等领域技术的发展。

一般来讲，物联网的系统应用流程如下。

① 对物体静态和动态的属性进行标识，静态属性可以直接存储在标签中，动态属性需要先由传感器进行实时探测。

② 识别设备完成对物体属性的读取，并将信息转换为适合网络传输的数据格式。

③ 将物体的信息通过网络传输到信息处理中心（处理中心可能是分布式的，如家里的电脑或者手机，也可能是集中式的，如 IDC——Internet Data Center），由处理中心完成物体信息的相关计算。

## 1.3 物联网体系架构

物联网的体系架构如图 1.1 所示，分为感知层、传输层、应用层 3 个层次。

感知层是物联网的皮肤和五官——负责识别物体，采集信息。感知层包括条码标签和识读器、射频识别标签和读写器、摄像头、GPS、传感器、终端、传感器网络等设备或技术，实现物体的感知、识别，采集、捕获信息，与人体结构中皮肤和五官的作用相似。感知层要突破的方面是具备更敏感和更全面的感知能力，以及解决低功耗、小型化和低成本等问题。

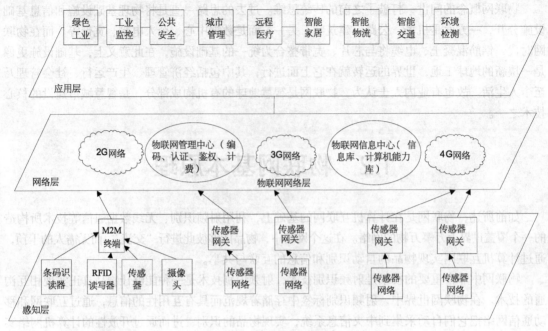

图 1.1　物联网体系架构[①]

网络层是物联网的神经中枢和大脑——负责信息传递和处理。网络层包括各种通信网络与互联网形成的融合网络，是相对成熟的部分。现有可用的网络包括互联网、广电网络、通信网络等，但在机器-机器（Machine to Machine, M2M）应用大规模普及后，仍然需要解决新的业务模型对系统容量、服务质量（Quality of Service, QoS）的特别要求。另外，物联网管理中心、信息中心、云计算平台、专家系统等对海量信息进行智能处理的问题亟待突破。网络层是物联网成为普遍服务的基础设施，主要解决了向下与感知层的结合和向上与应用层的结合问题。

应用层是物联网的"社会分工"——是将物联网技术与行业专业领域技术相结合，实现广泛智能化应用的解决方案，利用现有的智能手机、个人计算机（Personal Computer, PC）、掌上电脑（Personal Digital Assistant, PDA）等终端实现应用。物联网通过应用层最终实现信息技术与行业专业技术的深度融合，对国民经济和社会发展具有广泛影响。应用层的关键问题是在确保信息的社会化共享及安全性。

## 1.4　国外物联网发展现状

目前，许多发达国家将发展物联网视为新的经济增长点。据美国咨询研究机构 Forrester 预测，到 2020 年，物联网这一新兴产业将会发展成为一个上万亿规模的高科技市场，是目前互联网的 30 倍，而且将带来无数的就业机会。在未来，可以想象通过物物相连的庞大网络实现智能交通、智能安防、智能监控、智能物流以及家用电器的智能化控制，将使生产和生活更加智能和便捷。

### 1.4.1　美国物联网发展现状

美国很多大学在无线传感器网络方面已开展了大量工作，如加州大学洛杉矶分校的嵌入式网

---

① 参考网址 http://www.chuandong.com/publish/report/2009/11/report_6_5520.html

络感知中心实验室、无线集成网络传感器实验室、网络嵌入系统实验室等；麻省理工学院目前从事着极低功耗的无线传感器网络方面的研究；奥本大学也从事了大量关于自组织传感器网络方面的研究，并完成了一些实验系统的研制；宾汉顿大学计算机系统研究实验室在移动自组织网络协议、传感器网络系统的应用层设计等方面做了很多研究工作；州立克利夫兰大学（俄亥俄州）的移动计算实验室在基于 IP 的移动网络和自组织网络方面结合无线传感器网络技术进行了研究。

除了高校和科研院所之外，美国各大知名企业也都先后参与开展了无线传感器网络的研究。克尔斯博（Crossbow）公司是国际上率先进行无线传感器网络研究的先驱之一，为全球 2 000 多所高校以及上千家大型公司提供无线传感器解决方案。克尔斯博公司与软件巨头微软公司、传感器设备巨头霍尼韦尔公司、硬件设备制造商英特尔公司、著名高校加州大学伯克利分校等都建立了合作关系。此外 IBM 公司提出的"智慧地球"概念已上升至美国的国家战略。

2009 年，IBM 与美国智库机构提出通过信息通信技术（Information and Communications Technology, ICT）投资可在短期内创造就业机会，美国政府只要新增 300 亿美元的 ICT 投资（包括智能电网、智能医疗、宽带网络 3 个领域），便可以为民众创造出 94.9 万个就业机会。在美国工商业领袖圆桌会上，IBM 首席执行官建议政府投资新一代的智能型基础设施，建议得到了的积极回应，并把"宽带网络等新兴技术"定位为振兴经济、确立美国全球竞争优势的关键战略，并在随后出台的总额 7 870 亿美元《经济复苏和再投资法》（Recovery and Reinvestment Act）中对上述战略建议具体加以落实，其中鼓励物联网技术发展政策主要体现在推动能源、宽带与医疗三大领域开展物联网技术的应用。

### 1.4.2 欧盟物联网发展现状

2009 年，欧盟执委会向欧盟议会、理事会、欧洲经济和社会委员会及地区委员会递交了《欧盟物联网行动计划》（Internet of Things -An action plan for Europe），以确保欧洲在物联网发展过程中起主导作用。行动计划描绘了物联网技术应用的前景，并提出要加强欧盟对物联网的管理，消除物联网发展的障碍，共包括 14 项内容：管理、隐私及数据保护、"芯片沉默"的权利、潜在危险、关键资源、标准化、研究、公私合作、创新、管理机制、国际对话、环境问题、统计数据和进展监督。该行动方案，描绘了物联网技术应用的前景，并提出要加强欧盟对物联网的管理，其行动方案提出的政策建议主要包括以下几方面。

① 加强物联网管理。
② 完善隐私和个人数据保护。
③ 提高物联网的可信度、接受度、安全性。

2009 年 10 月，欧盟委员会以政策文件的形式对外发布了物联网战略，提出要让欧洲在基于互联网的智能基础设施发展上领先全球，除了通过 ICT 研发计划投资 4 亿欧元，启动 90 多个研发项目提高网络智能化水平外，在 2011 年至 2013 年间欧盟委员会每年新增 2 亿欧元进一步加强研发力度，同时拿出 3 亿欧元专款，支持物联网相关公私合作短期项目建设。

## 1.5 中国物联网发展现状

目前，我国物联网具备了一定的技术、产业和应用基础，呈现出良好的发展态势，但发展仍处于起步阶段。

我国在芯片、通信协议、网络管理、协同处理、智能计算等领域开展了多年技术攻关，已取得许多成果。在传感器网络接口、标识、安全、传感器网络与通信网融合、物联网体系架构等方面相关技术标准的研究取得进展，成为国际标准化组织（ISO）传感器网络标准工作组（WG7）的主导国之一。2010年，我国主导提出的传感器网络协同信息处理国际标准获正式立项，同年，我国企业研制出全球首颗二维码解码芯片，研发了具有国际先进水平的光纤传感器，TD-LTE技术正在开展规模技术试验。

我国物联网在安防、电力、交通、物流、医疗、环保等领域已经得到应用，且应用模式正日趋成熟。在安防领域，视频监控、周界防入侵等应用已取得良好效果；在电力行业，远程抄表、输变电监测等应用正在逐步拓展；在交通领域，路网监测、车辆管理和调度等应用正在发挥积极作用；在物流领域，物品仓储、运输、监测应用广泛推广；在医疗领域，个人健康监护、远程医疗等应用日趋成熟。除此之外，物联网在环境监测、市政设施监控、楼宇节能、食品药品溯源等方面也开展了广泛的应用。

2011年，我国正式发布的《物联网"十二五"发展规划》，明确了我国物联网发展的发展目标、主要任务、重点工程等，指出了我国物联网未来发展的重点领域，并从政策、财税、技术、人才等方面提出了保障措施，对加快我国物联网发展，培育和壮大新一代信息技术产业具有重要意义。

## 1.6 国内物联网发展的瓶颈

尽管我国物联网在产业发展、技术研发、标准研制和应用拓展等领域已经取得了一些进展，但我国物联网发展还存在一系列瓶颈和制约因素。主要表现在以下几个方面。

**1. 安全隐私保护问题**

在物联网中，传感网的建设要求是将RFID标签预先嵌入到任何与人息息相关的物品中。但是物品嵌入标签后，有关信息若被其他人获得，将直接导致个人的隐私权问题受到侵犯。因此，确保标签物拥有者的个人隐私不受侵犯，便成为RFID技术乃至物联网推广的关键问题。确保企业商业信息、国家机密等不会泄露也至关重要。所以说，物联网的发展不仅仅是一个技术问题，更有可能涉及到政治、法律和国家安全问题。

**2. 核心技术与标准有待突破**

物联网的技术涉及传感器技术、RFID技术、编码、通信技术等，其中，RFID技术和传感器技术及其产品最为关键。国内在低频RFID（125或134.2 kHz）、高频RFID（13.56 MHz）比较成熟，但90%以上超高频（868～956 MHz）RFID芯片仍然依靠进口；物联网的另一核心产品——传感器及信息处理芯片，也与发达国家存在较大差距。国内企业生产的压力传感器、惯性传感器、温度传感器、湿度传感器、图像传感器等产品以及搭载具有信息处理功能的传感器模块的技术参数（如精确性、稳定性、使用期限等指标）与国外企业差距明显，尤其是重金属传感器和光感应传感器，国内都没有相关的研发和生产单位。

目前，EPCglobal、AIMglobal、ISO、UID等一些RFID技术标准已在国内推广应用，但国内在RFID技术应用方面仍未建立统一标准，这极大地制约了国内RFID技术的应用发展。物联网的应用本身是异构的技术体系，不同应用之间采用不同协议，要规模化应用，必须建立一致性通信协议标准。如果物联网没有统一标准，就不能实现互连互通，就很难得到发展。

#### 3. 物联网产业政策欠缺

物联网不是一个小产品，也不是一个小企业就可以做出来做起来的，物联网的普及不仅需要相关技术的提高，它更是牵涉各个行业，各个产业，需要多种力量的整合。可行性产业扶持政策是国内物联网产业谋求突破的关键因素之一，政策先行是产业规模化发展的重要保障，这就需要国家在产业政策和立法上要走在前面，要制定出适合这个行业发展的政策和法规，保证行业的正常发展。

#### 4. 统一数据管理平台缺乏

在物联网时代，大量信息需要传输和处理，只有有效管理应用物联网技术带来的巨大数据，才能使数以亿计的各类物品的实时动态管理变成可能。假如没有一个与之匹配的网络体系，就不能进行管理与整合，物联网也将是空中楼阁。因此，建立一个全国性的、庞大的、综合的数据管理平台，把各种传感信息收集起来，进行分门别类的管理，进行有指向性的传输，这是物联网能否被推广的一个关键问题。而建立一个如此庞大的网络体系是各个企业望尘莫及的，由此，必须要有专门的机构组织开发管理平台。

#### 5. 行业应用有待提升

物联网应用普及到生活及各行各业中，必须根据行业的特点，进行深入的研究和有价值的开发。这些应用开发不能仅仅依靠运营商，也不能仅仅依靠所谓物联网企业，而需要形成一个物联网和一些应用形成示范，让更多的传统行业感受到物联网的价值，这样才能有更多企业看清楚物联网的意义，看清楚物联网有可能带来的经济和社会效益。

## 小　　结

本章介绍了物联网概念，从物联网的工作原理阐述了物联网的工作流程，并阐述了物联网体系架构的感知层、传输层及应用层的关键技术和作用。分析了国外物联网发展的现状，阐述了国内目前物联网发展现状及发展瓶颈。此外，阐述了物联网作为一个新兴产业，在发展过程中面临的安全隐私、技术标准、政策与法规等方面的问题。

## 讨论与习题

1. 物联网的定义。
2. 物联网和互联网直接的关系是什么？
3. 物联网中常用的感知技术有哪些？
4. 画出物联网的体系结构，并尝试列举各层次的关键技术。
5. 在你熟悉的领域里，哪些可以算物联网应用，哪些可以应用物联网提供更好的服务？请思考如何使用物联网关键技术搭建一个这样的物联网。

# 第 2 章
# RFID 技术概述

RFID 技术是一种自动识别技术，利用射频信号实现无接触信息传递，达到物品识别的目的。RFID 技术是实现物联网的关键技术之一。RFID 技术的快速崛起，既是技术发展的结果，也是应用需求的体现。本章将介绍包括条码识别技术、磁卡识别技术、IC 卡识别技术、RFID 技术等在内的自动识别技术，并重点介绍 RFID 系统的构成、工程流程、特点及分类。

## 2.1 自动识别技术

在早期的信息系统中，数据的处理基本上都是通过手工录入，不仅录入数据的劳动强度大，而且数据误码率较高。为了解决这些问题，人们研究和发展了各种各样的自动识别与数据采集（Auto Identification and Data Capture, AIDC）技术。自动识别技术可以对每个物品进行自动标识和识别，并可以实时更新数据，提高了信息获取和处理的实时性和准确性。自动识别技术是构造全球物品信息实时共享的重要组成部分，是物联网的基石。

### 2.1.1 自动识别技术的概念

自动识别技术是应用特定的识别装置，通过被识别物品和识别装置之间的接近活动，自动地获取被识别物品的相关信息，并提供给后台的计算机系统来完成相关后续处理的一种技术。比如，商场的条形码扫描系统就是一种典型的自动识别技术的应用。售货员通过扫描仪扫描商品的条码，获取商品的名称、价格，输入数量之后，后台销售终端系统（Point of Sale, POS）即可计算出该批商品的价格，从而完成顾客的结算。当然，顾客也可以采用银行卡支付的形式进行支付，银行卡支付过程本身也是自动识别技术的一种应用形式。

自动识别技术是以计算机技术和通信技术的发展为基础的综合性科学技术，它是信息数据自动识读、自动输入计算机的重要方法和手段，解决了人工数据输入速度慢、误码率高、劳动强度大、工作简单重复性高等问题，为计算机快速、准确地进行数据采集输入提供了有效手段，因此，自动识别技术作为一种革命性的高新技术，正迅速为人们所接受。

自动识别技术近几十年在全球范围内得到了迅猛发展，初步形成了一个包括条码技术、磁条磁卡技术、IC 卡技术、光学字符识别、射频技术、声音识别及视觉识别等集计算机、光、磁、物理、机电、通信技术为一体的高新技术学科。目前，广泛运用于物流、制造、防伪和安全等领域。

完整的自动识别管理系统包括自动识别系统（Auto Identification System, AIDS），应用程序编程接口（Application Programming Interface, API）或者中间件（Middleware）和应用系统软件（Application Software）。自动识别系统完成系统的采集和存储工作，系统通过中间件或者接口（包括软件的和硬件的）将数据传输给后台处理计算机，由计算机对所采集到的数据进行处理或者加工，形成对人们有用的信息。在此基础上，将其用户端延伸和扩展到任何物品，并在人与物品之间、物品与物品之间进行信息交换与通信，就形成了物联网体系。

## 2.1.2 自动识别技术的分类与比较

自动识别技术的种类可以按照国际自动识别技术的分类标准进行分类，也可以按照应用领域和具体特征的分类标准进行分类。

按照国际自动识别技术的分类标准，自动识别技术可分为数据采集技术和特征提取技术。数据采集技术的基本特征是需要被识别物体具有特定的识别特征载体（如标签等，仅光学字符识别例外），而特征提取技术的基本特征则是根据被识别物体的本身的行为特征（主要包括动态的和属性的特征）来完成数据的自动采集。

数据采集技术包括以下几方面。

① 光识别技术：条码（一维、二维）、矩阵码、光标阅读器、光学字符识别（Optical Character Recognition, OCR）。

② 磁识别技术：磁条、非接触磁卡、磁光存储、微波。

③ 电识别技术：触摸式存储、射频识别（无芯片、有芯片）、存储卡（智能卡、非接触式智能卡）、视觉识别、能量扰动识别。

特征提取技术包括以下两种。

① 动态特征：声音（语音）、键盘敲击、其他感觉特征。

② 属性特征：化学感觉特征、物理感觉特征、生物抗体病毒特征、联合感觉系统。

按照应用领域和具体特征的分类标准，自动识别技术可以分为条码识别技术、生物识别技术、图像识别技术、磁卡识别技术、光学识别技术和射频识别技术等。

本节介绍几种运用最为广泛的自动识别技术，分别是条码识别技术、磁条（卡）识别技术、IC卡识别技术、RFID技术，并对其基本特性进行简单比较。

### 1. 条码识别技术

条码是由一组规则排列的条、空以及相应的数字组成，这种用条、空组成的数据编码可以供条码阅读器识读，而且很容易译成二进制数和十进制数。这些条和空可以有各种不同的组合方法，构成不同的图形符号，即各种符号体系（也称码制），适用于不同的应用场合。

目前使用频率最高的几种码制是欧洲商品编码（European Article Number, EAN）、通用产品编号（Universal Product Code, UPC）、39码、交叉25码和EAN-128码，其中UPC条码主要用于北美地区，EAN条码是国际通用符号体系，它们是一种定长、无含义的条码，主要用于商品标识。EAN-128条码是由国际物品编码协会（EAN International）和美国统一代码委员会（UCC）联合开发、共同采用的一种特定的条码符号。它是一种连续型、非定长有含义的高密度代码，用以表示生产日期、批号、数量、规格、保质期、收货地等更多的商品信息。另有一些码制主要是适应特殊需要的应用方面，如库德巴码用于血库、图书馆、包裹等的跟踪管理，25码用于包装、运输和国际航空系统，为机票进行顺序编号，还有类似39码的93码，它密度更高些，可代替39码。图2.1为几种常用的条码图样。

图 2.1　几种常用的条码图样

上述这些条码都是一维条码。为了提高一定面积上的条码信息密度和信息量，又发展了一种新的条码编码形式——二维条码。从结构上讲，二维条码分为两类，其中一类是由矩阵代码和点代码组成，其数据以二维空间的形态编码，另一类是包含重叠的或多行条码符号，其数据以成串的数据行显示。重叠的符号标记法有 PDF417 和 Code 49、Code 16K。

PDF 是便携式数据文件（Portable Data File）的缩写，简称为 PDF417 条码。417 则与多宽度代码有关，用来对字符编码。PDF417 是由 Symbol Technologies Inc 设计和推出的。重叠代码中包含了行与行尾标识符以及扫描软件，可以从标签的不同部分获得数据，只要所有的行都被扫到就可以组合成一个完整的数据输入，所以这种码的数据可靠性很好，对 PDF417 而言，标签上污损或毁掉的部分高达 50%时，仍可以读取全部数据内容，因此具有很强的修正错误的能力。PDF417 条码是一种高密度、高信息含量的便携式数据文件，其特点为信息容量大、编码应用范围广、保密防伪性能好、译码可靠性高、条码符号的形状可变。美国的一些州、加拿大部分省份已经在车辆年检、行车证年审及驾驶证年审等方面，将 PDF417 选为机读标准。巴林、墨西哥、新西兰等国家将其应用于报关单、身份证、货物实时跟踪等方面。

Code 49 码是一种多层、连续型、可变长度的条码符号，它可以表示全 ASCII 字符集的 128 个字符。每个 Code 49 条码符号由 2 到 8 层组成，每层有 18 个条和 17 个空。层与层之间由一个层分隔条分开。每层包含一个层标识符，最后一层包含表示符号层数的信息。

Code 16K 码是一种多层、连续型、可变长度的条码符号，可以表示全 ASCII 字符集的 128 个字符及扩展 ASCII 字符。它采用 UPC 及 Code128 字符。一个 16 层的 Code 16K 符号，可以表示 77 个 ASCII 字符或 154 个数字字符。Code 16K 通过唯一的起始/终止符标识层号，通过字符自校验及两个模数 107 的校验字符进行错误校验。

图 2.2 所示为几种常用的二维码样图。

（a）PDF417 码　　　　　（b）Code 49 码　　　　　（c）Code 16K 码

图 2.2　几种常用的二维码样图

矩阵代码有 Maxicode、Data Matrix、Code One、Vericode 和 DotCode A 等。矩阵代码标签可以做得很小，甚至可以做成硅晶片的标签，因此适用于小物件。图 2.3 所示为几种常用的矩阵代码样图。

（a）Maxicode 码　　（b）Data Matrix 码　　（c）Code One 码

图 2.3　几种常用的矩阵代码样图

条码成本最低、适用于需求量大且数据不必更改的场合。例如在商品包装上就很适宜，但是较易磨损、数据量很小。而且条码只对一种或者一类商品有效，也就是说，同样的商品具有相同的条码。

### 2. 磁卡识别技术

磁卡技术应用了物理学和磁力学的基本原理，最早出现在 20 世纪 60 年代，当时伦敦交通局将地铁票背面全涂上磁介质，用来储值。后来由于改进了系统，缩小了面积，磁介质成为了现在的磁条。磁条从本质意义上讲和计算机的磁带和磁盘是一样的，它可以用来记载字母、字符及数字信息，通过粘合或热合与塑料或纸牢固地整合在一起，形成磁卡。

磁条技术的优点是数据可读写，即具有现场改写数据的能力；数据存储量能满足大多数需求；便于使用；成本低廉；还具有一定的数据安全性；它能黏附于许多不同规格和形式的基材上。这些优点，使之在很多领域得到了广泛应用，如信用卡、银行 ATM 卡、机票、公共汽车票、自动售货卡、会员卡、现金卡（如电话磁卡）、地铁 AFC。图 2.4 所示为几种磁卡应用示例。

 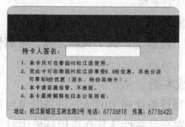

图 2.4　磁卡应用示例

磁条技术是接触识读，它与条码有三点不同：一是其数据可做部分读写操作，二是给定面积编码容量比条码大，三是对于物品逐一标识，成本比条码高。接触性识读最大的缺点就是灵活性太差。

磁卡的数据存储时间长短受磁性粒子极性的耐久性限制，另外磁卡的安全性比较低，如果磁卡不小心接触磁性物质就可能造成数据的丢失或混乱。要提高存储数据的安全性能，就必须采用另外的技术。随着新技术的发展，安全性能较差的磁卡有逐步被取代的趋势，但短期内磁卡识别技术仍然会在许多领域应用。

### 3. IC 卡识别技术

IC（Integrated Card）卡是 1970 年由法国人 Roland Moreno 发明的，第一次将可编程设置的 IC 芯片放于卡片中，使卡片具有更多功能。IC 卡是一种电子式数据自动识别卡，IC 卡分接触式 IC 卡和非接触式 IC 卡两种，通常说的 IC 卡多数是指接触式 IC 卡。

接触式 IC 卡是集成电路卡，通过卡里面的集成电路存储信息，它将一个微电子芯片嵌入卡基中，做成卡片形式，通过卡片表面 8 个金属触点与读卡器进行物理连接，来完成通信与数据交换。IC 卡包含了微电子技术和计算机技术，作为一种成熟的高技术产品，是继磁卡之后出现的又一种新型信息工具。

IC 卡外形与磁卡相似，它与磁卡的区别在于数据存储的媒体不同。磁卡是通过卡上磁条的磁场变化来存储信息，而 IC 卡是通过嵌入其中的电擦除式可编程只读存储器集成电路芯片来存储数据信息。图 2.5 所示为 IC 卡应用示例。

图 2.5　IC 卡应用示例

接触式 IC 卡和磁卡比较有以下特点。

（1）安全性高

IC 卡从硬件和软件等几个方面实施其安全策略，可以控制卡内不同区域的存取特性。加密 IC 卡本身具有安全密码，如果试图非法对之进行数据存取，则卡片自毁，不可再进行读写。

（2）存储容量大

磁卡的存储容量大约为 200 个数字字符；IC 卡的存储容量根据型号不同，小的为几百个字符，大的可达上百万个字符。

（3）可靠性高

IC 卡防磁、防静电、抗干扰能力强，可靠性比磁卡高，一般可重复读写 10 万次以上，使用寿命长。

（4）综合成本低

IC 卡的读写设备比磁卡的读写设备简单可靠，造价便宜，容易推广，维护方便，对网络要求不高。IC 卡的安全可靠性使其在应用环境中对计算机网络的实时性、敏感性要求降低，十分符合当前国情，有利于在网络质量不高的环境中应用。

目前，IC 卡被广泛运用于电话 IC 卡、购电（气）卡、手机 SIM 卡、牡丹交通卡（一种磁卡和 IC 卡的复合卡）以及即将大面积推广的智能水表卡、智能气表卡等。

4. RFID 技术

RFID 技术是一种非接触式的自动识别技术，常称为感应式电子晶片或近接卡、感应卡、非接触卡、电子标签、电子条码等，它通过射频信号自动识别目标对象并获取相关数据，即可完成信息的输入和处理，能快速、实时、准确地采集和处理信息，识别工作无需人工干预，可工作于各种恶劣环境。RFID 技术是物联网的关键技术之一。

RFID 技术与传统的条码识别技术相比有很大的优势，它利用无线射频信号通过空间耦合来实现无接触信息传递并通过所传递的信息达到目标识别和数据交换的目的，具有非接触、读取速度快、无磨损、不受环境干扰、使用寿命长和便于使用等诸多优点，同时，还具有防冲突的功能，能同时处理多张卡片。射频识别和条码一样是非接触式识别技术，由于无线电波能"扫描"数据，所以 RFID 挂牌可做成隐形的，有些 RFID 识别产品的识别距离可以达到数百米，RFID 标签可做成可读写的。

### 5. 自动识别技术的比较

条码、磁卡、IC 卡及 RFID 等识别技术分别具有不同特征和应用场合，表 2.1 为几种自动识别技术的比较。

表 2.1　　　　　　　　　　　　几种自动识别技术的比较

| 特征＼类别 | 条码 | 磁卡 | IC 卡 | 射频识别 |
|---|---|---|---|---|
| 信息载体 | 纸、塑料薄膜、金属表面 | 磁性物质（磁条） | EEPROM | EEPROM |
| 信息量 | 小 | 较小 | 大 | 大 |
| 读写能力 | 读 | 读/写 | 读/写 | 读/写 |
| 人工识读性 | 受约束 | 不可 | 不可 | 不可 |
| 保密性 | 无 | 一般 | 好 | 好 |
| 智能化 | 无 | 一般 | 有 | 有 |
| 环境适应性 | 不好 | 一般 | 一般 | 很好 |
| 识别速度 | 低 | 低 | 低 | 很快 |
| 通信速度 | 低 | 低 | 低 | 很快 |
| 读取距离 | 近 | 接触 | 接触 | 远 |
| 使用寿命 | 一次性 | 短 | 长 | 很长 |
| 国家标准 | 有 | 有 | 有 | 超高频没有 |
| 多标签同时识别 | 不能 | 不能 | 不能 | 能 |

## 2.2　RFID 技术发展阶段

RFID 技术产生于 20 世纪 40 年代，是无线电广播技术和雷达技术的结合，最初运用在军事领域，随着物联网概念的推广和快速发展，RFID 技术逐步运用到物联网相关的各个行业之中。同其他领域的技术发展一样，RFID 技术的产生和发展也源于实际应用的需求，RFID 技术主要经历了以下 5 个发展阶段。

### 2.2.1　RFID 技术的产生阶段

20 世纪 40 年代，由于雷达技术的改进和应用，产生了 RFID 技术，也奠定了 RFID 技术的基础。RFID 的诞生源于战争的需要，第二次世界大战期间，英国空军首先在飞机上使用了 RFID 技术，用来分辨敌方飞机和我方飞机，就在盟军的飞机上装备了一个无线电收发器。控制塔上的探询器向返航的飞机发射一个询问信号，飞机上的收发器接收到这个信号后，回传一个信号给探询器，探询器根据接收到的回传信号来识别敌我机。这是有记录的第一个射频识别系统，也是 RFID 的第一次实际应用。这个技术在 20 世纪 50 年代末成为世界空中交通管制系统的基础，至今还在商业和私人航空控制系统中使用。

### 2.2.2　RFID 技术的探索阶段

1948 年，Harry Stockman 发表的论文"用能量反射的方法进行通信"是 RFID 理论发展的里程碑，该论文发表在无线电工程师协会论文集中，该协会是 IEEE 的前身。Stockman 预言："显然，在能量反射通信中的其他基本问题得到解决之前，在开辟它的实际应用领域之前，还要做相当多的研究和发展工作。"事实正如 Harry Stockman 所预言，在 RFID 成为现实之前，人类花了大约 30 年时间，才解决了他所说的问题。

20 世纪 50 年代是 RFID 技术和应用的探索阶段。远距离信号转发器的发明扩大了敌我识别系统的识别范围。D. B. Harris 的"使用可模式化的被动反应器的无线电波传送系统"论文，提出了信号模式化的理论和被动标签的概念。这期间，RFID 技术主要是在实验室进行研究，RFID 设备体积大，使用成本高，使得 RFID 技术的商用非常少。

### 2.2.3　RFID 技术的应用阶段

1961 年至 1980 年，RFID 变成了现实。无线电理论以及其他电子技术（如集成电路和微处理器）的发展，为 RFID 技术的商业应用奠定了基础。20 世纪 60 年代出现了 RFID 技术的第一个商业应用系统——商品电子监视器，商品被贴上了"一位"码的电子标签，电子标签不需要电池，简单地附在商品上，并在商店门口装置一个探测器（读写器），当顾客携带被盗的商品经过门口的探测器时，探测器会自动报警。1977 年，美国的 RCA 公司运用 RFID 技术开发了"机动车电子牌照"。另外，RFID 在动物追踪，车辆追踪，监狱囚犯管理，公路自动收费以及工厂自动化方面得到了广泛应用。这期间，RFID 技术成为研究的热门课题，出现了一系列 RFID 技术成果，也是 RFID 技术及产品进入商业应用的阶段。

### 2.2.4　RFID 技术的推广阶段

20 世纪 90 年代是 RFID 技术的推广期，西方发达国家在不同的应用领域安装和使用了 RFID 系统。20 世纪 90 年代，RFID 技术在美国的公路自动收费系统得到了广泛应用。1991 年，美国俄克拉荷马州出现了世界上第一个开放式公路自动收费系统。装有 RFID 标签的汽车在经过收费站时无需减速停车，按正常速度通过，固定在收费站的读写器识别车辆后自动从账户上扣费，这个系统大大提高了收费效率并减少了交通堵塞。RFID 公路自动收费系统在许多国家都得到了应用。RFID 的其他应用包括汽车门遥控开关、停车场管理、社区和校园大门控制系统等。RFID 技术在安全管理和人事考勤等工作中也发挥了重要作用。20 世纪 90 年代末期，随着 RFID 应用的扩大，为了保证不同 RFID 设备和系统的相互兼容，人们开始认识到建立一个统一的 RFID 技术标准的重要性。全球产品电子编码协会（EPCglobal）就应运而生了。EPCglobal 是由北美统一码协会（Uniform Code Council, UCC）和欧洲商品编码协会（European Article Numbering Association, EAN）共同发起组建的专责 RFID 技术标准的机构。

### 2.2.5　RFID 技术的普及阶段

20 世纪 90 年代末至 21 世纪初，是 RFID 技术的普及阶段。这期间 RFID 产品及种类更加丰富，标准化问题日趋突出，电子标签成本不断下降，规模应用行业不断扩大，一些国家的零售商和政府机构开始推广 RFID 技术。2003 年 11 月 4 日，世界零售业巨头沃尔玛宣布，它将采用 RFID 技术追踪其供应链系统中的商品，并要求其前 100 大供应商从 2005 年 1 月起将所有发运到沃尔玛的货盘和外包装箱贴上 RFID 标签，2006 年扩展到所有的供应商。沃尔玛的这一重大举动揭开了 RFID 在开放系统中运用的序幕，使 RFID 技术在各行业的应用迅速普及扩展。

21 世纪初，RFID 标准已经初步形成。中国是世界的工厂，物流的源头。在这一波 RFID 冲击波效应影响下，中国已经认识到 RFID 技术在供应链管理中的重要性，中国已要求加入 RFID 世界标准的建立，并将建立中国自己的标准。

在物联网产业中，中科院早在 1999 年就启动了物联网的研究，目前已经在无线智能传感网、通信技术、微传感器、传感器终端、移动基站等方面取得了重大进展，并已拥有从材料、技术、器件、系统到网络的完整产业链。

## 2.3 RFID 系统概述

RFID 系统是一种非接触式的自动识别系统，通过射频无线信号自动识别目标对象，并获取相关数据。RFID 系统以电子标签来标识某个对象，电子标签通过无线电波与读写器进行数据交换，读写器可将主机命令传达到电子标签，再把电子标签返回的数据传达到主机，主机的数据交换与管理系统负责完成电子标签数据的存储、管理和控制。

### 2.3.1 RFID 系统的构成

典型的 RFID 系统主要有电子标签、读写器、RFID 中间件和应用系统软件四部分构成，一般又将中间件和应用软件统称为主机系统。图 2.6 所示为 RFID 系统的构成。

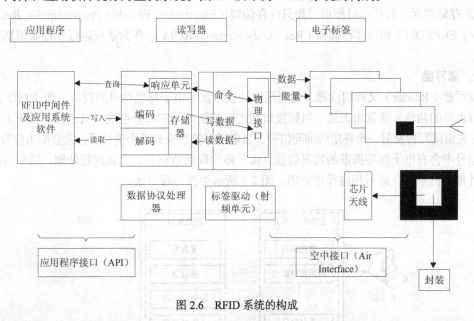

图 2.6 RFID 系统的构成

**1. 电子标签**

电子标签（Electronic Tag）也称为智能标签（Smart Tag），是指由 IC 芯片和无线通信天线组成的超微型的小标签，其内置的射频天线用于和阅读器进行通信。电子标签附着在物体上标识目标对象，具有唯一的电子编码，存储被识别对象的相关信息。根据应用场合不同表现为不同的应用形态，如在动物跟踪和追踪领域中称为动物标签或动物追踪标签、电子狗牌；在不停车收费或车辆出入管理等车辆自动识别领域中称为车辆远距离 IC 卡、车辆远距离射频识别标签或电子牌照；在访问控制领域中称为门禁卡或一卡通。图 2.7 所示为电子标签的内部结构。

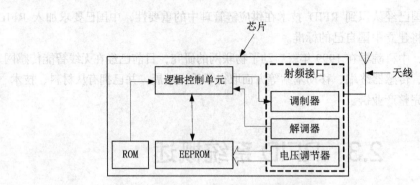

图 2.7　电子标签

电子标签内部各模块描述如下。

① 天线：用来接收读写器发送来的信号，并把数据送回给读写器。

② 电压调节器：把标签读写器发送来的射频信号转为直流电源，并经大电容存储能量，再经稳压电路以提供稳定的电源。

③ 调制器：将逻辑控制电路送出的数据经调制电路调制后加载到天线送给读写器。

④ 解调器：把载波去除以取出正确的调制信号。

⑤ 逻辑控制单元：用来译码读写器发送来的信号，并依据其要求回送数据给读写器。

⑥ 存储单元：包括电可擦可编程只读存储器（Electrically Erasable Programmable Read-Only Memory, EEPROM）和只读存储器（Read-Only Memory, ROM），作为系统运行及存放识别数据的位置。

**2. 读写器**

读写器（Reader）又称阅读器，是利用射频技术读写电子标签信息的设备，在 RFID 系统中扮演着重要的角色，通常由天线、射频接口和逻辑控制单元三部分组成。当 RFID 系统工作时，一般首先由读写器发射一个特定的询问信号，当电子标签感应到这个信号后，就会给出应答信号，应答信号中含有电子标签携带的数据信息。读写器读取到数据后，对其进行处理，最后将数据返回给外部主机系统，进行相应操作处理。图 2.8 所示为读写器组成。

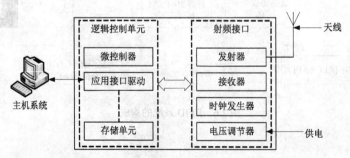

图 2.8　读写器组成

**3. RFID 中间件**

传统应用程序与应用程序之间（Application to Application）数据通信是通过中间件架构解决的，并发展出各种 Application Server 应用软件。中间件的架构设计解决方案具有可重用性、灵活性、可管理性、易维护性等一系列优良的特性，因此 RFID 中间件是 RFID 应用的核心技术之一。RFID 中间件扮演 RFID 标签和应用程序之间的中介角色，如图 2.9 所示，从应用程序端使用中间件所提供的应用程序接口,即能连到 RFID 读写器,读取 RFID 标签数据。这样一来,即使存储电子标签信息的数据库软件或后端应用程序增加或改由其他软件取代,或者读写 RFID 读写器种类增加等情况发生时,应用端不需修改也能处理,省去多对多连接的维护复杂性问题。

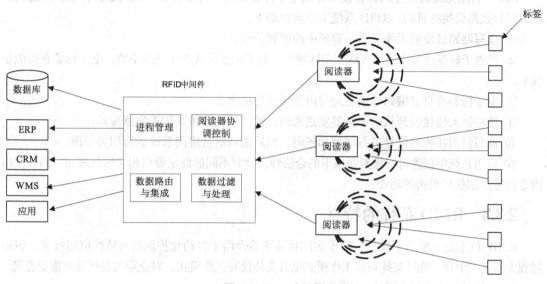

图 2.9　RFID 中间件

RFID 中间件主要包括以下 4 个功能。

（1）读写器协调控制

终端用户可以通过 RFID 中间件接口直接配置、监控以及发送指令给阅读器。例如终端用户可以配置阅读器,使得当频率碰撞发生时,阅读器自动关闭。一些 RFID 中间件开发商还提供了支持阅读器即插即用的功能,使终端用户新添加不同类型的阅读器时不需要增加额外的程序代码。

（2）数据过滤与处理

当标签信息传输发送错误或有冗余数据产生时,RFID 中间件可以通过一定的算法纠正错误并过滤掉冗余数据。RFID 中间件可以避免不同的阅读器读取同一电子标签的碰撞,确保了高于阅读器水平的数据准确性。

（3）数据路由与集成

RFID 中间件能够决定将采集到的数据传递给哪一个应用。RFID 中间件可以与企业现有的 ERP（企业资源计划）、CRM（客户关系管理）、WMS（仓储管理系统）等软件集成在一起,提供数据的路由与集成,同时中间件还可以保存数据,分批给各个应用提交数据。

（4）进程管理

在进程管理中,RFID 中间件可根据客户定制的任务负责数据的监控与事件的触发。例如,在仓储管理中,设置中间件监控货品库存的数量,当库存低于设置的标准时,RFID 中间件就会触发事件,通知相应的应用软件。

**4. RFID 应用系统**

RFID 应用系统是针对不同行业的特定需求开发的应用软件,它可以有效地控制读写器对电子标签信息进行读写,并对收集到的目标信息进行集中的统计与处理。RFID 应用系统可以集成到现有的物流系统、电子商务和电子政务平台中,与 ERP、CRM 和 SCM 等应用系统结合以提高各行业的生产效率。

## 2.3.2　RFID 系统工作流程

RFID 利用无线射频方式，在读写器和电子标签之间进行非接触式双向数据传输，以达到目标识别和数据交换的目的。RFID 系统工作流程如下。

① 读写器通过发射天线发送一定频率的射频信号。

② 当电子标签进入读写器天线工作区域时，电子标签天线产生感应电流，电子标签获得能量被激活。

③ 电子标签将自身编码等信息通过内置天线发送出去。

④ 读写器天线接收到从电子标签发送来的载波信号，并将其传送到读写器。

⑤ 读写器对接收的信号进行解调和解码，然后送到后台应用系统进行相关处理。

⑥ 应用系统根据逻辑运算判断该卡的合法性，针对不同的设定做出相应的处理和控制，发出指令信号控制执行机构的动作。

## 2.3.3　RFID 系统的特点

RFID 技术是一项易于操控，简单实用且特别适合用于自动化控制的灵活性应用技术，识别过程无需人工干预，既可支持只读工作模式也可支持读写工作模式，对企业的发展具有重要意义。

RFID 系统主要有以下几个方面特点。

（1）读取方便快捷

数据的读取无须光源，甚至可以透过外包装来进行。RFID 系统采用自带电池的主动标签时，有效识别距离可达到 30m 以上。

（2）识别速度快

RFID 标签一进入磁场，读写器就可以即时读取其中的信息，而且能够同时处理多个标签，实现批量识别。

（3）数据容量大

数据容量最大的二维条形码（PDF417），最多也只能存储 2725 个数字；若包含字母，存储量则会更小；RFID 标签则可以根据用户的需要扩充到数 10K 个字节。

（4）使用寿命长，应用范围广

RFID 系统采用无线电通信方式，使其可以应用于粉尘、油污等高污染环境和放射性环境，而且其封闭式包装使得其寿命大大超过印刷的条形码。

（5）标签数据可动态更改

RFID 系统利用编程器可以向 RFID 标签写入数据，从而赋予 RFID 标签交互式便携数据文件的功能，而且写入时间相比打印条形码更快。

（6）更好的安全性

RFID 系统不仅可以嵌入或附着在不同形状、类型的产品上，而且可以为标签数据的读写设置密码保护，从而具有更高的安全性。

（7）动态实时通信

RFID 标签以每秒 50～100 次的频率与解读器进行通信，所以只要 RFID 标签所附着的物体出现在解读器的有效识别范围内，就可以对其位置进行动态的追踪和监控。

RFID 系统的应用对企业的发展具有举足轻重的作用，可明显地提高工作效率、节约资源，方便企业的管理。

## 2.3.4 RFID系统的分类

RFID系统的分类方法有很多，常用的分类方法有按照供电方式、耦合方式、电磁波频率、技术方式、信息存储方式等几种。

#### 1. 按照标签的供电方式分类

按照标签的供电方式，RFID电子标签分为主动标签（Active tags）和被动标签（Passive tags）两种，对应的RFID系统称为有源供电系统和无源供电系统。

（1）有源供电系统

有源供电系统中的主动标签由于其自身有能量提供，因此无需阅读器提供能量。主动标签自身带有电池供电，读/写距离较远同时体积较大，与被动标签相比成本更高，也称为有源标签。

（2）无源供电系统

无源供电系统中的被动标签从阅读器产生的磁场中获得工作所需的能量，成本很低并具有很长的使用寿命，比主动标签更小也更轻，读写距离则较近，也称为无源标签。二者的性能比较如表2.2所示。

表2.2　　　　　　　　　　　有源和无源供电系统的比较

| | 能量供应 | 工作环境 | 寿命 | 读写距离 | 读写速度 | 尺寸 | 成本 |
| --- | --- | --- | --- | --- | --- | --- | --- |
| 主动标签 | 内置电池 | 高低温下电池无法工作 | 电池无法更换，寿命受限 | 远 | 快 | 大、厚、重 | 高 |
| 被动标签 | 无源、利用电磁场获取能量 | 高低温下电池无法工作 | 寿命更长，免维护 | 近 | 慢 | 小、薄、轻 | 低 |

#### 2. 按照耦合方式分类

读写器与电子标签采用非接触式通信方式，电子标签通过无线电波与读写器进行数据交换，根据耦合方式、工作频率和作用距离的不同，分为电感耦合系统和电磁反向散射耦合系统两种。

（1）电感耦合系统

在电感耦合系统中，读写器和电子标签之间的射频信号的实现为变压器模型，通过空间高频交变磁场实现耦合，该系统依据的是电磁感应定律。电感耦合方式一般用于中、低频工作的近距离射频识别系统。电感耦合系统典型的工作频率为125kHz、225kHz和13.56MHz。该系统的识别距离小于1m，典型作用距离为10~20cm。

（2）电磁反向散射耦合系统

在电磁反向散射耦合系统中，读写器和电子标签之间的射频信号的实现为雷达原理模型，发射出去的电磁波，碰到目标后被反射，同时携带目标信息返回。该系统依据的是电磁波的空间传输规律。电磁反向散射耦合系统一般适用于高频、微波工作的远距离射频识别系统。电磁反向散射耦合系统典型的工作频率为433MHz、915MHz、2.45GHz和5.86Hz。该系统的识别距离大于1m，典型作用距离为3~10m。

（3）按电磁波的频率分类

RFID系统工作频率的选择，要避免对现有其他服务造成干扰和影响。通常情况下，读写器发送的频率称为系统的工作频率或载波频率，根据工作频率的不同，射频识别系统通常分为低频、高频和微波系统。

① 低频系统

低频系统的工作频率范围为 30～300kHz，常见工作频率有 125kHz 和 133kHz。低频系统中一般为无源标签，其工作能量通过电感耦合方式从阅读器耦合线圈的辐射近场中获得。低频标签与阅读器之间传送数据时，低频标签必须位于阅读器天线辐射的近场区内。低频标签的阅读距离一般情况下小于 1m。低频系统的典型应用有：动物识别、容器识别、工具识别、电子闭锁防盗（带有内置应答器的汽车钥匙）等。

② 高频系统

高频系统的工作频率一般为 3～30MHz，典型工作频率有 6.75MHz、13.56MHz 和 27.125MHz。高频系统中的标签一般也采用无源标签，其工作能量同低频标签一样，也是通过电感（磁）耦合方式从阅读器耦合线圈的辐射近场中获得。标签与阅读器进行数据交换时，标签必须位于阅读器天线辐射的近场区内。高频标签的阅读距离一般情况下也小于 1m。高频标签可方便地做成卡状，典型应用包括电子车票、电子身份证、电子闭锁防盗（电子遥控门锁控制器）等。

③ 微波系统

微波系统的工作频率大于 300MHz，典型工作频率有 433.92MHz、862（902）～928MHz、2.45GHz 和 5.8GHz。微波系统中的射频标签可分为有源标签与无源标签两类。工作时，射频标签位于阅读器天线辐射场的远场区内，标签与阅读器之间的耦合方式为电磁耦合方式。阅读器天线辐射场为无源标签提供射频能量，将有源标签唤醒。相应的射频识别系统阅读距离一般大于 1m，典型情况为 4～6m，最大可达 10m 以上。阅读器天线一般均为定向天线，只有在阅读器天线定向波束范围内的射频标签可被读/写。微波射频标签的典型应用包括：移动车辆识别、电子身份证、仓储物流应用、电子闭锁防盗（电子遥控门锁控制器）等。

### 3. 按照阅读器与电子标签之间的通信载波频率分类

按照阅读器与电子标签之间的通信载波频率，射频识别系统可以分为广播发射式、倍频式和反射调制式系统。

（1）广播发射式

广播发射式射频识别系统实现起来最简单。这时电子标签必须采用有源方式工作，并实时将其储存的标识信息向外广播，阅读器相当于一个只收不发的接收机。这种系统的缺点是电子标签因需不停地向外发射信息，对其自身而言费电，对环境而言造成电磁污染，同时系统不具备安全保密性。

（2）倍频式

倍频式射频识别系统实现起来有一定难度。一般情况下，阅读器发出射频查询信号，电子标签返回的信号载频为阅读器发出射频的倍频。这种工作模式为阅读器接收处理回波信号提供了便利，但是，对无源电子标签来说，电子标签将收到的阅读器发来的射频能量转换为倍频回波载频时，其能量转换效率较低，提高转换效率需要较高的微波技巧，这就意味着更高的电子标签成本。同时这种系统工作需占用两个工作频点，一般较难获得无线电频率管理委员会的产品应用许可。

（3）反射调制式

反射调制式射频识别系统实现起来要解决同频收发问题。当系统工作时，阅读器发出微波查询（能量）信号，电子标签（无源）收到微波查询（能量）信号后将其一部分整流为直流电源供电子标签内的电路工作，另一部分微波能量信号被电子标签内保存的数据信息调制后反射回阅读器。阅读器接收反射回来的调制信号，从中提取出电子标签中保存的标识性数据信息。在系统工作过程中，阅读器发出微波信号与接收反射回的幅度调制信号是同时进行的。反射回的信号强度较发射信号要弱得多，因此技术实现上的难点在于同频接收。

#### 4. 按照标签内信息存储方式分类

按照标签内信息存储的方式，可分为集成电路固化式、现场有线改写式和现场无线改写式三大类。

（1）集成电路固化式

集成电路固化式电子标签内的信息一般在集成电路生产时即将信息以 ROM 工艺模式注入，其保存的信息是一成不变的。

（2）现场有线改写式

现场有线改写式电子标签一般将电子标签保存的信息写入其内部的存储区中，改写时需要专用的编程器或写入器，改写过程中必须为其供电。

（3）现场无线改写式

现场无线改写式电子标签一般适用于有源类电子标签，具有特定的改写指令，电子标签内保存的信息也位于其中的存储区。

## 2.4 RFID 的应用前景

展望未来，相信 RFID 技术将在 21 世纪掀起一场新的技术革命。随着 RFID 技术的不断进步，RFID 标签价格的进一步降低，RFID 将会取代条形码，成为日常生活的一部分。目前 RFID 的产品种类十分丰富，RFID 技术运用领域十分广泛，具体如下。

（1）物流领域

物流仓储是 RFID 技术最有潜力的应用领域之一，UPS、DHL、Fedex 等国际物流巨头都在积极试验 RFID 技术，以便在将来大规模应用，从而提升其物流能力。可应用的过程包括物流过程中的货物追踪、信息自动采集、仓储管理应用、港口应用、邮政包裹、快递等。

（2）零售领域

由沃尔玛、麦德隆等大超市一手推动的 RFID 应用，可以为零售业带来包括降低劳动力成本、提高商品的可视度、降低因商品断货造成的损失、减少商品偷窃现象等好处。可应用的过程包括商品的销售数据实时统计、补货、防盗等。

（3）制造业领域

应用于生产过程的生产数据实时监控，质量追踪，自动化生产，个性化生产等。在贵重及精密的货品生产领域应用更为迫切。可应用的过程包括汽车的自动化、个性化生产，汽车的防盗，汽车的定位，制作安全性极高的汽车钥匙。

（4）身份识别领域

RFID 技术由于天生的快速读取与难伪造性，而被广泛应用于个人的身份识别证件。可应用的过程包括电子护照项目、国内的第二代身份证、学生证等其他各种电子证件。

（5）防伪安全领域

RFID 技术具有很难伪造的特性，但是如何应用于防伪还需要政府和企业的积极推广。可应用的领域包括贵重物品（烟、酒、药品）的防伪、票证的防伪等。

（6）服装领域

可以应用于服装的自动化生产，仓储管理，品牌管理，单品管理，渠道管理等过程，随着标签价格的降低，这一领域将有很大的应用潜力。但是在应用时，必须得仔细考虑如何保护个人隐私的问题。

（7）资产管理

随着标签价格的降低，几乎所有的物品都可以采用 RFID 标签进行资产防伪、防盗和追溯等资产管理。

（8）交通领域

可应用的过程包括：高速公路不停车系统、出租车管理、公交车枢纽管理、铁路机车识别、旅客的机票、快速登机以及旅客的包裹追踪等应用。

（9）食品领域

水果、蔬菜、生鲜和食品等保鲜度管理，但由于食品、水果、蔬菜、生鲜上含水分多，会影响正常的标签识别，所以该领域的应用将在标签的设计及应用模式上有所创新。

（10）动物识别

训养动物、畜牧牲口、宠物等识别管理，动物的疾病追踪，畜牧牲口的个性化养殖等。

（11）军事领域

主要用于弹药管理、枪支管理、物品管理、人员管理和车辆识别与汽车定位等，美国在伊拉克战争中已有大量使用。

（12）医疗领域

可以应用于医院的医疗器械管理，病人身份识别，婴儿防盗等领域。医疗行业对标签的成本比较不敏感，所以该行业将是 RFID 应用的先锋之一。

（13）其他领域

主要应用于门禁、考勤、电子巡更、一卡通、公交卡、电子停车场、图书馆管理等。

## 小　　结

自动识别技术的出现为计算机快速、准确地进行数据采集输入提供了有效的手段，其主要包括条码识别技术、磁卡识别技术、IC 卡识别技术、射频识别技术等，是实现物联网的关键技术。RFID 技术发展经历了产生、探索、应用、推广及普及等阶段。RFID 系统利用无线射频方式，在读写器和电子标签之间进行非接触式双向数据传输，以达到目标识别和数据交换的目的，典型的 RFID 系统主要由电子标签、读写器、RFID 中间件和应用系统软件 4 部分构成，具有读取方便快捷、识别速度快、使用寿命长、应用范围广等特点。

## 讨论与习题

1. 完整的自动识别管理系统包括哪几部分？
2. 自动识别技术主要包括哪几种类型？
3. 简述 RFID 系统的主要构成。
4. 列举几个你所了解的 RFID 的典型应用。

# 第3章
# RFID 标准体系

物联网是在互联网基础上,利用传感器、RFID 等技术,构造一个全球物品信息实时共享的网络。目前全球有多个物联网 RFID 标准组织,分别制定了各自的物联网 RFID 标准化体系,其中最有名的三大射频识别标准组织分别是 EPC Global、UID 和 ISO/IEC。本章以 EPC Global 组织所提出的基于全球产品电子编码(EPC)体系为例,主要对 EPC 体系结构以及 EPC 系统中的全球产品电子编码体系、射频识别系统、信息网络系统三大组成部分进行介绍和分析。

## 3.1 EPC 系统概述

EPC 系统在计算机互联网和射频技术的基础上,通过利用全球产品电子编码技术给每一个实体对象一个唯一的代码,构造了一个实现全球万事万物信息实时共享的实物物联网。EPC 系统是一个复杂、全面、综合的网络系统,包括 RFID、EPC 编码、网络、通信协议等。RFID 只是其中的一个组成部分。

### 3.1.1 EPC 系统的构成

EPC 系统是一个综合性的且复杂的系统,其最终目标是为每个物品建立全球的、开放的标识标准。它由全球产品电子编码体系、射频识别系统及信息网络系统三大部分组成,主要包括 EPC 编码标准、EPC 标签、EPC 读写器、神经网络软件 Savant、对象名解析服务以及实体标记语言 6 个方面,具体如表 3.1 和图 3.1 所示。

表 3.1　　　　　　　　　　　　　　EPC 系统的构成

| 系 统 构 成 | 名　　称 | 注　　释 |
| --- | --- | --- |
| 全球产品电子代码的编码体系 | EPC 编码标准 | 识别目标的特定代码 |
| 射频识别系统 | EPC 标签 | 贴在物品之上或者内嵌在物品之中 |
| | EPC 读写器 | 识读 EPC 标签 |
| 信息网络系统 | Savant(神经网络软件) | EPC 系统的软件支持系统 |
| | 对象名解析服务(Object Naming Service,ONS) | 定位物品到一个具体位置的服务 |
| | 实体标记语言(Physical Markup Language,PML) | 一种相互交换数据和通信的格式 |

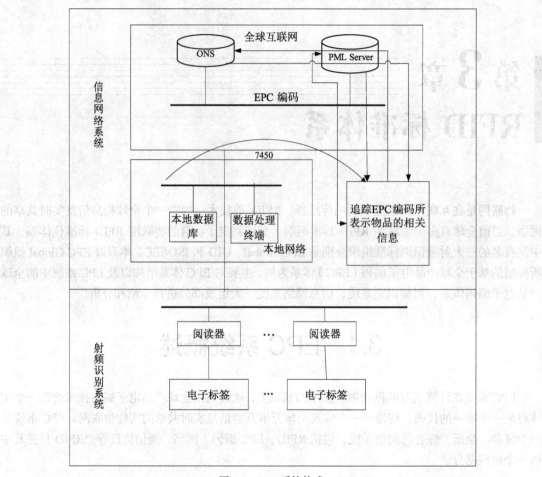

图 3.1　EPC 系统构成

## 3.1.2　EPC 系统工作流程

低价无线射频电子标签、产品电子代码、互联网这 3 个元素的有效组合，孕育出了改变世界产品生产过程和销售管理方式的网络系统，这就是物联网。物联网展示了一种全球范围内对每个产品跟踪的全新理念。

在物联网中，每个物品都被赋予一个产品电子编码即 EPC，可用来对物品进行唯一标识。产品电子编码主要存储在物品的电子标签中，读写器可通过对电子标签进行读写达到对产品的识别目的，电子标签与读写器构成一个识别系统。读写器对电子标签进行读取后，将产品电子编码发送给中间件。中间件通过互联网向名称解析服务（IOT Name Service, IOT-NS）发送一条查询指令，名称解析服务根据特定规则查询获得物品存储信息的 IP 地址，并根据 IP 地址访问物联网信息发布服务（IOT Information Service, IOT-IS）以获得物品的详细信息。IOT-IS 中存储着该物品的详细信息，当其收到查询要求后，就将该物品的详细信息以网页的形式返回给中间件以供查询。在上述过程中，通过将产品电子编码与物联网信息发布服务联系起来，不仅可以获得大量的物品信息，而且将实现对物品数据的实时更新。这样，一个全新的物联网就建立起来了。图 3.2 描述了利用 EPC 系统获取物品信息的工作流程。

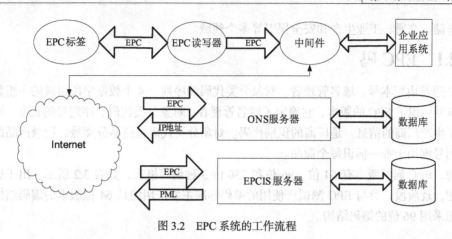

图 3.2　EPC 系统的工作流程

## 3.2　产品电子编码

产品电子编码的概念是美国麻省理工学院于 1999 年提出的,其核心思想是为全球每个商品提供一个唯一的电子标识符,通过射频识别技术来识别电子标识符号的信息,从而完成对物品数据的自动采集。为推进产品电子编码的发展,美国麻省理工学院成立了 Auto-ID 中心,主要从事对射频识别技术的研究工作。研究中心创建了射频识别技术标准,并利用网络技术建立了 EPC 系统。2003 年国际物品编码协会和美国统一编码委员会联合收购了 EPC 系统,之后共同成立了全球产品电子编码中心,并将 Auto-ID 中心更名为 Auto-ID 实验室。与此同时,在美国、英国、日本、韩国、中国、澳大利亚和瑞士相继建立了 7 个 Atuo-ID 实验室,主要负责 EPC 技术的本地化以及产业化研究工作。目前,EPC Global 通过各国的编码组织管理当地的 EPC 系统。在中国,管理 EPC 系统的组织是中国物品编码中心。图 3.3 给出了 EPC Global 组织机构的架构。

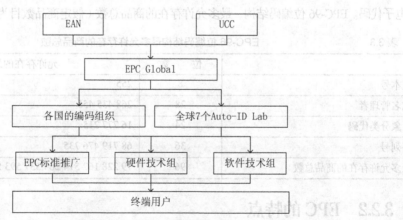

图 3.3　EPC Global 的组织机构

EPC Global 是全球性非盈利组织,其主要职能是对全球商品建立产品电子编码并进行管理。如上所述,产品电子编码是全球统一标识系统的重要组织部分,是 EPC 系统的核心与关键。它通过为全球每个物品进行编码,而为物品建立一个唯一的身份识别方法,用以实现全球范围内的物品跟踪与信息共享。产品电子编码被认为将会逐步取代传统条码编码,并将被广泛运用于商业、物流、仓储、交通、工业生产和安全保卫等多个领域。

### 3.2.1 EPC 码

EPC 码是由版本号、域名管理者、对象分类代码和序列号 4 个数据字段组成的一组数字。其中，版本号标识了 EPC 的版本，它确定了域名管理者、对象分类代码、序列号的长度。域名管理者描述了生产厂商的信息，是厂商的识别代码。对象分类代码是商品分类号，记录产品的类别信息。序列号则用于唯一标识每个商品。

目前，EPC 码的版本有 64 位、96 位和 256 位 3 种编码格式，如表 3.2 所示。出于成本等因素的考虑，现阶段，参与 EPC 测试所使用的编码标准主要采用的是 64 位版本的编码结构，未来则将考虑采用 96 位的编码结构。

表 3.2　　　　　　　　EPC 码 64 位、96 位和 256 位的数据结构

|  |  | 版本号 | 域名管理者 | 对象分类代码 | 序列号 |
|---|---|---|---|---|---|
| EPC-64 | TYPE I | 2 | 21 | 17 | 24 |
|  | TYPE II | 2 | 15 | 13 | 34 |
|  | TYPE III | 2 | 26 | 13 | 23 |
| EPC-96 | TYPE I | 8 | 28 | 24 | 36 |
| EPC-256 | TYPE I | 8 | 32 | 56 | 160 |
|  | TYPE II | 8 | 64 | 56 | 128 |
|  | TYPE III | 8 | 128 | 56 | 64 |

在 EPC-96 位编码结构下，版本号具有 8 位大小，以此来保证 EPC 版本的唯一性。另外 3 个数据段则包括 28 位的域名管理者，主要用来标识制造商或某个组织；24 位的对象分类码，用来对产品进行分组归类；36 位的序列号，作为唯一编码号用来表示每件商品的身份信息。根据计算，EPC-96 位数据结构的编码，可以为 2.68 亿个厂商提供唯一标识，每个厂商可以有 1 678 万个商品种类，每个商品种类可以有 687 亿个产品。这样大的容量意味着可以为未来世界的每个产品分配一个标识身份的唯一电子代码。EPC-96 位编码结构，最多允许存在的商品总数（假定商品数目为 96 位）如表 3.3 所示。

表 3.3　　　　　　　EPC-96 位编码结构最多允许存在的商品总数

|  | 位　　数 | 允许存在的最大数字 |
|---|---|---|
| 版本号 | 8 | 255 |
| 域名管理者 | 28 | 268 435 455 |
| 对象分类代码 | 24 | 16 777 215 |
| 序列号 | 36 | 68 719 476 735 |
| 最多允许存在的商品总数 | 96 | 79 228 162 514 264 337 593 543 950 335 |

### 3.2.2 EPC 的特点

产品电子编码 EPC 主要有以下特点。

（1）编码容量大

产品电子编码 EPC 的容量非常大，可以为全球每一件商品编码。

（2）兼容性强

EPC 编码标准与目前广泛应用的 EAN/UCC 编码标准是兼容的，全球贸易项目代码（Global

Trade Item Number, GTIN）是 EPC 编码结构中的重要组成部分。此外，目前广泛使用的全球贸易项目代码 GTIN、系列货运包装箱代码（Serial Shipping Container Code, SSCC）和全球位置码（Global Location Number, GLN）等都可以顺利转换到 EPC 编码。

（3）应用广泛

EPC 编码标准可在生产、流通、存储、结算、跟踪、召回等供应链的各环节全面应用。

（4）具有合理性

EPC 编码标准由 EPC Global、各国 EPC 管理机构（中国的管理机构称为 EPC Global China）和被标识物品的管理者分段管理，具有结构明确、易于使用、共同维护和统一应用等特点，因此在 EPC 架构的设计上具有合理性。

（5）国际性

EPC 编码标准不以具体国家、企业和组织为核心，编码标准全球协商一致，编码采取全面数字形式，不受地方色彩、种族语言、经济水平和政策观点等限制，是无歧视性的编码，因而具有国际性。

## 3.3 EPC 识别系统

EPC 识别系统主要由 EPC 电子标签与 EPC 读写器构成。EPC 电子标签，即 EPC 标签，是采用 EPC 编码进行物品标识的电子标签，是 EPC 代码的物理载体，附着在可跟踪的物品上，可全球流通，并可以对其进行识别和读写。EPC 读写器可读取 EPC 电子标签的 EPC 代码，并将代码输入到与 EPC 读写器相连的互联网或其他物联网的设备。

EPC 标签与 EPC 读写器之间要实现安全、可靠、有效的数据通信，通信双方必须遵守相互约定的通信协议。EPC 系统的电子标签与读写器之间主要利用 RFID 等无线方式进行信息交换。相比于传统信息频识别方式，这种交换方式具有非接触识别、识别距离远、可识别快速移动的物品和可同时识别多个物品等众多优点。EPC 射频识别方式为物品数据采集排除了人工干预，它是物联网实现中物品自动识别和物物相连的重要环节。

### 3.3.1 EPC 标签

EPC 标签一般由天线和芯片组成，其存储的唯一信息是对物品进行唯一标识的 96 位或者 64 位 EPC 编码。射频识别系统可以通过 EPC 标签内的编码实现对产品的追踪。EPC 芯片存储的信息量和信息类别是条码编码无法达到的，未来 EPC 标签在标识产品的时候将达到单品层次。如果制造商愿意，甚至还可以对物品的成分、工艺、生产日期、作业班组，甚至是作业环境进行描述。

根据基本功能和版本号的不同，EPC 标签包含类（Class）和代（Gen）两种概念，Class 描述的是 EPC 标签的基本功能，Gen 是指 EPC 标签的版本号。

1. EPC 标签类（Class）

为降低成本，EPC 标签通常是被动式电子标签。根据功能级别的不同，EPC 标签可以分为 Class 0、Class 1、Class 2、Class 3 和 Class 4 五类。

（1）Class 0 EPC 标签

Class 0 EPC 标签能够满足物流管理和供应链管理的需要，主要运用在超市的结账付款、超市货架扫描、集装箱货物识别、货物运输通道以及仓库管理等领域。Class 0 EPC 标签的主要功能包括以下几方面：①包含 EPC 代码、24 位自毁代码以及 CRC 代码；②可以被读写器读取；③可以被重叠读取；④可以自毁；⑤不可以由读写器进行写入。

（2）Class 1 EPC 标签

Class 1 EPC 标签又称身份标签，它是一种无源的、后向散射式标签，除了具备 Class 0 EPC 标签的所有特征外，还具有一个产品电子代码标识符和一个标签标识符（Tag Identifer, TID）。此类标签，通过 KILL 命令可实现标签的自毁功能，从而使得标签永久失效。此外，还有可选的密码保护访问控制和可选的用户内存等特性。

（3）Class 2 EPC 标签

Class 2 EPC 标签也是一种无源的、后向散射式标签，它除了具备 Class 1 EPC 标签的所有特征外，还包括扩展的 TID、扩展的用户内存、选择性识读功能。Class 2 EPC 标签在访问控制中加入了身份认证机制，并将定义其他附加功能。

（4）Class 3 EPC 标签

Class 3 EPC 标签是一种半有源的、后向散射式标签，它除了具备 Class 2 EPC 标签的所有特征外，还具有完整的电源系统和综合的传感电路。其中，片上电源用来为标签芯片提供部分逻辑功能。

（5）Class 4 EPC 标签

Class 4 EPC 标签是一种有源的、主动式标签，它除了具备 Class 3 EPC 标签的所有特征外，还具有标签到标签的通信功能、主动式通信功能和特别组网功能。

**2. EPC 标签代（Gen）**

与 EPC 标签的 Class 描述标签的基本功能不同，Gen 描述的是 EPC 标签的版本号。例如，EPC Class 1 Gen2 标签指的是 EPC 第 2 代 Class 1 类别的标签，这也是目前使用最多的 EPC 标签。

EPC 原来有 4 个不同的标签制造标准，分别是英国大不列颠科技集团（BTG）的 ISO-180006A 标准，美国 Intermec 科技公司（Intermec Technologies Corp）的 180006B 标准，美国 Matrics 公司（近期被美国讯宝科技公司收购）的 Class 0 标准，Alien Technology 公司的 Class 1 标准。这 4 家公司分别拥有自己标签产品的知识产权和技术专利，EPC Gen2 整合和扩展了上述 4 个标签标准。

EPC Gen1 标准是 EPC 射频识别技术的基础，EPC Gen1 主要是为了测试 EPC 技术的可行性。EPC Gen2 标准详细描述了第二代标签与读写器之间的通信，是 EPC Global 制定的 Class 1 UHF 频段射频识别空中接口的第二代标准。

EPC Gen2 标准主要是为使用这项技术与实践结合，满足现实的需求，于 2005 年投入使用。Gen1 和 Gen2 的过渡带来了诸多益处，EPC Gen2 可以制定 EPC 统一的标准，具有识读准确率高的特点。此外，EPC Gen2 标签不仅提高了 RFID 标签的质量，而且追踪物品的效果更好，同时还注重提高信息的安全保密性。EPC Gen2 标签减少了读卡器与附近物体的相互干扰，并可以通过加密的方式防止黑客的入侵。

但是，EPC Gen2 标签不适合于单个物品标识，首先是因为标签面积大，一般超过 2 平方英寸。另外 Gen2 标签间存在相互干扰的问题。目前，EPC Gen2 技术主要面向托盘和货箱级别的应用，因为在不确定的环境下，EPC Gen2 标签传输同一信号，任何读写器都可以接收，这对于托盘和货箱来说是很适合的。

EPC Gen2 标签的特点如下。

（1）开放和多协议的标准

EPC Gen2 的空中接口协议综合了 ISO/IEC-80006A 和 IEC-180006B 的特点和长处，并进行了一系列的修正和扩充。其在物理层数据编码、调制方式和碰撞算法等关键技术方面进行了改进。在 EPC Gen2 的基础上，新的标准 ISO/IEC180006C 已在 2006 年 7 月发布。

（2）存储和口令

EPC Gen2 最多支持 256 位的 EPC 编码。EPC Gen2 标签在芯片中有 96 字节的存储空间，支持特有的口令，具有更大的存储能力以及更好的安全性能，可以有效地防止芯片被非法读取。

（3）多渠道兼容

目前，EPC Gen2 标准及使用是免版税的。任何厂商在不缴纳版税的情况下可以生产基于该标准的标签，使得 EPC Gen2 标签可从多渠道获得。此外，不同销售商的设备之间将具有良好的兼容性，将促使 EPC Gen2 的价格快速降低。

（4）更好的标签识读性能

EPC Gen2 具有 80kbit/s、160 kbit/s、320 kbit/s 和 640 kbit/s 4 种数据传输率，Gen2 标签的识读速率是原有标签的 10 倍，这使得 EPC Gen2 可以实现在高速自动作业环境中读取编码信息，并在批量标签扫描时避免重复识读。

（5）"灭活"（Kills）功能

标签收到识读器的灭活指令后可以自行永久销毁。

（6）实时性

容许标签延后进入识读区仍然被识读，这是 Gen 1 所不能达到的。

（7）全球频率

Gen2 标签能在 860~960MHz 频段范围内工作，这是 UHF 频谱所能够覆盖的最宽范围。通过提高 UHF 的频率调制性能，将有助于减少电子标签与其他无线电设备的相互干扰。

（8）高可靠性

标签具有高读取率，在较远的距离测试具有将近 100% 的读取率。

## 3.3.2 EPC 读写器

EPC 读写器的基本任务就是激活 EPC 标签，与 EPC 标签建立通信联系，并在 EPC 标签与应用系统之间传递数据。EPC 读写器提供了网络连接功能，并可执行 Web 设置、TCP/IP 读写界面设置和动态更新等操作。EPC 读写器和 EPC 标签之间与普通读写器和电子标签之间的区别在于，EPC 标签必须按照 EPC 标准编码，并遵循 EPC 读写器与 EPC 标签之间的空中接口协议。

### 1. EPC 读写器的构成

EPC 读写器一般由天线、空中接口电路、控制器、网络接口、存储器、时钟和电源等几部分构成。图 3.4 所示为 EPC 读写器的构成。

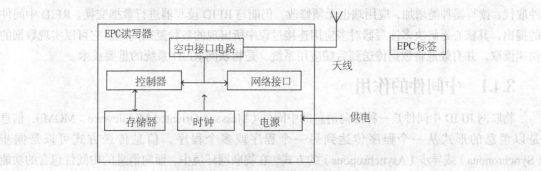

图 3.4 EPC 读写器的构成

空中接口电路是 EPC 读写器与 EPC 标签信息交换的桥梁，空中接口电路包括收、发两个通道，主要包含编码、调制、解调和解码等功能。

控制器可以采用微控制器（Micro Control Unit, MCU）或数字信号处理（Digital Signal Processing, DSP）。数字信号处理器是一种特殊结构的微处理器，可以替代微处理器或单片机作为系统的控制内核，由于数字信号处理器提供了强大的数字信号处理功能和接口控制功能，所以数字信号处理器是 EPC 读写器的首选控制器件。

网络接口能够支持以太网、IEEE802.11 无线局域网等网络连接方式，使 EPC 读写器可直接与应用系统相连，这是 EPC 读写器的重要特点。

#### 2. EPC 读写器的特点

EPC 读写器是 EPC 标签与计算机网络之间的纽带，EPC 读写器将 EPC 标签中的 EPC 编码读入后，通过网络将读入的数据进行传输。EPC 读写器的特点如下。

（1）空中接口功能

为读取 EPC 标签的数据，EPC 读写器需要与对应的 EPC 标签有相同的空中接口协议。如果一个 EPC 读写器需要读取多种 EPC 标签的数据，该 EPC 读写器还需要与多种 EPC 标签具有相同的空中接口协议，这就要求一个读写器支持多种空中接口协议。

（2）读写器防碰撞

EPC 系统需要多个读写器，相邻 EPC 读写器之间会产生干扰，这种干扰称为读写器碰撞。读写器碰撞会产生读写的盲区或重复读写的错误，因此需要采取防碰撞的措施，以消除或减少由读写器碰撞所带来的影响。

（3）与计算机应用系统相连

EPC 读写器应具有与应用系统相连接的功能，EPC 读写器应该像服务器、路由器一样，成为网络的一个独立终端，支持 Internet、Intranet 或无线网等标准和协议，以直接与各种应用系统相连。

## 3.4 中 间 件

物联网 RFID 中间件（Middleware）处于 EPC 读写器与应用系统的中间，实现了 EPC 读写器与应用系统之间的通用的、公共的服务。一般来说，这些服务具有标准的程序接口和协议，能够实现各种应用系统与读写器之间的无缝连接。中间件也可称为物联网 RFID 系统运作的中枢，它解决了应用系统与读写器硬件接口连接的问题。即使 RFID 标签数据增加、数据库软件由其他软件取代、读写器种类增加，应用端也无须修改，仍能与 RFID 读写器进行数据交换。RFID 中间件的提出，其核心是解决多读写器对多应用连接过程中所出现的各种复杂问题。它可以实现数据的快速读取，并有效地将数据传送到后端应用系统，是物联网 RFID 系统的重要技术。

### 3.4.1 中间件的作用

物联网 RFID 中间件是一种面向消息的中间件（Message-Oriented Middleware，MOM），信息是以消息的形式从一个程序传达到另一个程序或多个程序，信息传送方式可以是同步（Synchronous）或异步（Asynchronous）的方式。在物联网环境中，面向消息的中间件包含的功能不仅是传递消息，还必须包括解译数据、数据广播、错误恢复、定位网络资源、找出符合成本的路径、消息与要求的优先次序、消息安全等。

物联网 RFID 系统中间件的特征如下。

（1）独立于架构

中间件是独立的而且介于 EPC 读写器与后端应用程序之间，并且能够与多个 EPC 读写器以及多个后端应用程序连接，以减轻架构与维护的复杂性。

（2）数据处理

数据处理是中间件重要的功能，中间件一般具有数据的收集、过滤、整合和传递等特性，以便将正确的数据信息传输到后端的应用系统。

（3）标准化

中间件将支持标准化协议，支持不同应用软件对 EPC 读写器数据的请求，并能对读写器进行有效的管理和控制。

### 3.4.2 中间件的结构

中间件是具有特定属性的程序模块，其一般由程序模块集成器、读写器接口、应用程序接口和网络访问接口构成，如图 3.5 所示。

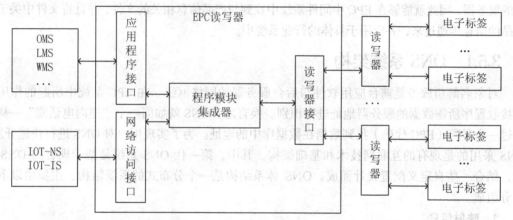

图 3.5 中间件的结构

**1. 程序模块集成器**

程序模块集成器由多个程序模块构成，分为标准程序模块和用户定义的程序模块两个部分。标准程序模块由标准化组织定义，用户定义的程序模块由用户自行定义。程序模块集成器具有数据的搜索、过滤、整合与传递等功能。

**2. 读写器接口**

读写器接口基于标准网络通信协议，提供与不同读写器连接的方法。

**3. 应用程序接口**

应用程序有很多种形式，包括订单管理系统（Order Management System, OMS）、物流管理系统（Logistics Management System, LMS）和仓库管理系统（Warehouse Management System, WMS）等，这些系统通过对供应链上数据的实时收集和反馈，为决策提供及时准确的信息。应用程序接口提供了这些应用程序与程序模块集成器之间的接口。

**4. 网络访问接口**

网络访问接口提供与互联网的连接，用来构建物联网名称解析服务和物联网信息发布服务的通道。

## 3.5 物联网名称解析服务

现阶段物联网比较成熟的名称解析服务和信息服务是 EPC 系统，EPC 系统的名称解析服务称为对象名解析服务（ONS），EPC 系统的信息发布服务称为 EPC 信息服务（EPC Information Service, EPCIS）。EPC 系统表述和传递信息的语言是实体标记语言，EPC 系统有关物品的所有信息都是由 PML 语言书写的，它是读写器、中间件、应用程序、对象名称解析服务和信息发布服务之间通信的共同语言。PML 语言由可扩展置表语言（Extensible Markup Language, XML）发展而来，是一种相互交换数据和通信的格式，其使用了时间戳和属性等信息标记，非常适合运用于 EPC 系统进行数据交换。

对象名解析服务是一个支持自动追踪物品的网络服务系统，类似于域名解析服务（Domain Name System, DNS），它可将 EPC 与相应的物品信息进行匹配。当 EPC 读写器读取一个 EPC 标签信息后，EPC 读写器就将标签信息传递给 EPC 中间件。EPC 中间件系统然后在局域网或因特网上利用 ONS 找到这个产品信息存储的位置。ONS 给 EPC 中间件系统指明了存储这个产品有关信息的服务器，因此就能够在 EPC 中间件系统中找到与产品信息相关的文件，并且将文件中关于该产品的信息传递过来，并应用于具体的行业系统中。

### 3.5.1 ONS 系统架构

对象名解析服务是前台应用软件与后台服务器的网络枢纽，在 EPC 系统中所起的作用是对接收程序所需数据的服务器地址进行识别。换言之，ONS 就如同一个"逆向电话簿"一样，通过一个号码（EPC 代码）找到数据在数据库中的地址。为了实现用户对 ONS 进行快速开发，ONS 采用的是现有的互联网技术和基础架构。其中，第一代 ONS 系统是基于现有的 DNS 系统，结合一些自定义配置设计而成。ONS 体系结构是一个分布式的系统结构，主要由以下几部分组成。

1. 映射信息

映射信息分布式地存储在不同层次的 ONS 服务里，这类信息便于管理。

2. ONS 服务器

如果某个查询请求要求查询一个 EPC 对应的 PML 服务的 IP 地址，则 ONS 服务器可以对此作出响应。每一台 ONS 服务器拥有一些权威的映射信息和另一些 EPC 的缓冲存储映射信息。

3. ONS 解析器

ONS 解析器向 ONS 服务提交查询请求，以获得所需 PML 服务器的网络位置。

### 3.5.2 ONS 工作原理

ONS 最大限度地利用了 Internet 上现有的体系结构，这样既可以节省投资，也可以增加系统之间的兼容性。ONS 查询的前部分工作是由一个与 DNS 类似结构的系统完成，而后续部分的工作则完全由现有的 DNS 系统完成。ONS 依赖于 DNS 工作的事实说明了 ONS 的查询和应答格式必须兼容 DNS 的标准，即 ONS 查询中 EPC 需要转化为一个域名形式，而应答也必须是一个合法的 DNS 资源记录。

图 3.6 所示为 ONS 服务查询过程的逻辑图。

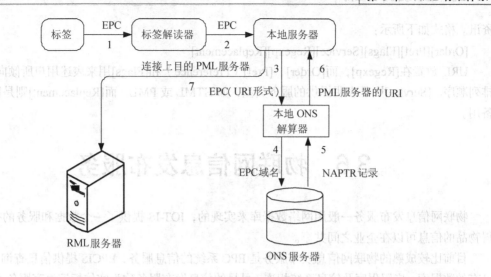

图 3.6 ONS 系统服务查询过程

整个解析过程主要分为以下几个步骤。

① EPC 读写器读取 EPC 标签，以二进制格式获取 EPC 编码。

（01 0000000000000000000 10 00000000000011000 000000000000000110010000）

② EPC 读写器将读取到的 EPC 标签的编码传送到本地服务器。

（01 0000000000000000000 10 00000000000011000 000000000000000110010000）

③ 本地服务器根据标签数据标准把这些二进制转化为 URI 格式，再将 URI 发送给本地 ONS 解析器。

urn:epc:1.2.24.400

④ 本地 ONS 解析器将此 URI 转换为域名形式，并发出对这个域名的 NAPTR（名称权威指针）查询。URI 被转化为域名格式，转换过程如下。

   a. 清除 urn:epc 1.2.24.400

   b. 清除 EPC 序列号 1.2.24

   c. 颠倒数列 24.2.1

   d. 添加 ".onsroot.org"

   e. 将 d.、e.组合为 24.2.1.onsroot.org

⑤ ONS 服务器将会返回一系列 NAPTR 记录回答，其中包含有指向一个或多个相关服务器的 URL。

如：

（0 0 EPC+pml !^.*$! http://www.example.com/pml.xml !.）

（0 0 EPC+pml !^.*$! http://www.example.com/service/pml.wsdl !.）

⑥ 本地 ONS 解析器从返回的 NAPTR 记录中提取出需要的 PML 服务器的 URL，返回给本地服务器。

http://www.example.com/pml.xml

⑦ 本地服务器根据返回的 URL 最终访问到目的 PML 服务器，获得查询的结果。

http://www.example.com/request.php

NAPTR 是一个采用规范表达方式的 DNS 记录类型，它包含有关其他命名空间内部的授权点资讯。格式如下所示：

[Order][Pref][Flags][Service][Regexp][Replacement]

URL 放置在[Regexp]，而[Order]、[Pref]（Preference）和[Flags]用来表述用户所倾向的 URL 排列顺序。[Service]则是表明提供的服务类型，如 HTML 或 PML，而[Replacement]则是留作以后备用。

## 3.6 物联网信息发布服务

物联网信息发布服务一般用网络数据库来实现的，IOT-IS 提供了一个数据和服务的接口，使得物品的信息可以在企业之间共享。

目前比较成熟的物联网信息发布服务是 EPC 系统的信息服务，EPCIS 提供信息查询结构，与已有的数据库、应用程序及信息系统相连。最早的信息发布服务称为实体标记语言服务（Physical Markup Language Server, PML Server），2004 年 9 月，EPC Global 修订了 EPC 网络结构方案，EPCIS 代替了 PML Server，现在并非必须用 PML 语言存储或记录信息。2007 年 4 月，EPC Global 发布了 EPCIS 行业标准，这标志物联网的信息发布服务跃上了一个新的台阶。

### 3.6.1 EPCIS 的作用

由 PML 描述的各项服务构成了 EPC 信息服务（EPC Information Service, EPCIS），这是一种可以响应任何与 EPC 相关的信息访问和信息提交的服务。EPC 作为一个数据库搜索关键字使用，包含 EPCIS 提供 EPC 所标识对象的具体信息。实际上，EPCIS 只提供标识对象信息的接口，它可以连接到现有的数据库、应用系统，也可以连接到标识信息自己的永久存储库。

EPCIS 的目的在于，应用 EPC 相关数据的共享来平衡企业内外不同的应用。EPC 相关数据包括 EPC 标签和读写器获取的相关信息，以及一些商业上必需的附加数据。EPCIS 的主要任务如下。

标签授权：标签授权是标签对象生命周期中至关重要的一步。标签未被授权就如同一个 EPC 标签已被安装到了商品上，但是没有被写入数据。标签授权的作用就是将必要的信息写入标签，这些数据包括公司名称、商品的信息等。

牵制策略——打包与解包操作：捕获分层信息中每一层的信息是非常重要的，因此如何包装与解析这些数据也成为标签对象生命周期中非常重要的一步。

观测：对于一个标签来说，用户最简单的操作就是对它进行读取。EPCIS 在这个过程中的作用，不仅仅是读取相关的信息，更重要的是观测标签对象的整个运动过程。

反观测：这个操作与观测相反。它不是记录所有相关的动作信息，因为人们不需要得到一些重复的信息，但是需要数据的更改信息。反观测就是记录下那些被删除或者不再有效的数据。

### 3.6.2 EPCIS 在 EPC 系统中的位置

EPCIS 接口为定义、存储和管理 EPC 标识的物理对象所有的数据提供了一个框架。EPCIS 层的数据目的是驱动不同的企业应用。EPCIS 位于整个 EPC 系统构架的最高层。也就是说，它不仅是原始 EPC 观测资料的上层数据，也是过滤和整理后的观测资料的上层数据。EPCIS 在整个 EPC 系统网络中的主要作用就是提供一个接口来存储和管理 EPC 捕获的信息。图 3.7 所示为 EPCIS 在 EPC 系统中的位置。

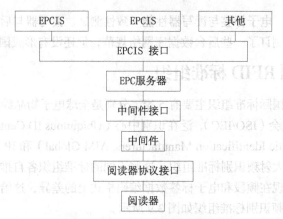

图 3.7 EPCIS 在 EPC 网络中的位置

### 3.6.3 EPCIS 框架

在 EPCIS 中框架被分为 3 层，即信息模型层、服务层和绑定层。信息模型层指定了 EPCIS 中包含什么样的数据，这些数据的抽象结构是什么，以及这些数据代表什么含义。服务层指定了 EPC 网络组件与 EPCIS 数据进行交互的实际接口。绑定层定义了信息传输协议，如简单对象访问协议（Simple Object Access Protocol, SOAP）或者超文本传输协议（HyperText Transfer Protocol, HTTP）。EPCIS 框架中各个层次的关系如图 3.8 所示。

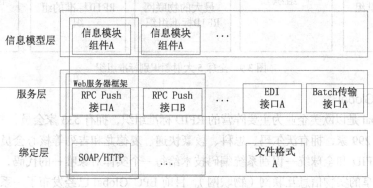

图 3.8 EPCIS 框架中的层次分类

## 3.7 物联网 RFID 标准体系

射频识别（RFID）标准体系是涉及多学科、涵盖众多技术和面向多领域应用的一个体系，为防止技术壁垒，促进技术合作，扩大产品和技术的通用性，射频识别需要建立标准化体系。射频识别标准化是指制定、发布和实施射频识别标准，解决编码、数据通信和空中接口等共性需求问题，促进射频识别在全球跨地区、跨行业和跨平台的应用。随着射频识别在全球物流业的大规模应用，通过标准对技术和应用进行规范，已经得到业界的广泛认同。

射频识别目前还没有形成统一的标准，为多标准共存的局面，全球有多个射频识别标准化组织，已经制定和发布的标准主要与数据采集相关，主要包括电子标签编码标准、电子标签与读写器之间的空中接口标准、电子标签与读写器性能一致性测试、读写器与后台数据库的数据交换协议，目前少数产业联盟制订了一些后台数据库网络规范，但还没有形成国际标准。

### 3.7.1 物联网 RFID 标准组织

目前具有代表性的国际标准组织主要有 5 家，分别是全球电子物品编码（EPC Global），国际标准组织/国际电工委员会（ISO/IEC），泛在识别中心（Ubiquitous ID Center, UIDC），国际自动识别制造商协会（Automatic Identification Manufacturers, AIM Global）和 IP-X，其中 EPC Global 和 UIDC 是实力最大的两大射频识别标准组织。这些不同的标准组织各自推出了自己的标准，这些标准互不兼容，主要表现在频段和电子标签数据编码格式上的差异，这给 RFID 的大范围应用带来了困难。全球 5 大射频识别标准组织如图 3.9 所示。

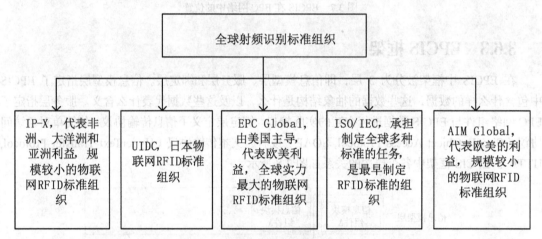

图 3.9　全球 5 大射频识别标准组织

#### 1. EPC Global

EPC Global 是以欧美企业为主要阵营的 RFID 标准组织，拥有 533 家会员，其中终端用户 234 家，高级会员 299 家，拥有沃尔玛、思科、敦豪快递、麦德龙和吉列等核心会员。EPC Global 利用 Internet、RFID 和全球统一识别系统编码技术给每一个实体对象唯一的代码，构造实现全球物品信息实时共享的实物信息互联网（物联网）。目前 EPC Global 已经发布了一系列技术规范，包括产品电子代码（EPC）、电子标签规范和互操作性、识读器-电子标签通信协议、中间件软件系统接口、PML 数据库服务器接口、对象名解析服务和 PML 产品元数据规范等。

#### 2. ISO/IEC

与 EPC Global 只专注于 860～960MHz 频段不同，ISO/IEC 在各个频段的 RFID 都颁布了标准。ISO/IEC 组织下面有多个分技术委员会从事 RFID 标准研究。ISO/IEC JTC1/SC31，即自动识别和数据采集分技术委员会，其正在制定或已颁布的标准主要有不同频率下自动识别和数据采集通信接口的参数标准，即 ISO/IEC18000 系列标准。ISO/IEC JTC1/SC17 是识别卡与身份识别分技术委员会，其正在制定或者已经颁布的标准主要有 ISO/IEC14443 系列，国内的二代身份证采用的就是该标准。此外，ISO TC104/SC4 识别和通信分技术委员会制定了集装箱电子封装标准等。

#### 3. UIDC

日本泛在技术核心组织（UIDC）目前已经公布了电子标签超微芯片部分规格，但正式标准尚未推出。现阶段，支持这一 RFID 标准的已有 300 多家日本电子厂商、IT 企业。日本和欧美的 RFID

标准在使用的无线频段、信息位数和应用领域等有许多不同点。日本的电子标签采用的频段为 2.45GHz 和 13.56MHz，欧美的 EPC 标准采用 UHF 频段；日本的电子标签的信息位数为 128 位，EPC 标准的位数为 96 位；日本的电子标签标准可用于库存管理、信息发送和接收以及产品和零部件的跟踪管理等，EPC 标准侧重于物流管理、库存管理等。

#### 4. AIM 和 IP-X

AIM 和 IP-X 的势力则相对弱小。自动识别和数据采集分技术委员会组织原先制定通行全球的条形码标准，于 1999 年另成立 AIM 组织，目的是推出 RFID 标准。不过由于原先条形码的运用程度将远不及 RFID，亦即 AIDC 未来是否有足够能力影响 RFID 标准之制定，将是一个变量。AIM 全球有 13 个国家与地区性的分支，且目前的全球会员数已快速累积至 1000 个。IP-X 是以南美、澳大利亚、瑞士为中心主权国的第三世界标准组织。

### 3.7.2 物联网 RFID 标准体系的构成

射频识别标准体系主要由 4 部分组成，分别为基数标准、数据内容标准、一致性标准和应用标准（如船运标准、产品包装标准等）。其中编码标准和通信协议（通信接口）是争夺得比较激烈的部分，它们也构成了 RFID 标准的核心。

由于 Wi-Fi、WiMAX、ZigBee 和蓝牙等其他无线通信协议正融入 RFID 设备中，这使得 RFID 标准所包含的范围在不断扩大，实际应用变得更加复杂。

射频识别标准体系的构成如图 3.10 所示。

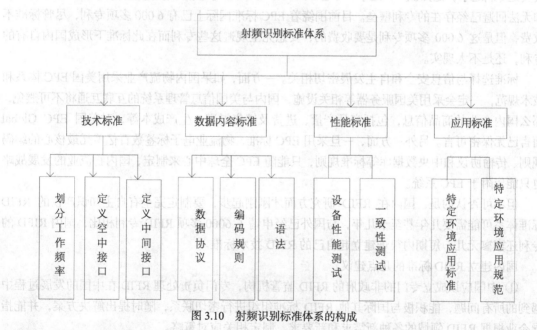

图 3.10 射频识别标准体系的构成

#### 1. RFID 技术标准

RFID 技术标准主要定义了不同频段的空中接口及相关参数，包括基本术语、物理参数、通信协议和相关设备等。

RFID 技术标准划分了不同的工作频率，主要包括低频、高频、超高频和微波。RFID 技术标准划分同时也规定了不同频率电子标签的数据传输方式和读写器工作规范。例如，当工作频率为 134.2Hz 时，数据传输方法可采用全双工和半双工两种方式，电子标签可采用 FSK 调制、NRZ 编码，而读写器数据以差分双相代码表示。

#### 2. RFID 数据内容标准

RFID 数据内容标准涉及数据协议、数据编码规则及语法，主要包括数据编码格式、语法标准、数据对象、数据结构和数据安全等。RFID 数据内容标准能够支持多种编码格式，例如 EPC Global 的编码格式。

#### 3. RFID 一致性标准

RFID 一致性标准也称为 RFID 性能标准，主要涉及设备性能标准和一致性标准，主要包括设计工艺、测试规范和试验流程等。

#### 4. RFID 应用标准

RFID 应用标准用于设计特定应用环境 RFID 的构架规则，包括 RFID 在工艺制造、物流配送、仓储管理、交通运输、信息管理和动物识别等领域的应用标准和应用规范。

### 3.7.3 国内物联网 RFID 标准

国内是未来全球 RFID 最大的应用市场，在 RFID 标准方面，中国政府应根据中国的实际国情，制定一套既能与国际兼容，同时又具有中国特色的 RFID 标准，此行动已经到了十万火急的地步。

标准是技术的核心和制高点，RFID 在中国的应用尚未普及，标准之争却已显现。标准之争其实是专利之争，是知识产权之争，尽管 EPC Global China 反复强调要建立符合中国国情的标准，却无法回避已经存在的专利壁垒。目前围绕着 EPC 标准国际上已有 6 000 多项专利，尽管标准不收费，但是这 6 000 多项专利是要收费的，要想完全规避这些专利而在此标准下形成国内自有的专利，还是不太现实。

标准选择与信息安全和自主发展密切相关。一方面，如果国内物流产业采用美国 EPC 体系和技术规范，一定会采用美国服务器等相关设施，国内与美国信息管理系统的互联互通将不可避免，那么国内企业的商品信息，包括产品产量、进货及销售渠道、生产成本等，对美国 EPC Global 而言已无保密可言。另外一方面，一旦采用 EPC 标准，物流业电子标签数百亿美元最核心的编码规则、传输协议和中央数据库等标准规则，只能随 EPC 全球中心来制定，国内物流业的发展战略也只能依附于 EPC 系统。

但不可否认的是，国内在 RFID 研究方面才刚刚起步，要制定完全有自主知识产权的 RFID 标准体系可能需要几年甚至十几年，与国外已经申请了 6000 多项 RFID 专利相比，国内 RIFD 的专利还寥寥无几，短期内很难建立起自己的 RFID 技术标准。

国内建立 RFID 标准的几点建议。

① 中国应该成立专门的非政府的 RFID 监管机构，专门负责处理 RFID 在中国的发展过程中遇到的所有问题，能积极与国际其他 RFID 标准组织进行密切联系，随时提出解决方案，并能指导企业根据 RFID 领域的各种新需求和新要求，制定相关应对策略。

② 中国 RFID 标准在保证与国际 RFID 标准兼容的前提下，根据中国的实际国情，制定符合中国企业的 RFID 相关系列标准。这样，有利于中国缩小在 RFID 领域与国际的技术差距。

③ 建立相应的 RFID 芯片研究机构，国家给予相应的资金和政策支持，开发具有中国自主知识产权的 RFID 芯片。以中国的成本优势，促进 RFID 的发展和普及。

④ 选择几家比较大的企业进行 RFID 试点应用，像美国国防部和沃尔玛一样力推 RFID，促进 RFID 的快速发展。为其他企业的 RFID 项目实施起到示范作用，积累 RFID 项目实施的经验教

训及解决办法，为其他企业的 RFID 项目实施扫清障碍。

⑤ 加大国家对 RFID 的产业投入，扶持一批 RFID 企业，集中资源攻克 RFID 芯片设计和 RFID 设备制造难关，利用中国的成本优势，生产中国企业能接受的 RFID 产品，并在企业中进行规模应用，推动中国 RFID 产业的快速发展。

## 小　　结

本章以 EPC 系统所构成的物联网为例，介绍了物联网的工作原理。EPC 系统（物联网）由 EPC 编码、射频识别及互联网（Internet）有效组合而成，包括全球产品电子编码体系、射频识别系统及信息网络系统 3 部分，具体包括 EPC 编码标准、EPC 标签、EPC 读写器、神经网络软件、对象名解析服务（ONS）、实体标记语言 6 个方面。在物联网中，每个物品被赋予一个产品电子编码 EPC，EPC 编码存储在电子标签中，EPC 读写器读取电子标签后，将 EPC 编码发送给 EPC 中间件，EPC 中间件通过互联网向名称解析服务发送一条查询指令，IOT-NS 根据规则查询存储在物联网信息发布服务中的物品详细信息，并以网页的形式返回给 EPC 中间件。

## 讨论与习题

1. 简述 EPC 系统（物联网）的基本构成及其主要功能。
2. EPC 系统的工作流程。
3. 物联网 RFID 标准体系包括哪些？
4. 列举你所熟悉的物联网应用领域，并加以描述。

# 第4章 RFID 电子标签

RFID 电子标签（也称作应答器）是 RFID 系统中的一个重要组成部分。本章将介绍几种常用的 RFID 电子标签的组成结构及其工作原理，主要包括一位电子标签、采用声表面技术的标签、采用电路技术的电子标签、基于存储器的电子标签以及基于微处理器的电子标签。

## 4.1 电子标签概述

射频识别（RFID）标签又称电子标签，是一个微型无线收发装置，主要由芯片和内置天线组成。芯片中存储有能够识别目标的信息，当 RFID 读写器查询时它会发送数据给阅读器，进而交由系统进行处理。本章所指的电子标签，其实是射频识别技术里的标签，为的是在不影响理解的前提下，将射频识别技术的标签和普通二维码等标签进行区分。

电子标签其本质是一种数据载体，主要功能是携带物品的信息，并提供接口，以便读卡器能自动识别这些信息。电子标签有很多种分类方法，可以根据工作原理分，根据工作频率分，也可以根据功能分。本章将以不同的技术为依据，介绍 4 种常见的电子标签，如图 4.1 所示。

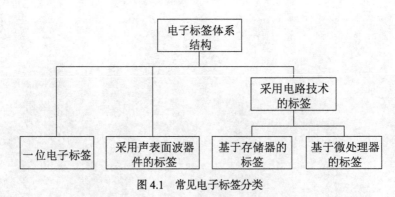

图 4.1 常见电子标签分类

## 4.2 一位电子标签

这种标签出现在 20 世纪 60 年代，是一种最早的商用电子标签，主要运用在电子商品防窃（盗）

系统（Electronic Article Surveillance，EAS）中，该系统读写器通常放在商店门口，电子标签附在商品上，当未付账商品通过时，EAS 系统就会报警。

一位电子标签，就是数据量为 1bit 的标签。这种电子标签只有"0"和"1"两种状态。这种标签系统的读卡器，也只能发出两种状态，分别是"读写器工作区域内，有电子标签"和"读写器工作区域内，无电子标签"。图 4.2 所示为标签实物图。

由于一位的电子标签只有两种状态，比较简单，可以采用射频法、微波法、分频法、智能型、电磁法和声磁法等多种方法进行工作。下面以射频法为例，介绍一位电子标签的工作原理。

运用射频法工作的系统，由电子标签、读写器（检测器）和去激活器 3 部分组成。电子标签主要工作电路是 LC 谐振电路，其主要功能是将电磁场频率协调到某一个频率 $f_R$ 上。读写器发出某一频率 $f_G$ 的电磁波，当电磁波的频率 $f_G$ 和电子标签的谐振频率 $f_R$ 相同的时候，电子标签的振荡电路产生谐振，同时，根据楞次定律，LC 谐振电路产生的磁场是跟外部的电磁场方向相反的，也就是会对原来的电磁场产生反作用，导致读写器的电磁场振幅减小。读写器或者说是检测器，如果检测到电磁场减小，就将报警。在电子标签使用完毕后，可以用"去激活器"将电子标签销毁。例如商品被购买了，出门的时候不应该报警，这时候就用"去激活器"销毁标签。射频法的工作原理如图 4.3 所示。

图 4.2 一位电子标签

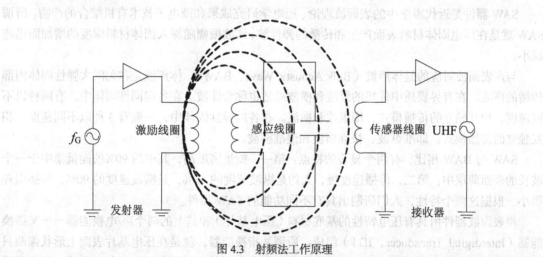

图 4.3 射频法工作原理

**1. 电子标签**

电子标签的内部主要是一个 LC 振荡电路，电子标签以特殊的方式安装在商品上，目前市场上出现的一位电子标签有软标签和硬标签等。软标签成本较低，直接黏附在较"硬"的商品上，软标签不可重复使用；硬标签一次性成本较软标签高，但可以重复使用。硬标签需配备专门的取钉器，多用于服装类柔软的、易穿透的物品。

**2. 读写器或检测器**

读写器或者检测器一般由发射器和接收器两个部分组成。其基本原理是利用发射天线将电磁场发射出去，在天线接收范围内将这一电磁场接收。在发射天线和天线之间的区域称为扫描区域。

应用射频法原理的电子标签系统利用电磁波的共振原理来搜寻特定范围内是否有电子标签存在，如果该区域内出现电子标签，则立即触发报警。

**3. 去激活器**

去激活器能够产生足够强的磁场，该磁场可以将电子标签中的薄膜电容破坏，使电子标签内的 LC 电路失效。

去激活器通常被开锁器或者解码器替代。开锁器是快速将各种硬标签取下的装置。解码器是使软标签失效的装置，目前市面上常用的是非接触式解码器，可以对通过解码器上方 20cm 以内的标签进行解码。

## 4.3 采用声表面波技术的标签

声表面波（Surface Acoustic Wave，SAW）是沿物体表面传播的一种弹性波。声表面波技术是 20 世纪 60 年代末期发展起来的一门新兴科学技术领域，它是声学和电子学相结合的一门边缘学科。利用声表面波技术制造标签，始于 20 世纪 80 年代，近年来对声表面波标签的研究已经成为一个热点。声表面波标签不需要芯片，它应用了声学、电磁学、雷达、半导体平面技术及信号处理技术，是有别于 IC 芯片的另一种新型标签。

### 4.3.1 声表面波器件

SAW 器件是近代声学中的表面波理论、压电学研究成果和微电子技术有机结合的产物。所谓 SAW 就是在压电固体材料表面产生和传播的弹性波，该波振幅随深入固体材料深度的增加而迅速减小。

与声表面波对应的是体声波（Bulk Acoustic Wave，BAW），体声波是在无限大弹性固体内部传播的声波。在有界媒质中传播的纵波和横波通常也称为体波。在各向同性固体中，有两种以不同速度、相互独立的传播模式，即纵波和横波。在各向异性固体中，一般有 3 种以不同速度、相互独立的传播模式，即准纵波、快准横波和慢准横波。

SAW 与 BAW 相比，有两个显著的特点：第一，能量密度高，其中约 90% 的能量集中于一个波长的表面薄层中；第二，传播速度慢，大约是纵波速度的 45%，是横波速度的 90%，传播损耗很小。根据这两个特性，人们研制出具有不同功能的 SAW 器件。

声表面波器件由具有压电特性的基底材料（压电基片）和其上的两个声/电换能器——叉指换能器（Interdigital Transducer，IDT）组成。所谓叉指换能器，就是在压电基片表面上形状像两只手的手指交叉状的金属图案，它的作用是实现声/电能量转换。如果 IDT 电极的两端，加入高频电信号，IDT 会使压电材料表面产生机械振动，这叫做逆压电效应。如果基底材料上出现机械振动，IDT 可以将这种机械振动转换成电信号，从两个电极输出。IDT 借助于半导体平面工艺制作。图 4.4 所示为声表面波器件典型结构原理。

声表面波器件的工作原理是：压电基片左端的叉指换能器（输入换能器）通过逆压电效应将输入的电信号转变成机械振动。这种机械振动同时激发出与外加电信号频率相同的表面声波，这种表面声波会沿着基底材料表面传播。此声信号沿基片表面传播，最终由基片右边的换能器（输出换能器）将声信号转变成电信号输出。整个声表面波器件的功能是通过对在压电基片上传播的声信号进行各种处理，并利用声/电换能器的特性来完成的。

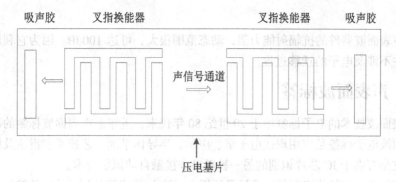

图 4.4 声表面波器件典型结构原理

叉指换能器的金属条电极是铝膜或者金膜，通常用蒸发镀膜设备镀膜，并采用光刻方法制出所需图形。压电基底材料有铌酸锂、石英、锗酸铋和钽酸锂等压电单晶体。

迄今已经研制成功了许多声表面波器件，如表面波带通滤波器、延迟线、匹配滤波器、温度传感器、振荡器和表面波卷积器等。由于声表面波器件具有小型、可靠性高、一致性好、多功能以及设计灵活等优点，所以它在雷达、通信、空中交通管制、电子战 f 微波中继、声纳以及电视中已经或正在得到广泛的应用。

声表面器件的不足之处：第一，由于受工艺的限制，声表面波器件的工作频率被局限在 2~3GHz 以下；第二，由于它采用单晶材料，制作工艺要求精度高、条件苛刻，因此成本较高、价格较贵。

## 4.3.2 声表面波技术的特点

第一，声表面波具有极低的传播速度和极短的波长，比相应的电磁波的传播速度的波长小 10 万倍。在甚高频（Very High Frequency，VHF）和特高频（Ultra High Frequency，UHF）频段内，电磁波器件的尺寸是与波长相比拟的。同理，作为电磁器件的声学模拟，声表面波器件的尺寸也是和信号的声波波长相比拟的。因此，在同一频段上，声表面波器件的尺寸比相应电磁波器件的尺寸减小了很多，重量也随之大为减轻。例如，用一千米长的微波传输线所能得到的延迟，只需用传输路径为 1m 的声表面波延迟线即可完成。因此声表面波技术可实现电子器件的超小型化。

第二，由于声表面波系沿固体表面传播，加上传播速度极慢，使得时变信号可以瞬时完全呈现在晶体基片表面上。于是当信号在器件的输入和输出端之间行进时，就容易对信号进行取样和变换。这就给声表面波器件以极大的灵活性，使它能以非常简单的方式去完成其他技术难以完成或完成起来过于繁重的功能。比如脉冲信号的压缩和展宽，编码和译码以及信号的相关和卷积。一个实际例子是，1976 年报道的一个长为一英寸的声表面波卷积器，它具有使两个任意模拟信号进行卷积的功能，而它所适应的带宽可达 100MHz，时带宽积可达一万。这样一个卷积器可以代替由几个快速傅里叶变换（Fast Fourier Transformation，FFT）链做成的数字卷积器，即实际上可以代替一台专用卷积计算机。

此外，在很多情况下，声表面波器件的性能还远远超过了最好的电磁波器件所能达到的水平。比如，用声表面波可以做成时间——带宽乘积大于 5000 的脉冲压缩滤波器，在 UHF 频段内可以做成 Q 值超过 5 万的谐振腔，以及可以做成带外抑制达 70dB 的带通滤波器。

第三，由于声表面波器件是在单晶材料上用半导体平面工艺制作的，所以它具有很好的一致性和重复性，易于大量生产，而且当使用某些单晶材料或复合材料时，声表面波器件具有极高的温度稳定性。

第四，声表面波器件的抗辐射能力强，动态范围很大，可达 100dB。因为它利用的是晶体表面的弹性波并不涉及电子的迁移过程。

### 4.3.3 声表面波标签

利用声表面波技术的电子标签始于 20 世纪 80 年代末，近年来声表面波标签的研究成为一个热点。声表面波电子标签是应用现代电子学、声学、半导体平面工艺技术和雷达及信号处理技术的新成就，它是有别于 IC 芯片识别的另一种新型非接触自动识别技术。

声表面波标签具有的优点包括：设计灵活性大、输入/输出阻抗误差小、传输损耗小、抗电磁干扰（Electro-Magnetic Interference，EMI）性能好、可靠性高、制作的器件体积小、重量轻，而且能够实现多种复杂的功能。

随着加工工艺的发展，SAW 的工作频率覆盖范围是 10MHz～3GHz，是现在信息化产业的关键元器件。这种标签无源，而且抗电磁干扰能力好，具有一定的独特优势，是对集成电路技术的补充。

声表面波标签工作原理如图 4.5 所示。声表面波无源电子标签采用反射调制方式完成电子标签信息向阅读器的传送。声表面波标签由叉指换能器和若干反射器组成，换能器的两条总线与电子标签的天线相连接。

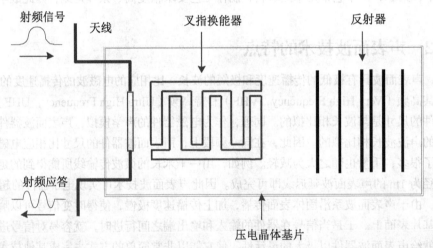

图 4.5 声表面波标签的工作原理

反射器是根据表面波遇到机械的或者电的不连续表面会产生反射的原理工作的。在反射器上，表面波的一小部分被反射。自由表面与金属化表面之间的过渡就具有这样的不连续性。因此，可以用周期性配置的反射条作为反射器。如果反射周期与半波长相符，则所有反射重叠起来的相位是相同的。因此，对于固有频率来说，发射率达到最大值。

阅读器的天线周期地发送高频询问脉冲，在电子标签天线的接收范围内，被收到的高频脉冲通过叉指换能器转变成声表面波，并在晶体表面传播。反射器组对入射表面波部分反射，并返回到叉指换能器，叉指换能器又将反射声脉冲串转变成高频电脉冲串。如果将反射器组按某种特定的规律设计，使其反射信号表示规定的编码信息，那么阅读器接收到的反射高频电脉冲串就带有该物品的特定编码。通过解调与处理，达到自动识别的目的。

声表面波电子标签识别系统的一般做法和集成电路的 RFID 做法是基本一致的，也就是将声表面波电子标签安装在被识别对象物上。当带有电子标签的被识别对象物进入阅读器的有效阅读范围时，阅读器自动侦测到电子标签的存在，向电子标签发送指令，并接收从电子标签返回的信息，从而完成对物体的自动识别。

由于声表面波传播速度低，有效的反射脉冲串在经过几微秒的延迟时间后才回到阅读器，在此延迟期间，来自阅读器周围的干扰反射已衰减，不会对声表面波电子标签的有效信号产生干扰。

由于声表面波器件本身工作在射频波段，无源且抗电磁干扰能力强，因此声表面波技术实现的电子标签具有一定的独特优势，是对集成电路技术的补充。

其主要特点如下。
① 读取范围大且可靠，可达数米。
② 可使用在金属和液体产品上。
③ 标签芯片与天线匹配简单，制作工艺成本低。
④ 不仅能识别静止物体，而且能识别速度达 300km/h 的高速运动物体。
⑤ 可在高温差（-100～300℃）、强电磁干扰等恶劣环境下使用。

## 4.3.4 声表面波技术的发展方向

声表面波电子标签技术应用领域非常广泛，包括物流管理、路桥收费、公共交通、门禁控制、防伪、农场的健康与安全监控识别、超市防盗和收费、航空行李分拣、邮包跟踪、工厂装配流水线控制和跟踪、设备和资产管理、体育竞赛等。

声表面波标签也适用于压力、应力、扭曲、加速度和温度等参数变化的测量，如铁路红外轴温探测系统的热轴定位、轨道平衡、超偏载检测系统、汽车轮胎压力等。

声表面波技术的发展方向如下。

**1. 加强 SAW 技术基础理论的研究**

① 加强压电材料的研究和开发。SAW 器件要求压电材料具有很低的延时温度系数（最好为零）、高的机电耦合系数、高的传播声速以及极低的杂波激励效应。今后应积极研究压电材料及其新切型、各种压电材料和薄膜构成的层状结构，从而找到具有优良特性的压电材料。

② 加强 SAW 激发和传播等基础理论研究。不断完善现有的各种有关理论及其物理模型，研制高精度和高效率的 CAD 设计软件，从而使 SAW 器件的设计更加精确，为制作出性能更加优良的 SAW 器件打好理论基础。

**2. 降低插入损耗**

SAW 滤波器以往存在的最突出问题是插入损耗大，一般不低于 15dB。为了满足通信系统的要求，通过开发高性能的压电材料和改进 IDT 设计，已经使器件的插入损耗降低到 4dB 以下，甚至有些产品降至 1dB。不过还是要进一步降低 SAW 滤波器的插入损耗至 1dB 以下，并使其功率承受能力提高到 10W。

**3. 提高 SAW 器件的频率**

对于 SAW 器件，当压电基材选定之后，其工作频率则由 IDT 指条宽度决定。IDT 指条越窄，频率则越高。目前 0.5μm 级的半导体已经是较为普通的技术，该尺寸 IDT 指条能制作出 1 500MHz 的 SAW 滤波器。利用 0.35μm 级的光刻工艺，能制作出 2GHz 的器件。目前，3GHz 的 SAW 器件开始进入实体化。为了进一步提高 SAW 器件的频率，可通过以下几个途径解决。

① 寻找具有高声速传播的压电材料，高声速的声波模式。

② 寻找新的叉指结构或利用谐波模式。

③ 加强工艺设备的改造，改进工艺条件，研究新工艺，如剥离、直接电子束光刻、纳米蚀刻和阳极氧化工艺等。

#### 4. 提高SAW器件的程序控制性能

随着现代计算机技术的发展，各种可编程的嵌入式设备，给人们生活带来了便利。为了SAW器件更方便地与计算机技术结合，设计可编程的SAW器件，提高器件的程控性，有助于快速地将SAW器件应用到嵌入式设备中，大大提高SAW器件的应用范围。

#### 5. 改进SAW器件的封装

全石英封装（AQP）技术的引入，大大改善了SAW振荡器的性能。为了使SAW器件与其他元件相兼容，并与自动装配技术相适应，应当引入表面安装外壳（SMP）技术。

#### 6. 微型化、片式化、轻便化

SAW器件微型化、片式化和轻便化，是对通信产品提出的基本要求。SAW器件的IDT电极条宽通常是按照SAW波长的1/4来进行设计的。对于工作在1GHz的器件，若设SAW的传播速度是4 000m/s，波长仅为4μm（1/4波长是1μm），在0.4mm的距离能够容纳100条1μm宽的电极。所以SAW器件芯片可以做得很小，便于实现超小型化。

## 4.4 采用电路技术的电子标签

一位电子标签和声表面波技术的电子标签多是应用在比较简单的场合，存储的数据量较少而且数据不能修改。接下来要介绍存储数据量较多且数据能进行修改的电子标签。这种标签一般采用电子电路技术和半导体加工技术，主要包括3个组成部分：天线、模拟前端（射频前端）和控制电路。图4.6所示为含有芯片的电子标签。

图4.6 含有芯片的电子标签

系统工作过程：首先是电子标签的天线接收由读写器发出的信号，该信号通过模拟前端（射频前端）电路，进入电子标签的控制电路，由控制电路对数据流做各种逻辑处理。为了将处理后的数据流返回到读写器，射频前端采用负载调制器或反向散射调制器等多种工作方式。

### 4.4.1 模拟前端

模拟前端（射频前端）主要有两种工作方式，原理各不相同。第一种是电感耦合方式，主要工作在低频和高频频段；第二种是电磁反向散射方式，主要工作在微波频段。

#### 1. 电感耦合工作方式

这种工作方式的电子标签进入读写器的电磁场范围以后，通过与读写器的电感耦合，产生交变电压，该交变电压通过整流、滤波和稳压之后，给电子标签的芯片提供工作所需的直流电压。电感耦合方式的电子标签工作示意图如4.7图所示。

由于电感耦合有距离限制，所以只有当电子标签与读写器的距离足够近的时候，电子标签上的线圈才会产生感应电压。电感耦合系统的 RFID 电子标签主要属于无源标签,耦合获得的能量可以使标签开始工作。

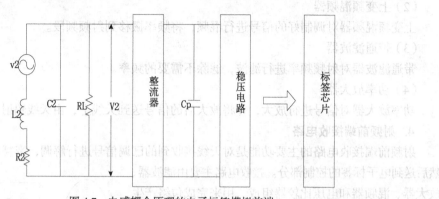

图 4.7　电感耦合原理的电子标签模拟前端

**2. 电磁反向散射工作方式**

采用电磁反向散射工作方式的射频前端有发送电路、接收电路和公共电路三部分,图 4.8 所示为电子标签电磁反向散射的射频前端。

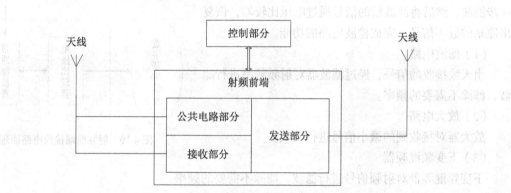

图 4.8　电子标签电磁反向散射的射频前端

**3. 射频前端发送电路**

射频前端发送电路的主要功能是对控制电路处理好的数字基带信号进行处理,然后通过电子标签的天线将信息发送给读写器。发送电路主要由调制电路、上变频混频器、带通滤波器和功率放大器组成,如图 4.9 所示。

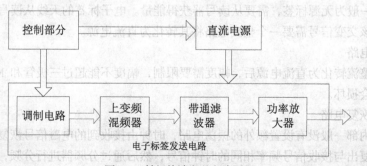

图 4.9　射频前端发送电路原理

（1）调制电路

调制电路的作用主要是对数字基带信号进行调制,将其转变为适合无线传输的频带信号。

（2）上变频混频器

上变频混频器对调制好的信号进行混频,将频率搬移到射频频段。

（3）带通滤波器

带通滤波器对射频频率进行滤波,滤除不需要的频率。

（4）功率放大器

功率放大器对信号进行放大,并将放大后的信号送到天线上,由天线辐射出去。

### 4. 射频前端接收电路

射频前端接收电路的主要功能是对天线接收到的已调信号进行解调,恢复出数字基带信号,然后送到电子标签的控制部分。接收电路主要由滤波器、放大器、混频器和电压比较器组成,用来完成包络产生和检波的功能。接收电路如图4.10所示。

包络产生电路的主要功能是对射频信号进行包络检波,将信号从频带搬移到基带,提取出调制信号包络。经过包络检波后,信号还会存在一些高频成分,需要进一步滤波,然后将滤波后的信号通过电压比较器,恢复出原来的数字信号,完成检波电路的功能。

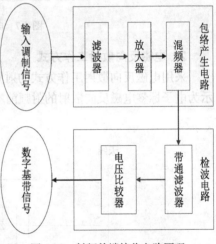

图4.10 射频前端接收电路原理

（1）滤波电路

由天线接收的信号,经过滤波器对射频频率进行滤波,滤除不需要的频率。

（2）放大电路

放大器对接收到的微小信号进行放大。

（3）下变频混频器

下变频混频器对射频信号进行滤波,滤除不需要的频率。

（4）电压比较器

通过电压比较器,恢复出原来的数字信号。

### 5. 公共电路

公共电路是射频发送和射频接收电路共同涉及的电路,包括电源产生电路、限制幅度电路、时钟恢复电路和复位电路等。

（1）电源产生电路

电子标签一般为无源标签,需要从读写器获得能量。电子标签的天线从读写器的辐射场中获得交变信号,该交变信号需要一个整流电路将其转化为直流电源。

（2）限幅电路

交变信号整流转化为直流电源后,幅度需要限制,幅度不能超过三极管和MOS管的击穿电压,否则器件会损坏。

（3）时钟恢复电路

电子标签内部一般没有设置额外的振荡电路,时钟由接收到的电磁信号恢复产生。时钟恢复电路首先将恢复出与接收信号频率相同的时钟信号,然后通过分频器进行分频,得到其他频率的时钟信号。

(4) 复位电路

复位电路可以使电源电压保持在一定的电压值区间。电源电压首先有一个参考电压值，以这个参考电压值为基准，电源电压可以在一定的范围内波动。如果电源电压超出这个允许的波动范围，就会复位。复位电路有上电复位和下电复位两种功能。当电源电压升高，但仍小于波动允许的范围时，复位信号仍然为低电平；当电源电压升高，而且超过波动允许的范围时，复位信号跳变为高，这就是上电复位信号；当电源电压降低，但仍小于波动允许的范围时，复位信号仍然为高电平；当电源电压降低，而且超过波动允许的范围时，复位信号跳变为低，这就是下电复位信号。上电复位和下电复位是针对系统可能出现的意外而设置的保护措施。

### 4.4.2 控制电路

根据控制部分的电路不同，又可以分成两类电子标签。一类是具有存储功能，但不含微处理器的电子标签；一类是含有微处理器的电子标签。

#### 1. 具有存储功能的电子标签

具有存储功能的电子标签，控制部分主要由地址和安全逻辑、存储器组成，这种电子标签的主要特点是利用状态自动机在芯片上实现寻址和安全逻辑。图 4.11 所示为具有存储功能的电子标签的控制部分电路框图。

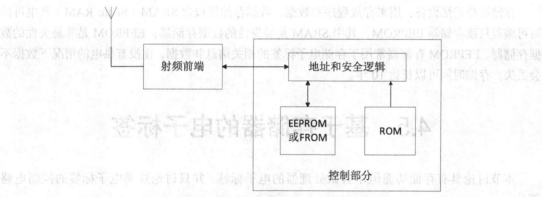

图 4.11　具有存储功能的电子标签的控制部分电路框图

（1）地址和安全逻辑

地址和安全逻辑是数据载体的心脏，控制着芯片上的所有过程。

（2）存储器

存储器用于存储不变的数据，如序列号等。该存储器可以采用数据存储器 ROM、EEPROM 或 FRAM 等。

#### 2. 含有微处理器的电子标签

含有微处理器的电子标签，控制部分主要由编解码电路、微处理器和存储器组成，电路结构如图 4.12 所示。

（1）编解码电路

编解码电路用来完成编码和解码的工作。当该电路工作在前向链路时，将电子标签射频接收电路送来的数字基带信号进行解码，并将解码后的信号传送给微处理器。当该电路工作在反向链路时，将电子标签微处理器送来的、已经处理好的数字基带信号进行编码，然后送到电子标签的射频发送电路。

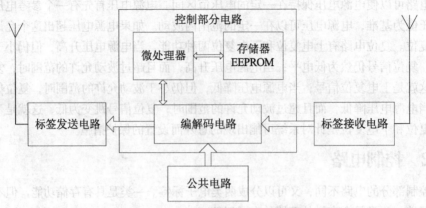

图 4.12　含有微处理器的电子标签的控制部分框图

（2）微处理器

微处理器是对内部数据进行处理，并对处理过程进行控制的部件。微处理器用来控制电子标签的相关协议和指令，具有数据处理的能力。

（3）存储器

存储器是记忆设备，用来存放程序和数据。数据存储器包含 SRAM（Static RAM）和电可擦写可编程只读存储器 EEPROM，其中 SRAM 是易失性的数据存储器，EEPROM 是非易失性的数据存储器。EEPROM 存储器常用于存储电子标签的相关信息和数据，在没有供电的情况下数据不会丢失，存储时间可以长达 10 年。

## 4.5　基于存储器的电子标签

本节讨论具有存储功能但不含微处理器的电子标签，并只讨论这类电子标签的控制电路部分。

具有存储功能的电子标签很多，包括简单的只读电子标签以及高档的具有密码功能的电子标签。数据存储器采用 ROM、EEPROM 或 FRAM 等，用于存储不变的数据。数据存储器通过芯片内部的地址和数据总线，与地址和安全逻辑电路相连。图 4.13 所示为具有存储功能的电子标签控制电路框图。

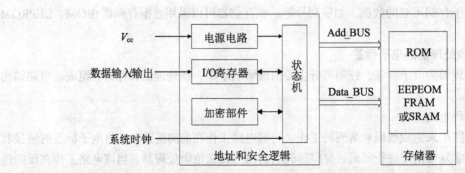

图 4.13　具有存储器功能的电子标签控制电路框图

### 4.5.1 地址和安全逻辑

这种电子标签没有微处理器，地址和安全逻辑是数据载体的心脏，通过状态机对所有的过程和状态进行有关的控制。地址和安全逻辑电路主要由电源电路、时钟电路、I/O 寄存器、加密部件和状态机构成，这几部分的功能如下。

**1. 电源电路**

当电子标签进入读写器的工作区域后，电子标签获得能量，并将其转化为直流电源，使地址和安全逻辑电路处于规定的工作状态。

**2. 时钟电路**

控制与系统同步所需的时钟由射频电路获得，然后被输送到地址和安全逻辑电路。

**3. I/O 寄存器**

专用的 I/O 寄存器用于同读写器进行数据交换。

**4. 加密部件**

加密部件是可选的，用于数据的加密和密钥的管理。

**5. 状态机**

地址和安全逻辑电路的核心是状态机，状态机对所有的过程和状态进行控制。

状态机可以理解为一种装置，它能采取某种操作来响应一个外部事件。具体采取的操作不仅取决于接收到的事件，还取决于各个事件的相对发生顺序。之所以能做到这一点，是因为装置能跟踪一个内部状态，它会在收到事件后进行更新。这样一来，任何逻辑都可以建模成一系列事件与状态的组合。

在数字电路系统中，有限状态机是一种时序逻辑电路模块，它对数字系统的设计具有十分重要的作用。有限状态机是指输出取决于过去输入部分和当前输入部分的时序逻辑电路。一般来说，除了输入和输出部分外，有限状态机还含有一组具有"记忆功能的寄存器"，这些寄存器的功能是记忆有限状态机的内部状态，它们常被称为状态寄存器。

在有限状态机中，状态寄存器的下一个状态不仅与输入信号有关，而且还与该寄存器的当前状态有关，因此有限状态机又可以认为是寄存器逻辑和组合逻辑的一种组合。其中，寄存器逻辑的功能是存储有限状态机的内部状态，组合逻辑可以分为次态逻辑和输出逻辑部分。次态逻辑的功能是确定有限状态机的下一个状态，输出逻辑的功能则是确定有限状态机的输出。

状态机可归纳为 4 个要素，即现态、条件、动作和次态。这样的归纳，主要是出于对状态机的内在因果关系的考虑。

① 现态：是指当前所处的状态。

② 条件：又称为"事件"。当一个条件被满足，将会触发一个动作，或者执行一次状态的迁移。

③ 动作：条件满足后执行的动作。动作执行完毕后，可以迁移到新的状态，也可以仍旧保持原状态。动作不是必需的，当条件满足后，也可以不执行任何动作，直接迁移到新状态。

④ 次态：条件满足后要迁往的新状态。"次态"是相对于"现态"而言的，"次态"一旦被激活，就转变成新的"现态"了。

### 4.5.2 存储器

具有存储功能的电子标签种类很多，分为只读电子标签、可写入式电子标签、具有密码功能的电子标签和分段存储的电子标签，电子标签的档次与存储器的结构密切相关。其中，只读电子标签档次最低，具有密码功能的电子标签和分段存储的电子标签档次较高。

### 1. 只读电子标签

在识别过程中，内容只能读出不可写入的电子标签是只读型电子标签。只读型电子标签所具有的存储器是只读型存储器。当电子标签进入读写器的工作范围时，电子标签就开始输出它的特征标记，通常芯片厂家保证对每个电子标签赋予唯一的序列号。电子标签与读写器的通信只能在单方向上进行，即电子标签不断将自身的数据发送给读写器，但读写器不能将数据传输给电子标签。这种电子标签功能、结构也较简单。

只读型电子标签可分为以下 3 种。

（1）只读标签

只读标签的内容在标签出厂时就已被写入，识别时只能读出，不可再写入。只读标签的存储器一般由 ROM 组成。ROM 所存储的数据一般是装入整机前事先写好的，整机工作过程中只能读出，而不像随机存储器那样能快速、方便地加以改写。ROM 所存的数据稳定，断电后所存的数据也不会改变，其结构较简单，读出较方便，因而常用于存储各种固定的程序和数据。

只读电子标签自身的特征标记一般用序列号表示，其在芯片生产的过程中已经固化了，用户不能改变芯片上的任何数据。

（2）一次性编程只读标签

一次性编程只读标签可在应用前一次性编程写入，在识别过程中不可改写。一次性编程只读标签的存储器一般由 PROM 组成。

（3）可重复编程只读标签

可重复编程只读标签的内容经擦除后可重复编程写入，但在识别过程中不可改写。可重复编程只读标签的存储器一般由 EEPROM 组成。

只读电子标签价格较低廉，适合应用在对价格敏感的场合。只读电子标签主要应用在动物识别、车辆出入控制、温湿度数据读取、工业数据集中控制等场合。

### 2. 可写入式电子标签

在识别过程中，内容既可以读出又可以写入的电子标签，是可写入式电子标签。

可写入式电子标签可以采用 SRAM 或 FRAM（Ferroelectric RAM）存储器。SRAM 是静态随机存储器，是一种具有静止存取功能的内存。SRAM 不需要刷新电路就能保存它内部存储的数据，因此 SRAM 是一种高性能的存储器。铁电存储器 FRAM 是一个非易失性随机存取存储器，能提供与 RAM 一致的性能，但又有与 ROM 一样的非易失性。FRAM 非易失性是指记忆体掉电后数据不丢失，非易失性记忆体是源自 ROM 的技术。FRAM 将 ROM 的非易失性数据存储特性和 RAM 的无限次读写、高速读写以及低功耗等优势结合在一起，这就使得 FRAM 产品既可以进行非易失性数据存储又可以像 RAM 一样操作。

在可写入式电子标签工作时，读写器可以将数据写入电子标签。对电子标签的写入与读出大多是按字组进行的，字组通常是规定数目的字节的汇总，字组一般作为整体读出或写入。为了修改一个数据块的内容，必须从读写器整体读出这个数据块，对其修改，然后再重新整体将数据块写入。

可写入式电子标签的存储量，最少可以是 1B，最高可达 64KB。比较典型的电子标签是 16 位、几十到几百字节。

### 3. 具有密码功能的电子标签

对于可写入式电子标签，如果没有密码功能的话，任何读写器都可以对电子标签读出和写入。为了保证系统数据的安全，应该阻止对电子标签未经许可地访问。

可以采取多种方法对电子标签加以保护。对电子标签的保护涉及数据的加密，数据加密可以防止跟踪、窃取或恶意篡改电子标签的信息，从而保障了数据的安全性。对数据加密可采用多种方式，其中一种方式是采用分级密钥，分级密钥是指系统有多个密钥，不同的密钥访问权限不同，在应用中可以根据访问权限确定密钥的等级。

例如，某一系统具有密钥 A 和密钥 B，电子标签与读写器之间的认证可以由密钥 A 和密钥 B 确定，但密钥 A 和密钥 B 的等级不同，如图 4.14 所示。

图 4.14 分级密钥

电子标签内部的数据分为两部分，分别由密钥 A 和密钥 B 保护。密钥 A 保护的数据由只读存储器存储，该数据只能读出，不能写入。密钥 B 保护的数据由可写入存储器存储，该数据既能读出，也能写入。

读写器 1 具有密钥 A，电子标签认证成功后，允许读写器 1 访问密钥 A 保护的数据。读写器 2 具有密钥 B，电子标签认证成功后，允许读写器 2 读出密钥 B 保护的数据，并允许读写器 2 写入密钥 B 保护的数据。

在城市公交系统中，就有分级密钥的应用实例。现在城市公交系统可以用刷卡的方式乘车，该卡是无线识别卡，即 RFID 电子标签（卡）。城市公交系统的读写器有两种，一种是公交汽车上的刷卡器（读写器），一种是公交公司给卡充值的读写器。RFID 电子标签采用非接触的方式刷卡，每刷一次从卡中扣除一次金额，这部分的数据由密钥 A 认证。RFID 电子标签还可以充值，充值由密钥 B 认证。

公交汽车上的读写器只有密钥 A，电子标签认证密钥 A 成功后，允许公交汽车上的读写器扣除电子标签上的金额。公交公司的读写器有密钥 B，电子标签需要到公交公司充值，电子标签认证密钥 B 成功后，允许公交公司的读写器给电子标签充值。

### 4. 分段存储的电子标签

当电子标签存储的容量较大时，可以将电子标签的存储器分为多个存储段。每个存储段单元具有独立的功能，存储着不同应用的独立数据，并且有单独的密钥保护，以防止非法的访问。

一般来说，一个读写器只有电子标签一个存储段的密钥，只能取得电子标签某一应用的访问权。例如，某一电子标签具有汽车出入、小区付费、汽车加油、零售付费等多种功能，各种不同的数据分别有各自的密钥，而一个读写器一般只有一个密钥（如汽车出入密钥），只能在该存储段进行访问（如对汽车出入进行收费），如图 4.15 所示。

为使电子标签实现低成本，一般电子标签的存储段都设置成固定大小的段，这样实现起来较为简单。可变长存储段的电子标签可以更好地利用存储空间，但实现起来困难，一般很少使用。电子标签的存储段可以只使用一部分，其余的存储段可以闲置待用。

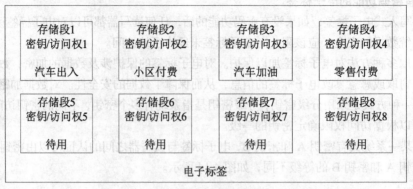

图 4.15 分段存储

## 4.6 基于微处理器的电子标签

随着 RFID 系统的不断发展,电子标签越来越多地使用了微处理器。含有微处理器的电子标签可以更灵活地支持不同的应用需求,并提高了系统的安全性。含有微处理器的电子标签拥有独立的 CPU 处理器和芯片操作系统。

中央处理器是计算机内部对数据进行处理并对处理过程进行控制的部件。随着大规模集成电路技术的迅速发展,芯片集成密度越来越高,CPU 可以集成在一个半导体芯片上,这种具有中央处理器功能的大规模集成电路器件,统称为"微处理器"。微处理器不仅是微型计算机的核心部件,也是各种数字化智能设备的关键部件。如今微处理器已经无处不在,无论是智能洗衣机、移动电话等家电产品,还是汽车引擎控制、数控机床等工业产品,都要嵌入各类不同的微处理器。

读写器向电子标签发送的命令,经电子标签的天线进入射频模块,信号在射频模块中处理后,被传送到操作系统中。操作系统程序模块是以代码的形式写入 ROM 的,并在芯片生产阶段写入芯片之中。操作系统的任务是对电子标签进行数据传输,完成命令序列的控制、文件管理及加密算法。操作系统命令的处理过程如图 4.16 所示。

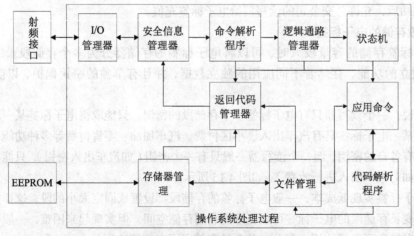

图 4.16 电子标签操作系统处理过程

1. I/O 管理器

I/O 管理器对错误进行识别，并加以校正。

2. 安全信息管理器

安全信息管理器接收无差错的命令，经解密后检查其完整性。

3. 命令解释程序

命令解释程序尝试对命令译码，如果不可能译码，则调用返回代码管理器。

4. 返回代码管理器

返回代码管理器产生相应的返回代码，并经 I/O 管理器送回到读写器。之后，读写器会将信息重发给电子标签。

如果操作系统收到了一个有效命令，则执行与此命令相关的程序代码。如果需要访问 EEPROM 中的应用数据，则由"文件管理"和"存储器管理"来执行。这时需要将所有符合的地址转换成存储区的物理地址，即可完成对 EEPROM（电可擦可编程只读存储器）应用数据的访问。

## 小 结

RFID 电子标签是 RFID 系统中的一个重要组成部分，它是 RFID 系统中被识别物体的信息载体。本章分类介绍了一位电子标签、采用声表面波技术的电子标签和采用电路技术的电子标签等几类电子标签。一位电子标签只能发出两种状态，分别是"读写器工作区域内，有电子标签"和"读写器工作区域内，无电子标签"。采用声表面波技术的电子标签利用了声表面波技术，该技术是声学和电子学相结合的一门边缘学科，该技术的电子标签具有设计灵活性大、输入/输出阻抗误差小、传输损耗小、抗电磁干扰性能好（EMI）、可靠性高、制作的器件体积小、重量轻等多种优点，应用领域非常广泛。采用电路技术的电子标签分为基于存储器的电子标签和基于微处理器的电子标签两种，对于基于存储器的电子标签，地址和安全逻辑是数据载体的心脏，通过状态机对所有的过程和状态进行有关的控制；基于微处理器的电子标签则拥有独立的 CPU 处理器和芯片操作系统，可以更灵活地支持不同的应用需求，并提高了系统的安全性。

## 讨论与习题

1. 简述 RFID 电子标签的主要功能，并根据所使用的不同技术，列出常用的几种电子标签。
2. 简要描述射频法工作原理。
3. 对于采用声表面波技术的电子标签，阅读器如何自动识别电子标签信息？
4. 试指出采用电路技术的电子标签由哪几部分组成，并简述其系统工作过程。

# 第5章 RFID 读写器

RFID 系统包括 RFID 读写器、RFID 电子标签和中央信息系统三大部分。RFID 读写器是 RFID 系统的基本单元,在整个系统中有着举足轻重的作用。RFID 读写器又称为阅读器、读头、扫描器、查询器等,其主要任务是向 RFID 电子标签发射读取或写入信号,并接收 RFID 电子标签的应答,对电子标签的对象标识信息进行解码,并将对象标识信息连带标签上其他相关信息传输到中央信息系统以供处理。本章将介绍 RFID 读写器的构成、RFID 读写器的作用与工作方式,重点介绍低频、高频、超高频及微波读写的设计。

## 5.1 RFID 读写器的构成

RFID 读写器可以是单独的整体,也可以作为部件的形式嵌入到其他系统中。读写器可以单独具有读写、显示和数据处理等功能,也可与计算机或其他系统进行互联,完成对 RFID 标签的相关操作。RFID 读写器的频率决定了 RFID 系统的工作频段,读写器的功率直接影响射频识别的距离。各种 RFID 读写器虽然在耦合方式、通信流程、数据传输方法,特别是在频率范围等方面有着根本的差别,但在原理、构造设计及功能上各种读写器是十分类似的,通常由天线、射频接口和逻辑控制单元三部分组成,图 5.1 所示为 RFID 读写器组成图。

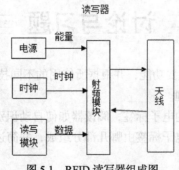

图 5.1　RFID 读写器组成图

从图 5.2 中可以看出,RFID 读写器的基本组成包括天线、射频模块、读写模块以及其他一些基本功能单元。

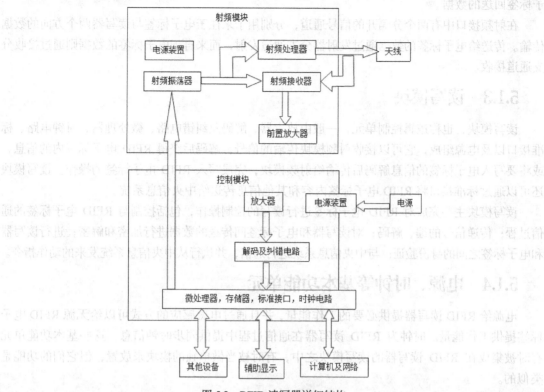

图 5.2 RFID 读写器详细结构

## 5.1.1 天线

天线是发射和接收射频载波信号的设备，是一种将电流信号转换成电磁波发送出去，或者将接收到的电磁波转换为电流信号的装置。RFID 读写器必须通过天线来发送能量，形成电磁场，通过电磁场对电子标签进行识别，天线所形成的电磁场范围就是射频识别（RFID）系统的可读写区域。

## 5.1.2 射频模块

射频模块由射频振荡器、射频处理器、射频接收器以及前置放大器组成。射频模块可发射和接收射频载波。射频载波信号由射频振荡器产生并经射频处理器放大，然后该载波通过天线发送出去。射频接收器接收到从天线处传来的 RFID 电子标签信号，通过前置放大器和射频处理器的处理后，将处理过的信息传给读写模块。

射频模块主要完成射频信号的处理功能，包括产生射频能量，激活无源电子标签并为其提供能量，射频模块主要具有以下任务。

① 标签的命令调制到读写器发射的载频信号上，形成已调制的发射信号，经读写器天线发送出去。

② 出去的已调制射频信号经过空中信道传送到电子标签上，电子标签对接收到的射频信号做出响应，形成返回读写器天线的反射回波信号。

③ 射频模块将电子标签返回到读写器的回波信号进行必要的加工处理并从中解调，提取出电

子标签回送的数据。

在射频接口中有两个分隔开的信号通道，分别用于来往于电子标签与读写器两个方向的数据传输。传送给电子标签的数据通过发射器分支通道发射，而来自于电子标签的数据则通过接收分支通道接收。

### 5.1.3 读写模块

读写模块，也称逻辑控制单元，一般由放大器、解码及纠错电路、微处理器、时钟电路、标准接口以及电源组成，它可以接收射频模块传输的信号，解码后获得 RFID 电子标签内的信息，或将要写入电子标签的信息解码后传输给射频模块，完成写入 RFID 电子标签的操作。读写模块还可以通过标准接口将 RFID 电子标签内容和其他信息传送给中央信息系统。

读写模块主要完成对 RFID 电子标签进行读写的控制操作，包括控制与 RFID 电子标签的通信过程；传递信号的编、解码；对读写器和电子标签间传送的数据进行加密和解密；进行读写器和电子标签之间的身份验证；与中央信息系统进行通信，并执行从中央信息系统发来的动作指令。

### 5.1.4 电源、时钟等基本功能单元

电源给 RFID 读写器提供必要的工作能量，并且通过电磁感应的方式可以给无源 RFID 电子标签提供工作能量。时钟为 RFID 读写器在通信过程中提供同步时钟信息。这些基本功能单元有时被集成在 RFID 读写器的读写模块之中，有时被当做单独的模块来放置，但它们的功能是类似的。

## 5.2 RFID 读写器的作用与工作方式

在无线射频识别系统中，RFID 读写器是 RFID 系统构成的主要部分之一。如果想要通过计算机应用软件对 RFID 电子标签写入或读取其所携带的数据信息，由于电子标签的非接触性质，因此必须借助位于中央信息系统与 RFID 电子标签之间的读写器来实现数据读写功能。

在 RFID 系统的工作流程中，通常由 RFID 读写器在一个特定区域内发送射频能量形成电磁场，RFID 读写器发射功率的大小决定了 RFID 系统的工作范围。RFID 电子标签通过这一区域时被触发，通过电磁感应获得工作能量后，把储存在电子标签中的数据发送出去，或者根据读写器的指令改写存储在 RFID 电子标签中的数据。RFID 读写器可以接受电子标签发送过来的数据或者向电子标签发送指令数据，并且能够通过标准接口与中央信息系统进行通信。

RFID 读写器的基本任务是触发作为数据载体的 RFID 电子标签，与这个电子标签建立通信联系，并且在中央信息系统和一个非接触的数据载体之间传输数据。这种非接触通信的过程中涉及的一系列任务，如通信的建立、防止碰撞和身份验证等都是由 RFID 读写器来进行处理的。

RFID 读写器与 RFID 电子标签的所有行为均由中央信息系统中的应用软件控制完成。在 RFID 系统结构中，应用系统软件作为主动方对读写器发出读写指令，而读写器则作为从动方只对应用软件的读写指令做出回应。RFID 读写器接收到应用软件的动作指令后，根据指令的不同，对电子标签做出不同的动作，与之建立通信关系。RFID 电子标签接收到 RFID 读写器的指令，对指令进行响应。在这个过程中，读写器变成指令的主动方，而电子标签则是从动方。

在前面介绍 RFID 系统工作方式的时序事件模型时，读写器主要有两种工作方式，一种是读

写器先发言（Reader Talks First，RTF），另一种是标签先发言（Tag Talks First，TTF），这是读写器为了防止通信冲突而设计的工作方式。

在一般状态下，RFID 电子标签处于"等待"或称为"休眠"的工作状态，当 RFID 读写器发出射频信号，而 RFID 电子标签进入读写器的工作范围时，电子标签能够检测出一定的射频信号，便从"休眠"状态转到"接收"状态，接收读写器发送的命令后，进行相应的处理，并将结果返回给读写器。这种只有接收到读写器特殊命令才发送数据的电子标签被称为 RTF；与此相反，进入读写器的能量场获取工作能量后就主动发送自身电子编码和储存的数据信息的 RFID 电子标签被称为 TTF 方式。

TTF 和 RTF 相比，TTF 的射频标签具有识别速度快的特点，适用于需要高速应用的场合。另外，它在处理标签数量动态变化的场合更为实用，在噪声环境中也更稳健。因此，TTF 方式更适于工业环境的追踪应用。

## 5.3 RFID 读写器的设计

读写器的设计包括硬件设计和软件设计，在设计过程中需要考虑诸多因素，例如基本功能、应用环境、电气性能、电路设计等。

**1. 读写器的硬件设计方面**

根据应用环境（供电条件、功耗要求）的不同需求来设计发射基站电路。绕制合适的天线线圈，要求达到需要的射频频率。设计微控制器的控制接口电路对基站电路进行控制，以达到预定的操作目的。

根据应用环境（各个网点和售卡中心）的不同需求来设计微控制器的数据存储能力和数据通信方式。

对于各个网点的读写器来说，除了需要对射频识别卡进行各种操作以外，还应该有专门的数据存储空间，用来存储当天的各种信息，进而能提供给信息管理中心，以供其进行信息分析之用，因而各个网点的读写器必须有数据存储功能，并且读写器与信息管理中心的数据交换还决定了各个网点的读写器必须有与 Modem 的接口电路。

对于售卡中心的读写器来说，只需要实现对射频识别卡的各种操作，但是由于对射频识别卡的各种操作是通过计算机发指令给读写器实现的，因而在设计售卡中心的读写器时，读写器必须有与 PC 通信的接口电路。

**2. 读写器软件设计方面**

根据设计好的硬件电路来设计读写器软件，读写器软件设计主要有以下几类。

（1）读写程序

读写程序要求能够对射频识别卡进行读数据、写数据及数据加密控制等操作。

（2）读写器与计算机的通信软件

通信软件具有设定的通信协议，并具有加密功能，能对传输数据进行译码，以加强系统的安全性。

（3）读写器与 Modem 之间的数据通信软件

此软件用于终端（即读写器）与信息中心的网络数据库进行数据交换，以实现网络中心的信息统计。

读写器软件设计必须模块化,争取通过模块组合或构件的方式即可实现特定的功能,这样做就有利于产品的二次开发,有利于产品的升级和更新换代。

## 5.4 RFID 读写器的分类

按照工作方式分类,RFID 读写器可以分为全双工和半双工。全双工方式是指 RFID 系统工作时,允许 RFID 读写器和 RFID 电子标签在同一时刻双向传送消息。半双工方式是指 RFID 系统工作时,在同一时刻仅允许 RFID 读写器向 RFID 电子标签传送命令或消息,或者是 RFID 电子标签向 RFID 读写器返回消息。

按通信方式来分类,RFID 读写器可以分为读写器先发言和标签先发言两类。根据不同的应用,RFID 系统采用不同的通信方式。

按工作频率分类,可分为低频(Low Frequency,LF)、高频(High Frequency,HF)和超高频(Ultra High Frequency,UHF)以及微波读写器,分别对应着不同频率的射频。以下对这几类 RFID 读写器进行重点介绍。

### 5.4.1 低频读写器

射频识别技术首先在低频得到应用和推广,该频率主要是通过电感耦合的方式进行工作。低频读写器主要工作频率为 125kHz,可以用于畜牧业的管理、门禁考勤、汽车防盗等方面。接下来以 U2270B 芯片为例,介绍低频读写器的构成。U2270B 芯片是先由美国 TEMIC 公司生产而后转由 ATMEL 生产、发射频率为 125kHz 的射频卡基站芯片。该基站可以对一个 IC 卡进行非接触式的读写操作,标准情况下,数据传输速率可达 5 000bit/s,基站的工作电源可以是汽车电瓶或其他的 5V 标准电源。U2270B 具有可微调功能,与多种微控制器有很好的兼容接口,在低功耗模式下低能量消耗,并可以为 IC 卡提供电源输出。图 5.3 和图 5.4 所示分别为 U2270B 芯片和芯片的引脚,表 5.1 所示为 U2270B 芯片引脚的功能。

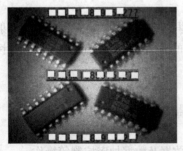

图 5.3　U2270B 芯片

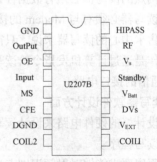

图 5.4　U2270B 芯片引脚

表 5.1　　　　　　　　　　　U2270B 芯片引脚的功能

| 引脚号 | 名称 | 功能 | 引脚号 | 名称 | 功能 |
| --- | --- | --- | --- | --- | --- |
| 1 | GND | 地 | 4 | Input | 信号输入 |
| 2 | Output | 数据输出 | 5 | MS | 模式选择 |
| 3 | OE | 使能 | 6 | CFE | 载波使能 |

续表

| 引脚号 | 名称 | 功能 | 引脚号 | 名称 | 功能 |
|---|---|---|---|---|---|
| 7 | DGND | 驱动器地 | 12 | $V_{Batt}$ | 电池电压接入 |
| 8 | COIL2 | 驱动器 2 | 13 | Standby | 低功耗控制 |
| 9 | COIL1 | 驱动器 1 | 14 | $V_S$ | 内部电源 |
| 10 | $V_{EXT}$ | 外部电源 | 15 | RF | 载波频率调节 |
| 11 | $DV_S$ | 驱动器电源 | 16 | Gain | 调节放大器增益带宽参数 |

由 U2270B 芯片构成的读写器模块,关键部分是天线、射频读写基站芯片 U2270B 和微处理器。天线一般由铜制漆包线绕制,直径 3cm、线圈 100 圈即可,电感值为 1.35mH。微处理器可以采用多种型号,如单片机 AT89S51 等。图 5.5 所示为由 U2270B 芯片构成的读写器模块。

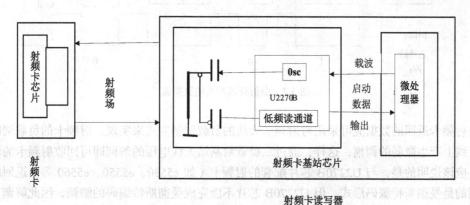

图 5.5　由 U2270B 芯片构成的读写器框架图

它适用于对 TEMIC 的 e5530/e5550/e5560 射频卡进行读写操作。U2270B 芯片的内部由振荡器、天线驱动器、电源供给电路、频率调节电路、低通滤波电路、高通滤波电路、输出控制电路等部分组成,图 5.6 所示为其内部结构图。

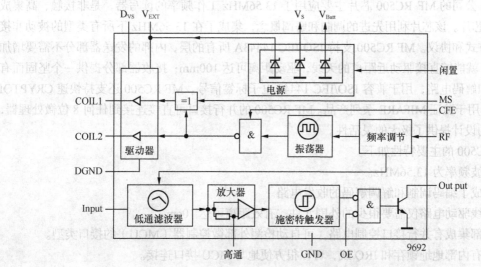

图 5.6　U2270B 芯片的内部结构

读写器工作的过程是通过调整 U2270B 芯片的 RF 引脚所接电阻的大小，可以将内部振荡频率固定在 125kHz，然后通过天线驱动器的放大作用，在天线附近形成 125kHz 的射频场，当射频卡进入该射频场内时，由于电磁感应的作用，会在射频卡的天线端产生感应电势，该感应电势也是射频卡的能量来源。

将基站发射的数据写入射频卡的过程采用的是场间隙方式，即由数据"0"和"1"控制振荡器的启振和停振，并由天线产生带有窄间歇的射频场，不同场的宽度分别代表数据"0"和"1"。对场的控制可通过控制芯片的第 6 脚（CFE 端）来实现。图 5.7 所示为由射频场产生的数据流示意图。

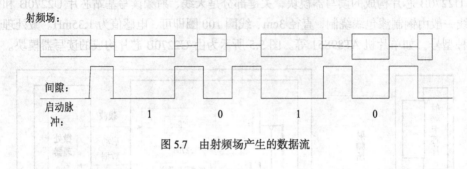

图 5.7　由射频场产生的数据流

由射频卡返回的数据流可采用对射频卡天线的负载调制方式来实现。射频卡的负载调制会在基站天线上产生微弱的调幅，这样，通过二极管对基站天线电压的解调即可回收射频卡的调制数据流。应该说明的是，与 U2270B 芯片配套的射频卡（如 e5530、e5550、e5560 等）返回的数据流采用的是曼彻斯特编码形式，但 U2270B 芯片不能完成曼彻斯特编码的解调，因此解调工作需由微处理器完成，这是 U2270B 芯片的不足之处。

### 5.4.2　高频读写器

高频读写器的主要工作频率为 13.56MHz，主要应用在二代身份证、电子车票、物流管理等方面。接下来以 MF RC500 芯片为例，介绍高频读写器的构成。

Philips 公司的 MF RC500 芯片主要应用于 13.56MHz 工作频率的读写器，是非接触、高集成的 IC 读卡芯片。该芯片利用先进的调制和解调概念，集成了在 13.56MHz 下所有类型的被动非接触式通信方式和协议。MF RC500 支持 ISO/IEC 14443A 所有的层，内部的发送器部分不需要增加有源电路，就能够直接驱动近距离的天线，驱动距离可达 100mm；接收器部分提供一个坚固而有效的解调和解码电路，用于兼容 ISO/IEC 14443 电子标签信号。MF RC500 还支持快速 CRYPTOI 加密算法，用于验证 MIFARE 系列产品。MF RC500 的并行接口可直接连接到任何 8 位微处理器，给读写器的设计提供了极大的灵活性。

MF RC500 的主要特性如下。

① 载波频率为 13.56MHz。
② 集成了编码调制和解调解码的收发电路。
③ 天线驱动电路仅需要很少的外围元件，有效距离可达 10cm。
④ 内部集成有并行接口控制电路，可自动检测外部微控制器（MCU）的接口类型。
⑤ 具有内部地址锁存和 IRQ 线，可以很方便地与 MCU 接口连接。
⑥ 集成有 64 字节的收发 FIFQ 缓存器。

⑦ 内部寄存器、命令集、加密算法可支持 TYPE A 标准的各项功能，同时支持 MIFARE 类卡的有关协议。

⑧ 数字、模拟电路都有各自独立的供电电源。

图 5.8 所示为 MF RC500 芯片的特点和主要应用。

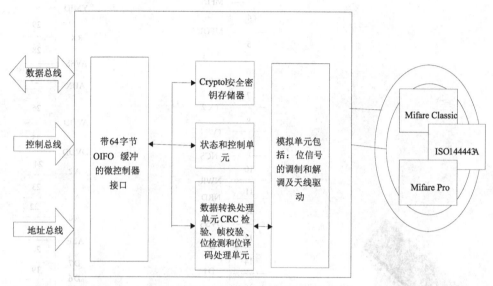

图 5.8 MF RC500 芯片的特点和主要应用[①]

图 5.9 所示为一个 MF RC500 构成的读写器。

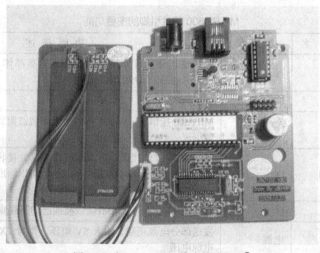

图 5.9 由 MF RC500 构成的读写器[②]

图 5.10 和图 5.11 所示分别为 MF RC500 芯片和 MF RC500 芯片的主要引脚，表 5.2 所示为 MFRC500 芯片引脚的主要功能。

---

① 参考网址 http://rfid.ccr100.com/html/news/2009/11/20091126171845d.html
② 参考网址 http://www.szjskj.com/ProductShow.asp?ID=129

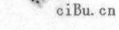

图 5.10  MF RC500 芯片

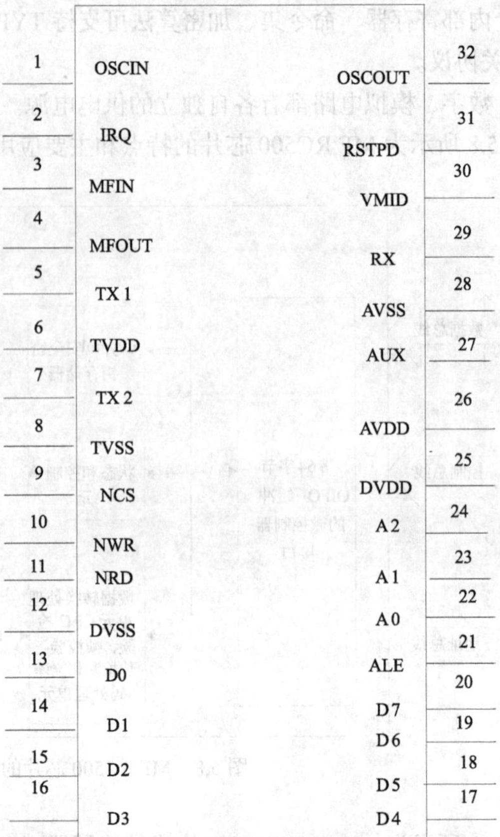

```
 1  OSCIN              OSCOUT  32
 2  IRQ                RSTPD   31
 3  MFIN               VMID    30
 4  MFOUT              RX      29
 5  TX 1               AVSS    28
 6  TVDD               AUX     27
 7  TX 2               AVDD    26
 8  TVSS               DVDD    25
 9  NCS                A2      24
10  NWR                A1      23
11  NRD                A0      22
12  DVSS               ALE     21
13  D0                 D7      20
14  D1                 D6      19
15  D2                 D5      18
16  D3                 D4      17
```

图 5.11  芯片的主要引脚

表 5.2　　　　　　　　　　　MF RC500 芯片引脚的主要功能

| 引脚号 | 引脚名 | 类型 | 功能描述 |
|---|---|---|---|
| 1 | OSCIN | 输入（I） | 晶振输入端，可外接 13.56MHz 石英晶体，也可作为外部时钟（13.56MHz）信号的输入端 |
| 2 | IRQ | 输出（O） | 中断请求输出端 |
| 3 | MFIN | I | MIFARE 接口输入端，可接收带有副载波调制的曼彻斯特码的串行数据流 |
| 4 | MFOUT | O | MIFARE 接口输出端，用于输出来自芯片接收通道的带有副载波调制的曼彻斯特码或曼彻斯特码流，也可以输出来自芯片发送通道的串行数据 NRZ 码或修正密勒码流 |
| 5 | TX1 | O | 发送端 1，发送 13.56MHz 载波或已调制载波 |
| 6 | TVDD | 电源 | 发送部分电源正端，输入 5V 电压，作为 TX1 和 TX2 驱动输出级电源电压 |
| 7 | TX2 | O | 发送端 2，功能同 TX1 |
| 8 | TVSS | 电源 | 发送部分电源地端 |
| 9 | NCS | I | 片选，用于选择和激活芯片的微控制器接口，低有效 |
| 10 | NWR | I | 选通写数据（D0～D7），进入芯片寄存器，低有效 |
|  | R/NW | I | 在一个读或写周期完成后，选择读或写，写为低 |
|  | nWrite | I | 在一个读或写周期完成后，选择读或写，写为低 |

续表

| 引脚号 | 引脚名 | 类型 | 功能描述 |
|---|---|---|---|
| 11 | NRD | I | 读选通端,选通来自芯片寄存器的读数据(D0~D7),低有效 |
| | NDS | I | 数据读选通端,为读或写周期选通数据,低有效 |
| | nDStrb | I | 数据读选通端,为读或写周期选通数据,低有效 |
| 12 | DVSS | 电源 | 数字地 |
| 13~20 | D0~D7 | I/O | 8位双向数据线 |
| | AD0~AD7 | I/O | 8位双向地址/数据线 |
| 21 | ALE | I | 地址锁存使能(Address Latch Enable),锁存AD0~AD5至内部地址锁存器 |
| | nAStrb | I | 地址选通,为低时选通AD0~AD5至内部地址锁存器 |
| 22 | A0 | I | 地址线0,芯片寄存器地址的第0位 |
| | nWait | O | 等待控制器,为低时开始一个存取周期,结束时为高 |
| 23 | A1 | I | 地址线1,芯片寄存器地址的第1位 |
| 24 | A2 | I | 地址线1,芯片寄存器地址的第2位 |
| 25 | DVDD | 电源 | 数字电源正端,5V |
| 26 | AVDD | 电源 | 模拟电源正端,5V |
| 27 | AUX | O | 辅助输出端,可提供有关测试信号输出 |
| 28 | AVSS | 电源 | 模拟地 |
| 29 | RX | I | 接收信号输入,天线电路接收到PICC负载调制信号后送入芯片的输入端 |
| 30 | VMID | 电源 | 内部基准电压输出端,该引脚需接100nF电容至地 |
| 31 | RSTPD | I | Reset和低功耗端,引脚为高电平时芯片处于低功耗状态,下跳变时为复位状态 |
| 32 | OSCOUT | O | 晶振输出端 |

根据RFID原理和MF RC500的特性,可设计基于AT89S51和MF RC500的读写器系统,其结构框架图如图5.12所示。

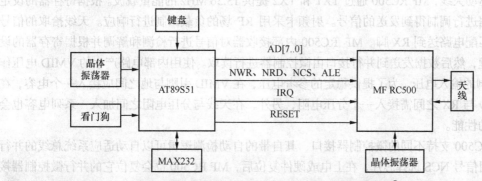

图5.12 基于AT89S51和MF RC500的读写器系统[①]

---
① 参考网址 http://www.irfid.cn/html/03/n-83903.html

### 1. 系统硬件

系统主要由 AT89S51、MF RC500、时钟电路、看门狗、MAX232、矩阵键盘等组成。系统先由 MCU 控制 MF RC500，驱动天线对 MIFARE 卡（电子标签）进行读写操作，然后与 PC 通信，把数据传给上位机。主控电路采用 AT89S51，AT89S51 的开发简单、快捷、运行稳定。采用 ATMEL 的 AT24C256 型，具有 $I^2C$ 总线的 EEPROM 存储系统的数据。为了防止系统死机，使用 MAX813 作为看门狗来实现系统上电复位、按键热重启、电压检测等。与上位机的通信采用 RS-232 方式，整个系统由 9V 电源供电，再由稳压模块稳压成 5V 电源。图 5.13 所示为读写器硬件电路原理。

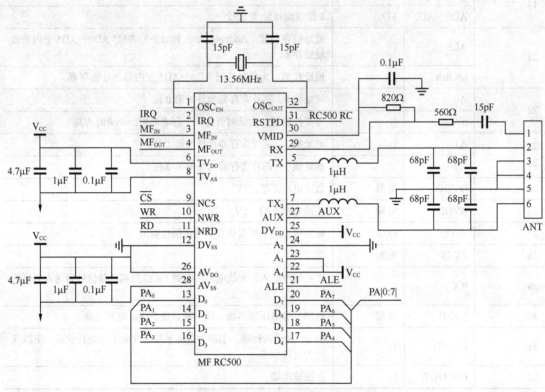

图 5.13 读写器硬件电路原理图

### 2. 系统天线

为了驱动天线，MF RC500 通过 TX1 和 TX2 提供 13.56 MHz 的能量载波。根据寄存器的设定对发送数据进行调制得到发送的信号。射频卡采用 RF 场的负载调制进行响应。天线拾取的信号经过天线匹配电路送到 RX 脚。MF RC500 内部接收器对信号进行检测和解调并根据寄存器的设定进行处理，然后数据发送到并行接口由微控制器进行读取。使用内部电路产生的 VMID 电压作为 RX 引脚的输入电压。为了提供稳定的参考电压，在 VMID 引脚与地之间应接入一个电容，在引脚 VMID 与 RX 之间需接入一个分压电阻，另外，在天线与分压电阻之间加入一系列电容也会提高电路的性能。

MF RC500 支持不同的微控制器接口，其自带的自动检测逻辑可以自动适应系统总线的并行接口。使用信号 NCS 选择芯片，在上电或硬件复位后，MF RC500 也会复位它的并行微控制器接口模式，并检查当前的微控制器接口类型，通过复位后控制引脚的逻辑电平来识别微控制器接口。接口类型由一组固定的引脚连接来确定，如表 5.2 所示。本文选择了复用地址线的接口类型，即地址与数据分时复用 D0～D7 共 8 位双向的数据地址总线。当 ALE 为高电平时，将地址锁存入内部的地址锁存器中，然后由 NRD 和 NWR 上的信号控制完成对 MF RC500 的读写。

#### 3. 系统工作流程

对 MF RC500 绝大多数的控制是通过读写 MF RC500 的寄存器来实现的。MF RC500 共有 64 个寄存器，分为 8 个寄存器页，每页 8 个，每个寄存器都是 8 位。单片机将这些寄存器作为片外 RAM 进行操作，要实现某个操作，只需将该操作对应的代码写入对应的地址即可。当对应的电子标签进入读写器的有效范围时，如果作用范围内有卡，则电子标签耦合出自身工作的能量，并与读写器建立通信。系统的工作流程如图 5.14 所示。

### 5.4.3 微波读写器

微波 RFID 系统是目前射频识别系统研发的核心，是物联网的关键技术。微波 RFID 常见的工作频率有 433MHz、860/960MHz、2.45GHz 和 5.8GHz 等，该系统可以同时对多个电子标签进行操作，主要应用于需要较长的读写距离和高读写速度的场合。

微波读写器的射频电路与低频和高频有本质上的差别，需要考虑分布参数的影响，可以采用高级设计系统（Advanced Design System，ADS）软件进行仿真设计。

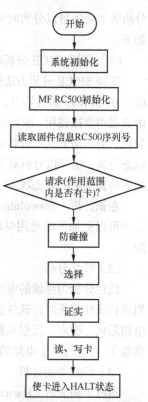

图 5.14 系统工作流程

射频和微波电路是电与磁的场分布理论与传统电子学技术的融合，它将波动理论引入电路之中，形成射频和微波电路的理论体系和设计方法，这些波的反射和传输是影响射频和微波电路的关键因素。在射频频段，电路出现了许多独特的性质，这些性质在常见的低频电路中从没有遇到过，因此需要建立新的射频电路设计体系。只有确切地知道射频电路与低频电路有什么区别及如何实现，才能开发改进射频电路，满足射频领域不断发展的需求。

现在射频电路的设计越来越复杂，指标要求越来越高，而设计周期却越来越短，这要求设计者使用电子设计自动化（Electronic Design Automation，EDA）软件工具。目前国外各种商业化射频和微波 EDA 软件工具不断涌现，使用软件工具已经成为射频和微波电路设计的必然趋势。在深入理解射频电路的基础上，结合 EDA 技术软件工具进行设计，是通向射频电路设计成功之路的最佳路线。

ADS 电子设计自动化软件是美国安捷伦（Agilent）公司所生产的电子设计自动化软件；ADS 功能十分强大，包含时域电路仿真（SPICE-like Simulation）、频域电路仿真（Harmonic Balance、Linear Analysis）、三维电磁仿真（EM Simulation）、通信系统仿真（Communication System Simulation）和数字信号处理仿真设计（DSP）；支持射频和系统设计工程师开发所有类型的 RF 设计，从简单到复杂，从离散的射频/微波模块到用于通信和航天/国防的集成 MMIC，是当今国内各大学和研究所使用最多的微波/射频电路和通信系统仿真软件。ADS 软件版本有 ADS2005A、ADS2004A、ADS2003C、ADS2003A、ADS2002C 和 ADS2002A 等。

下面来对 ADS 的仿真设计方法、ADS 的辅助设计功能以及 ADS 与其他 EDA 设计软件和测量硬件的连接做个详细的介绍。

#### 1. ADS 的仿真设计方法

ADS 软件可以提供电路设计者进行模拟、射频与微波等电路和通信系统设计，其提供的仿真分析方法大致可以分为时域仿真、频域仿真、系统仿真和电磁仿真，ADS 仿真分析方法具体介绍如下。

（1）高频 SPICE 分析和卷积分析

高频 SPICE 分析方法提供如 SPICE 仿真器般的瞬态分析，可分析线性与非线性电路的瞬态效应。在 SPICE 仿真器中，无法直接使用频域分析模型，如微带线、带状线等，可于高频 SPICE 仿真器中直接使用，因为在仿真时高频 SPICE 仿真器会将频域分析模型进行拉式变换后进行瞬态分析，而不需要使用者将该模型转化为等效 RLC 电路。因此高频 SPICE 除了可以做低频电路的瞬态分析，也可以分析高频电路的瞬态响应。此外高频 SPICE 也提供瞬态噪声分析的功能，可以用来仿真电路的瞬态噪声，如振荡器或锁相环的 jitter。

卷积分析（Convolution）方法为架构在 SPICE 高频仿真器上的高级时域分析方法，通过卷积分析可以更加准确地用时域的方法分析频率相关元件，如以 S 参数定义的元件、传输线、微带线等。

（2）线性分析

线性分析为频域的电路仿真分析方法，可以将线性或非线性的射频与微波电路做线性分析。当进行线性分析时，软件会先针对电路中每个元件计算所需的线性参数，如 S、Z、Y 和 H 参数、电路阻抗、噪声、反射系数、稳定系数、增益或损耗等（若为非线性元件则计算其工作点之线性参数），再进行整个电路的分析、仿真。

（3）谐波平衡分析

谐波平衡分析（Harmonic Balance）提供频域、稳态、大信号的电路分析仿真方法，可以用来分析具有多频输入信号的非线性电路，得到非线性的电路响应，如噪声、功率压缩点、谐波失真等。与时域的 SPICE 仿真分析相比较，谐波平衡对于非线性的电路分析，可以提供一个比较快速有效的分析方法。

谐波平衡分析方法的出现填补了 SPICE 的瞬态响应分析与线性 S 参数分析对具有多频输入信号的非线性电路仿真上的不足。尤其在现今的高频通信系统中，大多包含了混频电路结构，使得谐波平衡分析方法的使用更加频繁，也越趋重要。

另外针对高度非线性电路，如锁相环中的分频器，ADS 也提供了瞬态辅助谐波平衡（Transient Assistant HB）的仿真方法，在电路分析时先执行瞬态分析，并将此瞬态分析的结果作为谐波平衡分析时的初始条件进行电路仿真，根据此种方法可以有效地解决在高度非线性的电路分析时会发生的不收敛情况。

（4）电路包络分析

电路包络分析（Circuit Envelope）包含了时域与频域的分析方法，可以使用于包含调频信号的电路或通信系统中。电路包络分析借鉴了 SPICE 与谐波平衡两种仿真方法的优点，将较低频的调频信号用时域 SPICE 仿真方法来分析，而较高频的载波信号则以频域的谐波平衡仿真方法进行分析。

（5）射频系统分析

射频系统分析方法提供使用者进行模拟评估系统特性，其中系统的电路模型除可以使用行为级模型外，也可以使用元件电路模型进行习用响应验证。射频系统仿真分析包含了上述的线性分析、谐波平衡分析和电路包络分析，分别用来验证射频系统的无源元件与线性化系统模型特性、非线性系统模型特性、具有数字调频信号的系统特性。

（6）拖勒密分析

拖勒密分析（Ptolemy）方法具有可以仿真，同时具有数字信号与模拟、高频信号的混合模式系统能力。ADS 中分别提供了数字元件模型（如 FIR 滤波器、IIR 滤波器、AND 逻辑门、OR 逻辑门等）、通信系统元件模型（如 QAM 调频解调器、Raised Cosine 滤波器等）及模拟高频元件模型（如 IQ 编码器、切比雪夫滤波器、混频器等）。

（7）电磁仿真分析

ADS 软件提供了一个 2.5D 的平面电磁仿真分析功能——Momentum（ADS2005A 版本 Momentum 已经升级为 3D 电磁仿真器），可以用来仿真微带线、带状线、共面波导等的电磁特性，天线的辐射特性，以及电路板上的寄生、耦合效应。所分析的 S 参数结果可直接使用于谐波平衡和电路包络等电路分析中，进行电路设计与验证。在 Momentum 电磁分析中提供两种分析模式：Momentum 微波模式和 Momentum 射频模式，使用者可以根据电路的工作频段和尺寸判断、选择使用。

### 2. ADS 的设计辅助功能

ADS 软件除了上述的仿真分析功能外，还包含其他设计辅助功能以增加使用者使用上的方便性与提高电路设计效率。ADS 所提供的辅助设计功能简介如下。

（1）设计指南

设计指南（Design Guide）是根据范例与指令的说明示范电路设计的设计流程，使用者可以通过这些范例与指令，学习如何利用 ADS 软件高效地进行电路设计。

目前 ADS 所提供的设计指南包括：WLAN 设计指南、Bluetooth 设计指南、CDMA2000 设计指南、RF System 设计指南、Mixer 设计指南、Oscillator 设计指南、Passive Circuits 设计指南、Phased Locked Loop 设计指南、Amplifier 设计指南、Filter 设计指南等。除了使用 ADS 软件自带的设计指南外，使用者也可以通过软件中的 Design Guide Developer Studio 建立自己的设计指南。

（2）仿真向导

仿真向导（Simulation Wizard）提供 step-by-step 的设定界面供设计人员进行电路分析与设计，使用者可以根据图形化界面设定所需验证的电路响应。

ADS 提供的仿真向导包括：元件特性（Device Characterization）、放大器（Amplifier）、混频器（Mixer）和线性电路（Linear Circuit）。

（3）仿真与结果显示模板

为了增加仿真分析的方便性，ADS 软件提供了仿真模板功能，让使用者可以将经常重复使用的仿真设定（如仿真控制器、电压电流源、变量参数设定等）制定成一个模板，直接使用，避免了重复设定所需的时间和步骤。结果显示模板也具有相同的功能，使用者可以将经常使用的绘图或列表格式制作成模板以减少重复设定所需的时间。除了使用者自行建立外，ADS 软件也提供了标准的仿真与结果显示模板（Simulation & Data Display Template）。

（4）电子笔记本

电子笔记本（Electronic Notebook）可以让使用者将所设计电路与仿真结果，加入文字叙述，制成一份网页式的报告。由电子笔记本所制成的报告，不需执行 ADS 软件即可以在浏览器上浏览。

### 3. ADS 与其他 EDA 软件和测试设备间的连接

由于现今复杂庞大的电路设计，每个电子设计自动化软件在整个系统设计中均扮演着螺丝钉的角色，因此软件与软件之间、软件与硬件之间、软件与元件厂商之间的沟通与连接也成为设计中不容忽视的一环。ADS 软件与其他设计验证软件、硬件的连接简介如下。

（1）SPICE 电路转换器

SPICE 电路转换器（SPICE Netlist Translator）可以将由 Cadence、Spectre、PSPICE、HSPICE 及 Berkeley SPICE 所产生的电路图转换成 ADS 使用的格式进行仿真分析，另外也可以将由 ADS 产生的

电路转换成 SPICE 格式的电路，做布局与电路结构检查（Layout Versus Schematic Checking，LVS）与布局寄生抽取（Layout Parasitic Extraction）等验证。

（2）电路与布局文件格式转换器

电路与布局格式转换器（IFF Schematic and Layout Translator）提供使用者与其他 EDA 软件连接沟通的桥梁，根据此转换器可以将不同 EDA 软件所产生的文件，转换成 ADS 可以使用的文件格式。

（3）布局转换器（Artwork Translator）

布局转换器提供使用者将由其他 CAD 或 EDA 软件所产生的布局文件导入 ADS 软件编辑使用，可以转换的格式包括 IDES、GDSII、DXF 与 Gerber 等格式。

（4）SPICE 模型产生器

SPICE 模型产生器（SPICE Model Generator）可以将由频域分析得到的或是由测量仪器得到的 S 参数转换为 SPICE 可以使用的格式，以弥补 SPICE 仿真软件无法使用测量或仿真所得到的 S 参数资料的不足。

（5）设计工具箱

对于 IC 设计来说，EDA 软件除了需要提供准确快速的仿真方法外，与半导体厂商的元件模型间的连接更是不可或缺的，设计工具箱（Design Kit）便是扮演了 ADS 软件与厂商元件模型间沟通的重要角色。ADS 软件可以藉由设计工具箱将半导体厂商的元件模型读入，供使用者进行电路的设计、仿真与分析。

（6）仪器伺服器

仪器伺服器提供了 ADS 软件与测量仪器连接的功能，使用者可以通过仪器伺服器将网络分析仪测量得到的资料或 SNP 格式的文件导入 ADS 软件中进行仿真分析，也可以将软件仿真所得的结果输出到仪器（如信号发生器），作为待测元件的测试信号。

随着电路结构的日趋复杂和工作效率的提高，在电路与系统设计的流程中，EDA 软件已经成为不可缺少的重要工具。EDA 软件所提供的仿真分析方法的速度、准确性与方便性便显得十分重要，此外该软件与其他 EDA 软件以及测量仪器间的连接，也是现在的庞大设计流程所必须具备的功能之一。

## 5.5　RFID 读写器技术的发展趋势

目前世界各国的信息采集和处理技术的发展以小型化、智能化和网络化为方向，表现出强劲的势头，呈现出以下趋势。

① 多目标标签读写，多协议兼容。
② 信息采集向快速化、大容量方向发展。
③ 信息采集和实时处理技术向一体化方向发展。
④ 多频段合一的终端式、手持式读写器。
⑤ 向小型化、功能模块化、多接口、安全性、通用性方向发展。
⑥ 在信息化基础上，对智能化的要求被提到一个更高层次。
⑦ 工业级发展：要求读写器能够支持至少 20 次的订单扫描，读写器能够支持各种户外恶劣的使用环境要求。

⑧ 系列性发展：与叉车设备集成、支持无数据传输（WLAN、蓝牙）等多种接口方式。

RFID 技术作为一种新的信息采集与处理技术，除具有上述特点外还有其自身独特的技术优势。读写器是 RFID 系统的核心，从系统设计角度来说，由于力求电子标签的设计能够足够简化，成本尽可能低，因而对于读写器来说，就要实现更多功能，如多制式标签的兼容、尽可能远的读写距离、多标签的同时处理等，这就给读写器的系统设计与实现带来了相当的复杂性。同时，由于高频 RFID 系统与超高频 RFID 系统的空间耦合原理不同，因而从读写器设备及天线的设计来说，高频系统与超高频系统具有不同的特点。

总的来看，RFID 读写器设计与制造向模块化、小型化、便携式、嵌入式方向发展。RFID 读写器技术的发展主要体现在以下几个方面。

① 标准化、集成化。读写器射频模块与基带处理模块的标准化、模块化使得读写器设计更加简单，功能更加完善。

② 推出智能化的多天线接口，智能天线相位控制技术，定位跟踪技术。

③ 多种数据通信接口，适应不同的应用系统需求，接口之间可以转化。

④ 读写器小型化、便携化、嵌入化。

⑤ 多种自动识别技术集成，如条码与 RFID 集成。

⑥ 更强的防冲撞能力，使得多标签读写更有效、更便捷。

⑦ 更多技术的应用，如智能信道分配技术、扩频技术、码分多址技术等。

随着 RFID 技术的发展，应用模块的扩大，RFID 系统的结构和性能会不断更新，读写器的价格会进一步降低，性能也会进一步提高。

## 小 结

RFID 读写器通常由天线、射频接口和逻辑控制单元 3 部分组成，RFID 读写器是 RFID 系统构成的主要部分之一，完成对 RFID 电子标签写入或读取其所携带的数据信息。RFID 读写器的设计包括硬件设计和软件设计，设计过程中还需要考虑基本功能、应用环境、电气性能和电路设计等因素。按照工作频率分类，RFID 读写器可分为低频（LF）、高频（HF）和超高频（UHF）以及微波读写器，本章重点介绍了这几类 RFID 读写器。

## 讨论与习题

1. 简述 RFID 读写器的基本构成。
2. RFID 读写器的软件系统设计主要包括哪几种类型？
3. 简述 RFID 读写的主要类型及应用领域。
4. RFID 读写器技术的发展趋势表现在哪些方面？

# 第6章 RFID 中间件

随着 RFID 技术的广泛应用，在实现基于 RFID 的应用系统时，通常会遇到如下一些困难：读写器等硬件难以统一管理；传统企业 IT 系统难以处理海量实时标签事件；RFID 信息与企业信息系统没有标准接口等。这些需求正是 RFID 中间件出现的推动力。本章将介绍国内外 RFID 中间件现状、分类及技术架构，列举并分析几种常见的商业和开源的 RFID 中间件。

## 6.1 RFID 中间件概述

RFID 中间件是一种面向消息的中间件（Message-Oriented Middleware，MOM），信息（Information）是以消息（Message）的形式，从一个程序传送到另一个或多个程序。信息可以以异步（Asynchronous）的方式传送，所以传送者不必等待回应。面向消息的中间件包含的功能不仅是传递信息，还必须包括解译数据、安全保障、数据广播、错误恢复、定位网络资源、找出复合成本的路径、消息与要求的优先次序、延伸的除错工具等服务。RFID 中间件在整个系统中的定位由 EPC 技术进一步明确规定。

### 6.1.1 国内情况

RFID 技术进入中国的时间比较短，各方面的工作还处于起始阶段。虽然政府在国家"十一五"规划和 863 计划中，对 RFID 技术应用提供了政策、项目和资金的支持，并且 RFID 在国内的应用发展也较为迅速，但与国外 RFID 技术的发展相比，在很多方面还存在较大的差距。

在学术界，RFID 中间件和公共服务方面已经有一些研究。依托国家 863 计划"无线射频关键技术研究与开发"课题，中科院自动化所开发了 RFID 公共服务体系基础架构软件和血液、食品、药品可追溯管理中间件。华中科技大学开发了支持多通信平台的 RFID 中间件产品 Smarti，上海交通大学开发了面向商业物流的数据管理与集成中间件平台。这些上层应用大多只是领域内的特性应用，没有符合标准的公共阅读器管理模块或是应用层事件（Application Level Event，ALE）处理功能。东方励格公司的 LYNKO-ALE 中间件，是基于开放式架构设计的、模块化的、可升级的数据处理系统。它是主要用来加工和处理来自读写器的所有信息和事件流的软件，以实现对数据的捕获、监控和传送，但只包括简单的标签数据过滤、分组、计数、防错读和防漏读等功能，并没有更高层次的复杂事件处理和跨企业共享。

清华同方的 ezRFID 是一种基于 J2EE 平台的中间件平台，它可以整合企业应用和商业伙伴的 RFID 和传感器数据，虽然具备了硬件管理及基本事件数据过滤和传输功能，但同样没有分层的处理机制及复杂事件处理。

虽然国内目前已经有了一些初具规模的 RFID 中间件产品，但大多没有在企业进行实际大规模的分布式应用，与国外产品相比，还有较大的距离。总的来说，目前国内中间件技术和产品还很薄弱，国内已开展的一些应用，所采用的 RFID 中间件多是国外的产品。

### 6.1.2 国外情况

最先提出 RFID 中间件概念的是美国。美国企业在实施 RFID 项目改造期间，发现最耗时、耗力，复杂度和难度最高的问题是如何保证 RFID 数据正确导入企业的管理系统，为此企业做了大量的工作用于保证 RFID 数据的正确性。经企业和研究机构的多方研究、论证、实验，最终找到了一个比较好的解决方法，这就是 RFID 中间件。

在学术上，Auto-ID 实验室的 Savant 研究，可以说是当前 RFID 中间件实际标准的鼻祖。它定义了 EPC 编码、对象名字服务（ONS）、EPC 信息服务（EPCIS）等关键技术，EPC 组织还提出了 RFID 中间件的事件表达规范 ALE。

在产业界，知名的 RFID 中间件厂商有 IBM、Oracle、Microsoft、SAP、Sun、Sybase、BEA 等国际知名企业。

## 6.2 RFID 中间件分类

RFID 中间件概念原型 Savant 软件技术于 2002 年提出，是 RFID 中间件的最初原型。Savant 是物联网的软件基础设施，是 EPC 网络的中间层，用于管理分布式的读写器网，屏蔽硬件及数据表达的复杂性，负责采集、处理 RFID 数据，在 EPC 网络中，将生成的高级事件提供给 Savant 的上一层。Savant 明确了 RFID 中间件的功能及定位。

根据 Auto-ID 的 Savant 规格说明，RFID 中间件要采集不同阅读器/传感器的事件数据，对数据进行过滤、分组等处理，向上层企业应用共享数据。RFID 中间件位于底层的读写器与高层的应用程序之间，负责海量 RFID 事件的采集、过滤、计算及抽象，是 RFID 系统的神经中枢。RFID 中间件有承上启下的作用，是 EPC 系统的重要组成部分，如图 6.1 所示。

图 6.1 RFID 中间件在系统中的位置

Savant 没有给出 RFID 中间件的技术实现细节，但是提出了通用的功能需求。RFID 中间件具有以下主要功能。

① 读写器管理（Reader Management）：能支持多种标准或非标准 Reader，屏蔽 Reader 网络的复杂性，提供统一的管理平台。

② 数据管理（Data Management）：控制边缘流事件的产生及解决事件数据如何在本地缓存以供处理。

③ 事件信息处理（Event Processing）：负责挖掘原始 RFID 事件信息的意义，形成面向应用的高级事件。

④ 数据共享（Share of Data）：包括事件信息的表达模型及共享方式，包括同步与异步的查询与推入。

### 6.2.1 RFID 中间件的分类

RFID 中间件从 2000 年以后才出现，从原来的 RFID 应用（面向单个阅读器，与特定的驱动交互的程序），发展成为现在的 EPC 信息网络技术中间件。从架构上 RFID 中间件可分为以下 3 种。

#### 1. 应用程序中间件

应用程序中间件（Application Middleware）其设计理念是不同的读写器厂商提供各自简单的 Reader API，通过直接编写 Reader 适配器，供后端系统应用程序或数据库与之交互，实现 RFID 事件融入企业。这种模型使企业花费大量成本去处理前后端的连接问题；硬件和软件是绑定的，灵活性差；事件信息难以与合作伙伴共享。

#### 2. 架构中间件

架构中间件（Infrastructure Middleware）是 RFID 中间件成长的关键阶段，也是目前应用最广泛的模式。架构中间件能支持多种设备的管理、数据采集及处理，降低应用与硬件的耦合度，并为系统提供统一形式的 RFID 事件以方便与外部共享。通常来说，这种类型的中间件往往不支持面向用户的高级事件及高性能共享功能。

#### 3. 解决方案中间件

解决方案中间件（Solution Middleware）是未来 RFID 系统的远景目标。包括硬件（标签、读写器）、软件（业务流程、生产流程支持）、运行平台（操作系统、RFID 中间件）等一套解决方案。这种模型是对架构中间件的超越，加入了更多的面向用户、面向服务特性，可以说已经不特定于 RFID 应用领域。

### 6.2.2 RFID 中间件的研究目标

一个典型的 RFID 中间件基本上需要包括以下功能。

#### 1. 提供与多种 RFID 读写器兼容

设备操作接口屏蔽硬件差异性，兼容主流电子标签编码标准。当 RFID 读写器种类变化或增加时，应用端不需修改，从而解决了多对多连接的维护复杂性问题。

#### 2. 数据过滤和传输

在输入的巨量事件中发现有用的和重要的事件，通过过滤冗余、无关的数据来减少事件的数量。将事件传输到后台应用程序，并支持高效地处理大批量事件数据，减少数据处理和传输中对后台数据库的频繁操作以及因存储、查询所带来的数据在网络中的来回传输。

#### 3. 管理 RFID 读写设备

终端使用者能够通过 RFID 中间件接口直接地装配、监视、部署和发送命令至读卡器。例如，使用者能够告诉读卡器何时通过"turn off"来避免无限射频冲突。

#### 4. 支持与已有的业务系统集成

提供一组通用应用程序接口，实现从应用程序端到 RFID 读写器的连接。即使存储 RFID 标签数据的数据库软件或后端应用程序增加或改其他软件取代，应用端不需修改也能处理，解决了多对多连接的维护复杂性问题。

#### 5. 支持多应用系统请求

RFID 数据提供统一管控平台，支持多种网络和通信接入方式。

## 6.3 RFID 中间件架构技术

### 6.3.1 Savant 中间件架构

Savant 是位于标签读写器和企业应用系统（如 ERP、WMS 等）之间的软件系统，是最早的 RFID 中间件技术。设计的目的是为了满足 EPC 应用系统的特殊的计算需求。Savant 设计的最大困难在于，如何将众多的 RFID 读写器采集的海量数据信息转换成传统的企业应用系统需求的合适的数据信息。因此，Savant 的很多处理执行模块都关注于数据过滤、聚集和计数功能。别的难题是 EPC 网络系统架构提出的特性实现，包括 ONS 和 PML 服务模块。

Savant 提出时，EPC 体系正处于幼年期，还有很多变化和不确定的因素存在。因此，Savant 的设计是具有可扩展性的，而不是规定了具体的实现特性。Savant 定义了 "Processing Modules" 或 "Services" 模块来实现指定的特性，这些模块应该和用户应用的具体需求相结合。Savant 的框架图如图 6.2 所示。

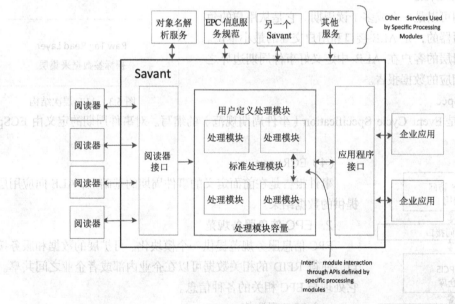

图 6.2 Savant 框架图

Savant 实质是处理模块（Processing Module）的容器。处理模块通过两个接口（Reader Interface 和 Application Interface）与外部世界进行信息交换。阅读器接口（Reader Interface）能够与标签阅读器、RFID 打印机进行连接。应用程序接口提供到应用程序的连接，这些应用程序通常是现存的企业应用系统，或者可能是别的满足 EPC 系统要求的应用程序，甚至是别的 Savant。在 Savant 的两个接口之间，处理模块通过定义的接口交换信息。

处理模块由 Auto-ID 的标准定义，或者由用户和第三方定义。那些由 Auto-ID 标准设计的处理模块称为标准处理模块（Standard Processing Modules）。每一个 Savant 实现都必须提供标准处理模块的实现机制。有一些标准处理模块在每一个具体的 Savant 案例里是必须的，这些模块称为必要标准处理模块（Required Standard Processing Modules）。另一些可以由用户根据具体方案需要选择使用或省略的模块，称为可选标准处理模块（Optional Standard Processing Modules）。

## 6.3.2 ALE 和 EPCIS 规范

Savant 给出了 RFID 中间件的架构原型，但要实现可以真正使用的 RFID 中间件，还需要根据按照 EPCglobal 制定的标准体系，对 Savant 的功能进行具体化。

**1. 应用层事件（ALE）规范**

应用层事件规范（ALE）是应用对 RFID 中间件的标准访问方式。ALE 是为了减少原始数据的冗余性，从大量数据中提炼出有效的业务逻辑而设计的。RFID 中间件对读写器产生的原始数据（Raw Data）进行一层收集/过滤处理，提供有意义信息。ALE 层次如图 6.3 所示。

ALE 规范包括以下几个重要组成对象。

（1）Read Cycle

读周期是和读写器交互的最小单位。一个读周期就是一组 EPCs 集合，其时间长短与具体的天线、RF 协议有关，其输出就是 ALE 层的数据源。

（2）Event Cycle

事件周期可以是一个或多个读周期。它是从用户的角度来看待读写器的，是 ALE 接口和用户交互的最小单位。应用业务逻辑层的客户在 ALE 中定义好事件周期边界之后就可接收相应的数据报告。

（3）ECSpec

ECSpec 是 Event Cycle Specification（事件周期规范）的缩写。对事件周期的定义由 ECSpec 来表达。

图 6.3　ALE 层次结构

（4）ECReport

事件报告是在前面定义的事件周期的基础上，ALE 向应用层提供的数据结果。

**2. EPC 信息服务规范**

EPC 信息服务规范提供一个模块化、可扩展的数据和服务接口，使得 RFID 的相关数据可以在企业内部或者企业之间共享。它处理与 EPC 相关的各种信息。

（1）EPC 观测值

What/When/Where/Why，就在某地某时观测到处于某种环节的某个物品。

（2）物品上下文

如物品在托盘的包装箱内正在被装运。

EPCIS 的输入为 ALE 事件，在从其他数据源集成物品或商业元数据后，形成具有上下文的有意义的高级事件，向上提供查询订阅服务同时持久化事件到存储后端。EPCIS 层次如图 6.4 所示。

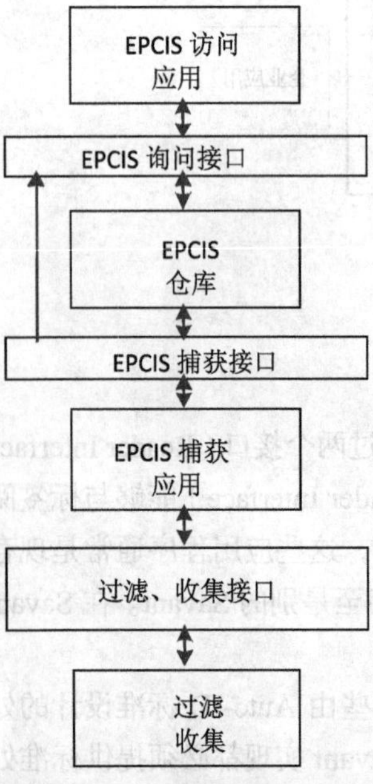

图 6.4　EPCIS 层次

EPCIS 模型包括以下 4 个层次。

（1）抽象数据模型层

规定 EPCIS 数据的一般性结构。此层不能扩展，限制数据定义层进行数据定义要满足的条件。

（2）数据定义层

规定 EPCIS 系统中交换的数据抽象结构及意义。目前已有一种数据类型定义模块：核心数据类型模块（Core Event Types Modules）。数据定义层必须遵循抽象数据模型层的规定来进行数据定义。

（3）服务层

定义 EPCIS 客户端可以与之交互的服务接口。当前已定义三种接口：EPCIS Capture Interface，EPCIS Query Interface 及 EPCIS Query Callback Interface，服务层的接口定义由 UML 实现。

（4）绑定层

是数据定义及服务层的实现。规范中给出 9 种绑定，核心事件类型有 XML 模型绑定，EPCIS Capture Interface 有消息队列及 HTTP 绑定。EPCIS Query Interface 有 SOAP，AS2 及 WSDL 绑定，EPCIS Query Callback Interface 则有 HTTP，HTTPS 及 AS2 绑定。

## 6.4　典型 RFID 中间件架构层次模型

综合 Savant 规范的 RFID 中间件架构和 EPCglobal 标准规定的 EPC 信息网络系统规范，RFID 中间件架构层次模型如图 6.5 所示，分为自底向上的 5 个层次：中间件与设备的交互、多种数据源的选择读取、不同数据管理算法的选择加载、规则定义的事件报告生成和面向服务的中间件与应用交互，具体如图 6.5 所示。每层组件都可以独立设置功能，层间以标准接口传递 XML 形式的 RFID 数据，数据流向如图 6.6 所示。

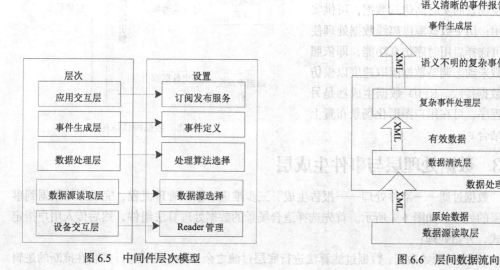

图 6.5　中间件层次模型

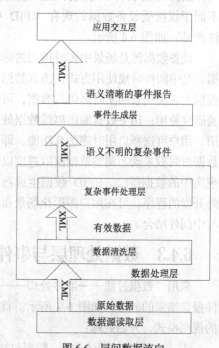

图 6.6　层间数据流向

## 6.4.1 设备交互层

EPCglobal 标准为 RFID 设备和数据提供了简明统一的接口定义和使用规则，该层处理阅读器设备兼容性问题，向上层提供无差异的阅读器设备和数据接口，如图 6.7 所示。Reader 管理器维护了读写器的逻辑名称、物理地址、驱动类型及与场景中位置的映射关系等信息列表。

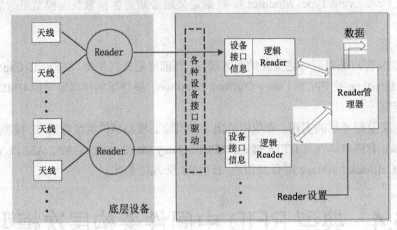

图 6.7 设备交互层

逻辑 Reader 与设备对映，向上接受 Reader 管理器的管理，提供统一的数据访问接口，向下管理各种设备的接口驱动，从逻辑层面上消除了对不同阅读器产品访问的差别。

## 6.4.2 数据源读取层

数据源读取引擎可选择三类数据源，不同于仅接受设备数据的现有 RFID 中间件产品，如图 6.8 所示。

设备数据源是场景中实时得到的标签数据，是中间件常规使用方式；仿真数据源是模拟大规模场景的实时高仿真数据，可供实验研究使用；历史数据源供离线数据处理使用，用户可选择启用时序仿真功能，即依照数据时间戳来动态调整数据读取速度以模仿现实中的数据接收。RFID 数据生成器是另外开发的程序，可在用户图形化场景布置上与中间件结合。

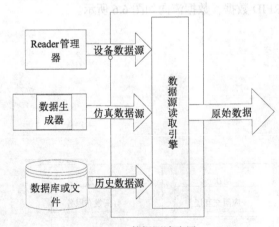

图 6.8 数据源读取层

## 6.4.3 数据处理层与事件生成层

采用"数据过滤——事件处理——报告生成"三步推进的数据管理流程，完成原始数据到事件报告结果的处理，如图 6.9 所示。首先选择适合场景的数据处理算法组件，然后传入用户指定的规则模式，开始处理：

① 针对到来的原始数据，数据过滤算法进行底层过滤之余，将按规则进行关联性推断的逻辑

过滤，得到有效数据；

② 以复杂事件处理算法为核心的检测方法再对数据进行模式匹配，得到数据层面的、语义未明的结果；

③ 事件报告生成器将结合用户事件定义和参照信息，将这些结果转化为语义明确的信息，向上提交。

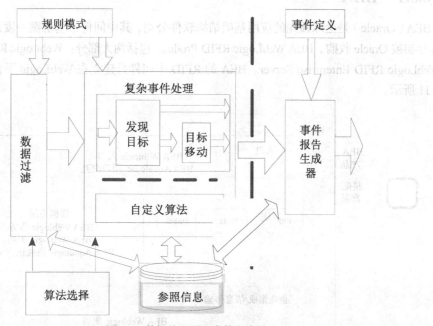

图 6.9　数据处理层和事件生成层

## 6.4.4　应用交互层

应用交互层的核心任务在于接收指定的规则模式和事件定义，并将得出的事件报告向上层应用提交，如图 6.10 所示。使用符合 EPCglobal 规范的数据接口，允许组件以满足接口的任意形式实现并加载使用，具有很强的扩展性，便于与应用集成。

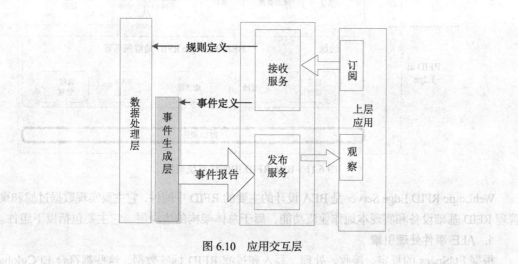

图 6.10　应用交互层

# 6.5 商业 RFID 中间件

## 6.5.1 BEA

BEA（Oracle）是全球领先的应用基础结构软件公司，其中间件市场份额一度比 IBM 还要高，2008 年初被 Oracle 收购。BEA WebLogic RFID Product 包括两大部分：WebLogic RFID Edge Server 及 WebLogic RFID Enterprise Server。BEA 的 RFID 中间件是建立在 WebLogic 平台上的，具体如图 6.11 所示。

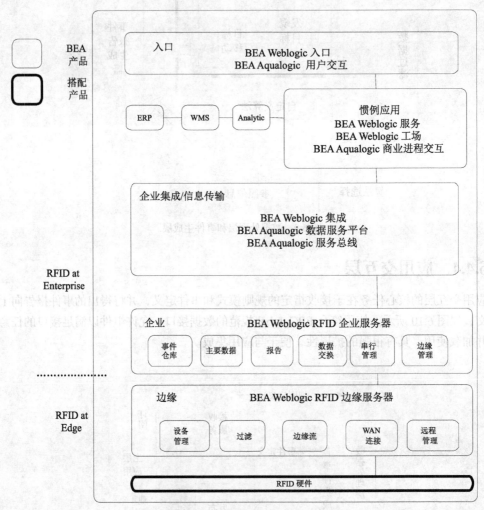

图 6.11　BEA RFID 中间件系统架构

WebLogic RFID Edge Server 是 BEA 设计的主要的 RFID 中间件，它主要实现数据过滤和聚合、管理 RFID 基础设备和实现本地作业流功能，属于总体架构的边缘层。它主要包括以下组件。

**1. ALE 事件处理引擎**

根据 ECSpecs 的规定，接收、处理、写入和过滤 RFID 标签数据，这些都符合 EPCglobal 定义的 ALE 规范。

**2. 监测和管理代理**

通过远程管理控制台监测和管理阅读器和 Edge Server 的软件的功能和状态。

**3. 本地工作流**

通过远程管理控制台来观测商品和货柜的数量，对商品和货柜进行关联，决定产品下一步的流向。

**4. 设备管理**

通过远程管理控制台来对阅读器进行控制，例如添加或删除阅读器，控制阅读器写入数据，修改阅读器参数。

**5. 远程管理控制台**

用于配置和检测 Edge Server 和阅读器的软件，功能有包括添加、删除和配置阅读器；查看和管理 ECSpec 数据；配置和调配工作流；查看实时的 Edge Server 和 RFID 设备探测数据。

**6. 网络接口**

提供互联网或其他传输网络的接口。

RFID 事件（数据流）首先流入设备管理模块，由设备管理模块确认硬件连接的正确性后，向下传递事件流。而后事件过滤模块将会对事件进行过滤，消除设备提供的冗余数据，并进行简单的数据和业务逻辑处理。工作流管理模块将对事件进行最后的处理，通过过滤、筛选，从中提取出用户有价值的事件。有价值的事件将被网络连接模块通过网络传入用户或企业应用层设备，以供应用程序软件管理使用。在数据进行传输时，远程管理模块可通过调用应用层设备的信息和规则对事件流进行管理和简单的编辑。软件控制平台中的配置模块、监测模块也可以提供对设备进行有效配置和随时监测的功能，开发工具包还可以方便用户或企业管理人员利用数据信息进行系统的编程开发操作。这样数据流信息的上传操作实施完毕。数据流的下传是数据流上传的逆过程。

WebLogic RFID Edge Server 满足 EPCglobal 和 ISO 标准协议，如下。

（1）EPCglobal Class 0，Class0+，Class 1 和 Class 1 射频协议。

（2）EPCglobal UHF Class 1 Gen 2 标签协议（ISO 18000-6C）。

（3）ISO 15693 射频接口协议。

（4）ISO 18000-6B 射频接口协议。

## 6.5.2 Oracle

甲骨文（Oracle）的 RFID 解决方案是一种基于传感器的解决方案。Oracle Sensor Edge Server 集成了 Oracle 应用服务，能快速而且简单地将基于传感器的信息集成到企业应用系统，例如 WMS，ERP 等。Oracle Sensor Edge Server 不仅是连接传感器和企业应用的中间件，而且是应用开发的集成解决方案。管理和监测那些要集成到系统中的传感器设备的工作状态，处理传感器事件和过滤数据，安全地将事件数据发送到企业数据库。

Oracle Sensor Edge Server 的架构图如图 6.12 所示。主要包括以下几部分。

**1. 传感器事件处理**

传感器事件处理（Sensor Event Processing）从对数据的不同处理来分，Oracle Sensor Edge Server 的功能分成三部分：数据采集、事件处理和事件调度。Oracle Sensor Edge Server 提供一个容易扩展的能最快适应新硬件和需求的平台。这种扩展能力的框架提供给：设备（devices）、过滤器（filter）和调度器（dispatcher）。

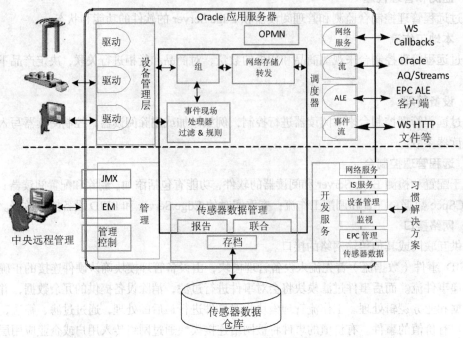

图 6.12　Oracle RFID 中间件框架图

（1）数据采集

为了搭建连接物理世界和信息世界的桥梁，Oracle Sensor Edge Server 提供可扩展的驱动结构，集成包括 RFID 阅读器、打印机等传感器数据源。

（2）事件处理

从传感器采集来的数据的格式多种多样，而且有大量的冗余信息。企业应用往往不关心原始数据，而是关心有意义的业务信息。为此，Oracle Sensor Edge Server 规格化所有的输入数据而且提供数据过滤体系。这个过滤体系允许开发者按照需求规格实现事件处理。过滤器可以同时应用于独立的或者具有逻辑的传感器。

（3）事件调度

Oracle Sensor Edge Server 提供几种 RFID 数据与应用程序之间调度的方法。用户可以选择使用定制的调度器实现或者其他调度方法传送数据到信息设备。信息调度方式主要包括：HTTP、Web Services、JMS、Oracle Streams、ALE Dispatcher。

2. 设备管理

为了减少传感器设备的管理和维护成本，Oracle Sensor Edge Server 提供统一的设备管理接口。设备管理（Device Management）和监控特性包括：心跳监控，错误状态汇报，驱动升级和能够扩展的可定制的配置特性。通过响应事件的功能，实现设备控制功能从应用层的分离。

3. 服务器控制和管理平台

服务器控制和管理平台（Server Management and Admin Console）提供一个简洁友好的 GUI 来管理、监测和配置 Oracle Sensor Edge Server。实现了适合远程管理的轻量级的浏览器结构。提供的这些工具，能减少实现和操作的成本。

#### 4. 传感器数据仓库

在提供调度功能的同时，Oracle Sensor Edge Server 同时提供传感器数据仓库（Sensor Data Repository），用来存放管理数据、传感器数据、标签信息和 EPC 规则数据。

Oracle 认为标准对快速发展的革新科技是很重要的，特别是 RFID 技术。作为 EPCglobal 的成员，Oracle Sensor Edge Server 不仅满足 EPCglobal 的标准，而且集成了别的标准组织（OGC，OPC，UID）的标准。

### 6.5.3 Microsoft

微软公司的 RFID 解决方案可以排除目前存在的很多技术障碍，提供了在微软 Windows 平台上发现和管理 RFID 设备的方法，并完成这些设备之间相互通信的统一方法。BizTalk RFID 基础架构包括了开发人员所需要的所有用于构建 RFID 应用软件必备的模块和组件，而且具有即插即用、便于实施的特点。这样一来，所有对跟踪和控制产品有用的信息都可以通过使用 RFID 技术被详尽地记录下来。

设计和实施 BizTalk RFID 基础架构的目的是让所有用户更加方便和容易地应用 RFID 技术，并使这项技术融入各种各样的业务应用和工作流程中。RFID 设备与微软 Windows 平台完全兼容是实现这一目的的前提。微软公司的解决方案就是通过为 RFID 设备增加一个软件适配层的方法将所有类型的 RFID 设备（包括目前使用的 RFID 设备，下一代 RFID 设备、传感器以及 EPC 阅读器）在微软 Windows 平台上整合成为"即插即用"的模式。BizTalk RFID 的架构图如图 6.13 所示。

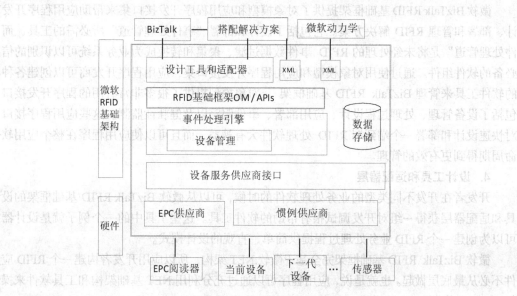

图 6.13 Microsoft BizTalk Server 架构

BizTalk RFID 基础框架可以分为以下几层。

#### 1. 设备服务供应商接口层

该层是由帮助硬件供应商建立所谓"设备驱动"的可以任意扩展的 API 集合以及允许与 Windows 环境无缝连接的特定接口组成的。为了更容易地发挥整合的效能，微软公司以 RFID 软件开发包（SDK）的形式为合作伙伴提供了一整套开发平台，包括了规格说明和测试软件。这个软件开发包（SDK）囊括了各种各样的设备通信协议并且支持以往生产的所有身份识别设备和各类阅读器，具有良好的兼容性。

一旦设备供应商采用了微软的软件开发包编制设备驱动程序，网络上的任何一个射频识别设备就都可以被基于 Windows 平台的工具软件发现、配置和管理了。这些设备可以是 RFID 阅读器，打印机，甚至是既可以识别条码又可以识别 RFID 信号的多用途传感器。与之同样重要的是，应用软件开发商可以非常容易地研制出一个与 RFID 设备有机结合的基于业务流程的应用解决方案，因为 BizTalk RFID 基础框架可以让整个研发过程在统一的模式和友好的人机界面下顺利进行。

### 2. 运转引擎层

这一层是通过消除未经处理的 RFID 数据中的噪声和失真信号等手段让 RFID 应用软件在复杂多样的业务处理过程中充分发挥杠杆作用。例如，一般情况下设备很难检测出货盘上电子标签的移动方向，或者判明刚刚读入的数据是新数据还是已经存在的旧数据。微软 BizTalk RFID 基础框架中的运转引擎层可以通过由一系列基于业务规则的策略和可扩展的事件处理程序组成的强大事件处理机制，让应用程序能够将未经处理的 RFID 事件数据过滤、聚集和转换成为业务系统可以识别的信息。

运转引擎层的第一部分就是事件处理引擎。这个引擎可以帮助开发者轻松地建立、部署和管理一个端到端的逻辑 RFID 处理过程，而该过程是完全独立于底层的具体设备型号和设备间信息交流协议的。这一引擎的核心就是所谓的"事件处理管道"。运行引擎层的第二个主要组成部分就是设备管理套件。这一部分主要负责保障所有的设备在同一个运行环境中具有可管理性。

### 3. BizTalk RFID 基础框架 OM/APIs 层

微软 BizTalk RFID 基础框架提供了对象模型和应用程序开发接口集来帮助应用程序开发商设计、部署和管理 RFID 解决方案。它包括了设计和部署"事件处理管道"所必需的工具，而"事件处理管道"是将未经处理的 RFID 事件数据过滤、聚集和转换成为业务系统可以识别的信息所必备的软件组件。通过使用对象模型和应用程序开发接口集，应用程序开发商可以创建各种各样的软件工具来管理 BizTalk RFID 基础框架。对象模型提供了很多非常有用的程序开发接口，它包括了设备管理、处理过程设计、应用部署、事件跟踪以及健壮性监测。这些应用程序接口不但对快速设计和部署一个端到端 RFID 处理软件大有裨益，而且可以使应用程序在整个应用软件生命周期得到更有效的管理。

### 4. 设计工具和适配器层

开发者在开发不同类型的业务处理软件的时候，可以从微软 BizTalk RFID 基础框架的设计工具和适配器层获得一组对开发调试很有帮助的软件工具。这些工具中的一个例子就是设计器，它可以为创建一个 RFID 业务处理过程提供简单、直观的设计模式。

微软 BizTalk RFID 基础框架完全基于微软.NET 架构，所以应用开发者构建一个 RFID 应用软件不必从最底层做起。也就是说，应用程序可以通过充分利用.NET 基础架构和工具软件来操纵和加工 RFID 信息。

微软 BizTalk RFID 基础框架也充分发挥了微软公司现有的并被实践证明了的技术和产品的作用，这些产品包括 Microsoft SQL Server，Microsoft BizTalk，Microsoft Windows Workflow Foundation 和 Microsoft Dynamics。

## 6.5.4 IBM

IBM RFID 中间件产品主要包含两个：IBM WebSphere RFID Device Infrastructure 和 IBM

WebSphere RFID Premises Server。

RFID 中间件可以作为连接物理世界和企业应用系统的桥梁，为了便于划清功能，可以把 RFID 系统逻辑分为几个域，如图 6.14 所示。

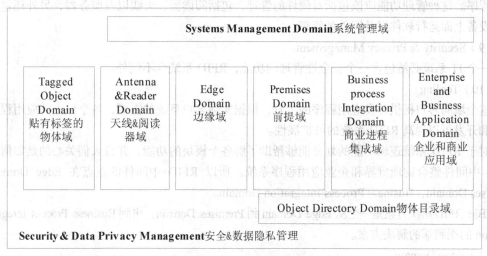

图 6.14　RFID 系统逻辑结构

（1）Tagged Object Domain

是指含有电子标签的物品，因为标签和物体附着在一起，所以属于一个域。由于射频标签有很多种类，对于不同的物品会采用不同类型的标签。

（2）Antenna & Reader Domain

是连接物理世界和 IT 系统的接口。其中，物理世界包括物品、电子标签、无线射频等。这个域的主要内容包括各种技术和频率以及阅读器、传感器、天线等。

（3）Edge Domain

这个域收集来自阅读器读取的电子标签数据，并且根据具体的规则进行过滤等处理。如果称 Tagged Object Domain 和 Antenna & Reader Domain 为物理世界的话，那么 Edge Domain 将是处在物理世界边缘的域，它将首先处理来自物理世界的数据，所以它处于 RFID 中间件的最前端。

（4）Premises Domain

是连接 Edge Domain 和企业应用程序的桥梁。这个域将 Edge Domain 收集的数据进行再过滤，并提取企业应用程序关心的事件，这些事件应该是决定企业应用程序流程的核心事件，所以 Premises Domain 与 Edge Domain 相比会处理更高层次的事件，它处于 RFID 中间件的中部。

（5）Business Process Integration Domain

如果说前几个域是针对 RFID 技术引入的域，那么这个域主要用于连接 RFID 系统和企业应用程序。这个域不但可以连接企业现有的应用程序，还可以提供一种方法帮助企业进行业务流程更新。

（6）Enterprise & Business Application Domain

这个域包含了企业后台已经存在的应用程序系统，例如物流管理系统、仓库管理系统、流程自动化系统、ERP 系统等。

（7）Object Directory Domain

这个域提供物品名称及相关信息。包括核心产品信息、生产日期、生命周期历史信息等。前面提到的 EPC Global 定义的 ONS 就是对这个域的实现。

（8）Systems Management Domain

这个域用于管理 RFID 系统及后台 IT 系统，并且可以在一个分布式的环境下远程部署和管理应用程序。这种管理功能应该包括对硬件的管理，包括阅读器、天线以及服务器，另外还包括对硬件设备上面运行软件以及固件的管理。

（9）Security & Privacy Management

一个 IT 系统必然包含一个安全性管理的功能，RFID 系统也不例外。

（10）Tooling

这个域向客户提供开发应用程序的工具，根据实际客户系统的需要，各个域上的应用程序的定制和开发可以提高 RFID 系统的可扩展性。

对于 RFID 系统逻辑功能的划分能够帮助了解各个模块的功能，并且人们关心的是如何使用 RFID 中间件整合物理世界和企业应用程序系统。所以 RFID 中间件的重点在 Edge Domain，Premises Domain，Business Process Integration Domain。

IBM RFID 解决方案是一个从 Edge Domain 到 Premises Domain，再到 Business Process Integration Domain 的端到端的解决方案。

（1）Edge Domain

Edge 服务器采用 IBM 普及计算技术，利用嵌入式 J2ME 技术，用于将 RFID 阅读器、传感器、开关、指示灯等连接到 Premises 域。Edge 服务器收集来自阅读器的数据，并将分析处理后的数据发送到服务器端，反之，根据服务器端的命令来控制 RFID 阅读器。

（2）Premises Domain

该域采用 WebSphere 的中间件技术，包含 WebSphere，DB2，MQ. Tivoli 等产品。该域负责将采集到的数据与企业应用程序系统通过 MQ，Http，E-mail 等外部通道集成。

（3）Business Process Integration Domain

包含 WBI Message Broker，WBI Integration Connectors，用于整合企业应用程序，例如 WMS，ERP 等。

IBM 已为世界上许多公司提供了 RFID 解决方案，积累了丰富的经验。

Metro - IBM 为 Metro Group 提供 RFID 解决方案，建设了基于 RFID 技术的"未来商店"。RFID 技术帮助 Metro 及时跟踪货架上的商品，减少了丢失和脱售的情况，优化了供应链的管理，提高了客户满意度。客户通过 RFID 系统可以及时地访问和商品相关的信息，获得了一种全新的用户体验。用 Metro 的项目执行总监 Gerd Wolfram 博士的话说"正是 IBM 为 Metro 的未来商店的巨大成功作出了创造性的贡献"。

Sernam—IBM 为 SERNAM 提供了 turnkey RFID 解决方案，解决了客户在运输业的监控问题，降低了运营风险，明确了风险职责。

Moraitis—IBM 为供应商 MORAITIS 提供了 RFID 解决方案，使得 MORAITIS 提高了供货效率，同时可以根据零售商的情况决定供货规模，使企业能灵活应对市场改变。

Australian Air Express—IBM 为澳大利亚航空快运提供的 RFID 解决方案使得客户可以简化其货物跟踪系统，提高准确性，提高客户满意度。

Philips—IBM 协助 PHILIPS 将 RFID 技术应用于其供应链，将 RFID 技术用于定单准备、运输、验收和定单跟踪等，极大地提高了生产率，减轻了工人的工作强度，并且为以后的进一步应用打下了坚实的基础。

## 6.6 开源 RFID 中间件

如今,国际上关于 RFID 中间件技术的开发思路有两种:企业专有模式与开源开发模式。目前,企业专有开发模式已经取得很大的成果,例如,BEA 公司的 WebLogic 套件包;IBM 公司的 WebSphere 套件包;HP、SUN 和 Oracle 等公司推出的专有中间件产品。

这些为某个企业专有的商品化中间件产品的性能各有特色,价格往往都十分昂贵,而且这些不同厂商开发的中间件开发工具包,由于其中含有各个厂商的不同专有技术和专利,致使这样开发的各种应用系统不易整合,更不易统一管理。

在如何发展 RFID 中间件技术方面,还存在另外一种开发思路和技术实现路线,这就是开源开发模式。

RFID 中间件的任何一点功能缺失和效率低下,都会冲击到大范围应用系统的正常运行,甚至影响到整个分布网络系统的安全。为了提高中间件的可靠性、安全性和系统性能,把隐藏在中间件的直观表象背后的技术思路和实现方案、程序文档和软件源代码全部拿出来,让足够多的人去仔细"审视",以求发现其中的任何一点"瑕疵",实为一种"必需",这就是开源中间件的出发点。

### 6.6.1 Rifidi Edge Server

RFID 软件公司 Pramari 推出了一款开源中间件平台——Rifidi Edge Server,它可提供免费下载和使用。

Rifidi Edge Server 中间件,可从 EPC Gen 2 RFID 阅读器收集数据,还可过滤信息并把信息传输到系统,并将数据运用到业务流程中。该中间件不仅可与 RFID 读写器配合工作,还可与条形码扫描仪、传感器和其他硬件如照相机配合。

其系统架构图如图 6.15 所示,主要分为三层。

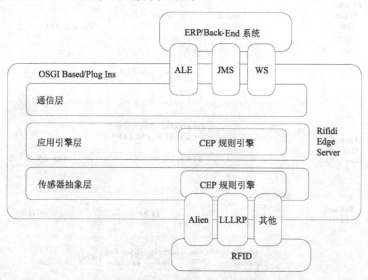

图 6.15 Rifidi Edge Server 架构图

**1. 传感器抽象层(Sensor Abstraction Layer)**

边缘服务器的目的是连接到任何类型的传感器(例如:RFID 阅读器、条形码读码器、移动设备）和从它们那里收集数据。在许多情况下，这包括了第二代阅读器（例如：Alien 9800，Motorolla LLRP 等）和收集 EPC 信息。然而，边缘服务器的设计是为了使边缘服务器能够从多种设备中收集各种数据（主动或者被动）。这一层允许用户应用程序与传感器连接，而不用关心具体的传感器类型。换句话说，对应用程序，传感器的差异是透明的。应用程序所需的数据就由这一层提供。

### 2. 应用引擎层（Application Engine Layer）

对大多数的引用来说，使用传感器产生的所有事件是不必要的。许多传感器每秒可以发送 1 000 个事件，这其中存在大量的重复信息。多数的应用系统关心的事件是比传感器产生的原始事件高一级的事件。例如，ERP 系统更关心箱子到达区域 1 这个事件，而且不要期望 ERP 系统去过滤和处理传感器产生的重复冗余事件。复杂事件处理（Complex Event Processing，CEP）将事件（事件流）作为参数输入，然后从事件流中根据规则（rules）挑选出有意义的事件。Rifidi Edge Server 使用称为 Esper 的复杂事件处理器，它允许书写类似结构化查询语言（Structured Query Language，SQL）的表达式。

### 3. 通信层（Communication Layer）

数据经过处理后，就需要上交给某种应用程序。例如，有些用户可能希望数据被保存在某个数据库中，另一些可能希望数据被送到像 SAP 这样的 ERP 系统或放到某种丰富的用户界面中。边缘服务器提供了 JMS、Web Services 等内建的连接器。然而，因为这是依赖应用的，如果应用需要，也可自己实现连接器（如 TCP/IP 嵌套字连接）。另外，边缘服务器还提供了内建 Web 容器和 MVC 架构来方便网络应用程序的直接实现。

## 6.6.2 Fosstrak

Fosstrak（Free and Open Source Software for Track and Trace）是一个完全按照 EPCglobal 规范进行实现的开源 RFID 平台，具体如图 6.16 所示。它通过提供跟踪和追踪应用的核心软件，从而为应用开发商和集成商提供支持。

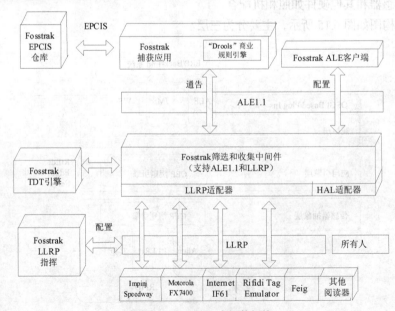

图 6.16 Fosstrak 中间件架构

如果是 RFID 的系统集成商，可以将通过 EPCGlobal 认证的 Fosstrak EPCIS 整合到的解决方案中。如果是应用开发商，可以使用 Fosstrak 的 JAVA 库作为应用程序的非定制部分，例如 Fosstrak

TDT 可以在不同标签识别格式之间进行翻译。Fosstrak 筛选和收集中间件（Filtering and Collection Middleware）可以处理标签数据。如果是 RFID 的研究者或者学生，可以在工作中使用这个软件，例如开发一个支持多个 EPCIS 的新探索系统。如果是 EPC 的初学者，可以使用演示程序去了解 EPC 架构的功能点。Fosstrak ALE 中间件可以让多个 RFID 读写器收集并过滤数据。

Fosstrak ALE 中间件包含了 3 个独立组件：筛选和收集服务器（Filtering and collection server）、用于配置筛选和收集服务器的独立客户端以及用于配置筛选和收集服务器的 Web 客户端。所有的组件都是按照 EPCglobal's ALE 1.1 规范进行实现的。为了与 RFID 读写器进行通信，Fosstrak ALE 中间件使用了 LLRP 协议。对于不支持 LLRP 协议的读写器，ALE 中间件使用了 Forsstrak 硬件抽象层（HAL）。为了配置支持 LLRP 协议的 RFID 读写器，ALE 中间件提供了 Fosstrak LLRP Commander 进行使用。

### 6.6.3 AspireRFID

AspireRFID 项目旨在开发一个开放源代码、轻量级、符合标准、可扩展、隐蔽而且可集成的中间件，以方便开发、部署和管理基于 RFID 的应用。它实现了多种规范如 EPC Global、NFC Forum、JCP 和 OSGi Alliance。

AspireRFID 还提供了一套工具，使 RFID 技术顾问部署 RFID 解决方案时不需要繁琐的底层次的规划。AspireRFID 允许规范的 RFID 启用进程，因此，所有的工具产生的 RFID 文物需要部署这些解决方案的 AspireRfid 中间件。AspireRFID 中间件总体架构如图 6.17 所示。

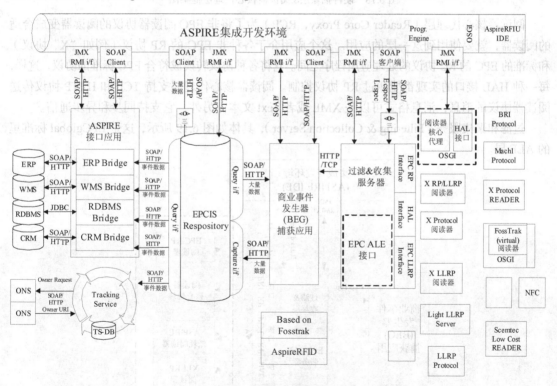

图 6.17　AspireRFID 中间件总体架构[①]

AspireRFID 主要分成以下层次：硬件抽象层（Hardware Abstraction Layer，HAL），如图 6.18 所示。这一层的主要功能是统一 ASPIRE 中间件与不同供应商的支持不同协议的 RFID 阅读器的交互方式。这

---

① 参考网址 http://wiki.aspire.ow2.org/xwiki/bin/view/Main.Documentation/AspireRfidArchitecture

是由高层的中间件层次对 RFID 阅读器的数据需求决定的。HAL 是按照 EPCglobal 的阅读器协议（RP）和底层阅读器协议（LLRP）规范设计的，这两个协议通过规定什么应用程序可以发送标准格式的消息来定义标准绑定。HAL 和硬件之间的通信是多种的，这取决于硬件供应商和硬件提供的串口或者以太网口。通信协议可以是原始的 TCP、SSL 或者 HTTP，通过 HAL 可以与阅读器通信采集原始数据。

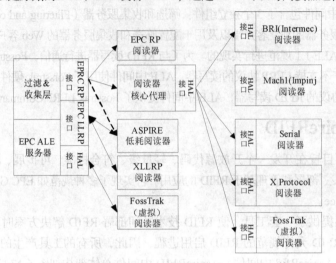

图 6.18　硬件抽象层&阅读器核心代理层框架图[①]

阅读器核心代理层（Reader Core Proxy，RCP）为了将非 EPC 阅读器协议的阅读器变成合适的阅读器，就要使用到这一层的应用。这个应用介于各种非 EPC 的 RP 协议（例如"X"协议）和标准的 EPC 的 RC 协议的处理应用程序之间。它将各种协议转换成符合 EPC 标准的协议，这样，每一种 HAL 接口的实现都能通过 RP 协议控制。阅读器核心代理层支持 TCP 和 HTTP 协议传送阅读器协议的消息，消息格式可以是 XML 或者 Text 文本。另外，它支持同步和异步通信。

过滤和聚集服务（Filtering & Collection Server），具体如图 6.19 所示，这是 EPCglobal 标准里的 ALE 层。

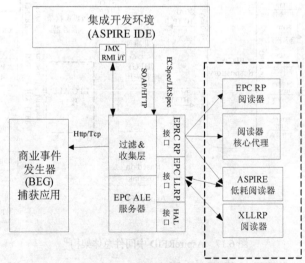

图 6.19　过滤和聚集服务（ALE）[①]

---

① 参考网址 http://wiki.aspire.ow2.org/xwiki/bin/view/Main.Documentation/AspireRfidArchitecture

过滤和聚集层主要完成原始传感器数据的去冗余和形成有意义的上层事件。这个功能完全符合 EPCglobal 标准，和之前介绍的 RFID 中间件功能一样。

商业事件生成器（Business Event Generator）这一层是通用 RFID 中间件框架体系的一个重要补充。主要功能是在过滤&聚集器和 EPC 信息服务器之间完成消息映射，而不需要开发者去完成这个消息映射的功能，如图 6.20 所示。

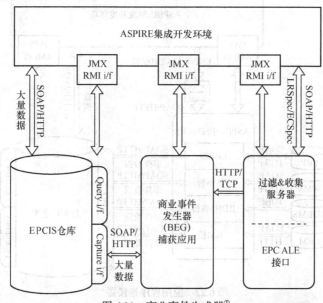

图 6.20　商业事件生成器[①]

信息共享库（Information Sharing repository）是 RFID 中间件的心脏，如图 6.21 所示。它将 BEG 模块传递过来的经过过滤和聚集的数据翻译成特定的带有商业信息的事件。

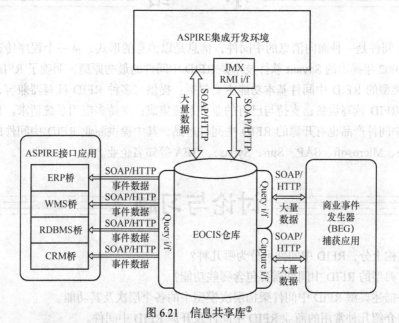

图 6.21　信息共享库[②]

---

① 参考网址 http://wiki.aspire.ow2.org/xwiki/bin/view/Main.Documentation/AspireRfidArchitecture
② 参考网址 http://wiki.aspire.ow2.org/xwiki/bin/view/Main.Documentation/AspireRfidArchitecture

这一层的输出数据满足上层企业应用软件对数据的要求。应用程序连接器（Connector Application）从 EPCIS 得到的商业事件信息要提交给上层企业应用系统。这样就要用到一些接口程序，应用程序连接器提供了各种接口的抽象，使得企业级应用程序和 RFID 中间件的连接变得方便和安全，如图 6.22 所示。

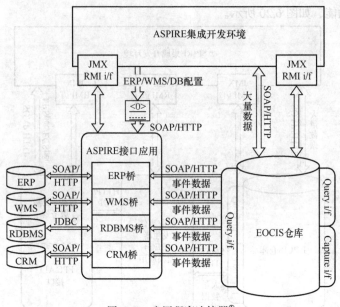

图 6.22　应用程序连接器[①]

# 小　结

RFID 中间件是一种面向消息的中间件，信息是以消息的形式，从一个程序传送到另一个或多个程序。2002 年提出的 Savant 软件技术是 RFID 中间件的最初原型，明确了 RFID 中间件的功能及定位。典型的 RFID 中间件基本功能主要包括：提供与多种 RFID 读写器兼容；数据过滤和传输；管理 RFID 读写设备；支持与已有的业务系统集成；支持多应用系统请求。目前，既有商业的 RFID 中间件产品也有开源的 RFID 中间件产品，其中提供商业 RFID 中间件的厂商主要有 IBM、Oracle、Microsoft、SAP、Sun、Sybase、BEA 等知名企业。

# 讨论与习题

1. 从架构上分，RFID 中间件可分为哪几种？
2. 一个典型的 RFID 中间件需要包含哪些功能？
3. 简要描述典型 RFID 中间件架构层次模型中的各个层次及其功能。
4. 简要介绍几种常用的商业 RFID 中间件及开源 RFID 中间件。

---

① 参考网址 http://wiki.aspire.ow2.org/xwiki/bin/view/Main.Documentation/AspireRfidArchitecture

# 第二篇
# RFID 技术应用案例分析

第 7 章　RFID 技术在交通领域的应用
第 8 章　RFID 技术在仓储物流领域的应用
第 9 章　RFID 技术在电力领域的应用
第 10 章　RFID 技术在医疗领域的应用

# 第7章 RFID 技术在交通领域的应用

## 7.1 行业概况

交通运输行业，是凭借交通线路和交通工具使物流和乘客实现定向位移的生产部门，其构成要素包括线路、运具、客流和货流、动力、终端设备等。运输方式主要包括铁路运输、公路运输、水路运输、航空运输、管道运输几种。交通运输业是国民经济的基础产业和服务性行业。切实加快交通运输业发展方式的转变，对于促进现代交通运输业的可持续发展，推动社会主义现代化建设，都具有重要意义。

交通行业发展物联网的应用核心在于为交通要素（交通对象、交通工具、交通基础设施）建立起以身份特征信息为核心的、可靠的、唯一对应的"电子镜像"，然后依托以传感器、RFID、网络传输为主的系列信息技术手段，将这一"电子镜像"真实、可靠、完整、动态地映射在应用系统的数字化平台上，再通过运行该平台，对"电子镜像"进行系统性、智能化分析与处理，从而实现对交通要素物理实体的监管、协调控制和服务。

在交通行业信息化建设过程中，智能交通逐渐成为交通行业信息化投资热点。智能交通是将先进的信息技术、通信技术、传感技术、控制技术以及计算机技术等有效地集成运用于整个交通运输管理体系，从而建立起的一种在大范围内、全方位发挥作用的，实时、准确、高效、综合的运输和管理系统。

## 7.2 RFID 应用需求

RFID 技术作为一种新兴的自动识别技术，由于具有远距离识别、可存储、携带较多的信息、读取速度快、应用范围广等优点，非常适用于智能交通和停车管理等领域。目前，RFID 技术已经在交通领域开始逐步推广应用，并且得到了良好的社会效益和经济效益，其应用前景为业内人士一致看好。

应用于电子收费系统：主要表现为不停车收费，即 ETC 收费系统。该系统利用车辆自动识别技术，通过天线实现车道控制器与车载电子标签的数据交换，自动完成收费程序。

应用于市内公交系统：一方面是利用 RFID 标签来标识车辆的身份，然后据此调整红绿灯的时间，使一些特殊车辆如消防车、救护车能优先通行；另一方面则是在公交车站安装 RFID 读写器，在公交车上安装 RFID 标签，以此来实现公交零误差报站。

应用于汽车发动机的启动控制：由于已经开发了小到能够密封到汽车钥匙之中的电子标签，

RFID 系统可以方便地应用于汽车防盗中，如丰田汽车、福特汽车、三菱汽车、现代汽车等已将 RFID 技术用于汽车防盗。在这种系统中，将汽车启动的机械钥匙与应答器相结合，把阅读器的天线安置在点火锁中，使得启动钥匙插入锁内的时候，阅读器会被启动并与钥匙内的应答器进行数据交换，只有符合权限的钥匙才能将汽车启动。

# 7.3 典型应用

## 7.3.1 电子车牌系统

电子车牌识别系统是一个融检查、监控与管理为一体的多功能综合系统，可实现车辆信息的数字化、车辆识别的自动化和车辆管理的智能化。它提供一个可以对车辆信息实时采集的公共平台，使各管理部门间能够协调统一地对车辆及道路情况进行监控管理，从根本上解决了目前全国交通及公安系统信息采集的多渠道、事件信息收集的单一性以及互不沟通、互不兼容的信息管理方式的缺陷。

建立电子车牌识别系统的目的，在于为车辆提供一张辅助管理的智能卡片，使得对车辆的管理都能通过远距离、非接触、不停车等方式进行。电子车牌识别系统的解决方案，是以现今成熟的公共通信网络和专业通信网络为通信平台，电子车牌为用户数据信息载体，通过对用户数据的查询、识别和更新，来实现对区域内车辆的管理。

利用永固性的电子车牌，配以路段上安装的电磁型车辆检测器，以及彩色 CCD（Charge-coupled Device，电荷耦合元件）视频头等采集监控设备，采集每辆车的"人、车、时空、行为"等关键信息，进行"有效车牌、套牌、无牌与违章行为"的车辆信息分类。将上述数字信息和图像信息在路段上的分布式计算机网络节点上进行存储与刷新，利用 CDPD（Cellular Digital Packet Data，蜂窝数字分组数据）无线通信系统，进一步将需要的交通流以及违章查出的二次加工信息传回到中央计算机数据库进行处理。中央计算机结合车辆静态、动态信息数据及决策支持专家系统，发布交通分配、交通诱导等接警处警信息，记录执行设备与执法人员，从而实现快速、有效的交通组织和交通管制。它的操作流程如图 7.1 所示。

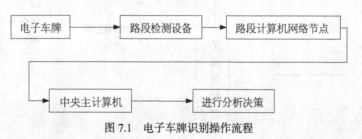

图 7.1 电子车牌识别操作流程

电子车牌一般采用智能卡的形式固定在金属车牌上，其工作模式始终处于待机状态。电子车牌由 RFID 电子标签、微天线和反拆卸装置组成。针对每一辆车，电子车牌可以存储车辆的车牌号码、用户信息、购买地、购买时间、发动机号码、车辆照片、驾驶违章记录、路桥费缴纳记录、征费状态以及年检记录等有效数据，并为每部行驶车辆建立统一的数据库档案。

路段检测设备是整个系统的核心，主要包括 RFID 读写器，车牌识别以及图像抓拍设备等。RFID 读写器通过读写天线可以无接触地读取 RFID 电子标签上所保存的电子数据，并通过通信网络实现对电子车牌信息的采集、处理以及远程传输。车牌识别以及图像抓拍设备可以用于车牌信息的准确性稽查等辅助功能。

路段计算机网络节点主要是对信息传输进行处理。当车辆通过路侧基站时，基站发射无线射频信号激活电子车牌，同时接收电子车牌反馈的无线射频信号。电子车牌收到射频天线信号后，将对收到的询问信号进行调制，此调制信号通过电子车牌的微天线再发送回射频天线。同时基站接收主控 PC 的指令，向电子车牌发送微波调制信号，收到电子车牌的应答信号后，解调出相应的数据信息，传送到后台计算机处理中心，经过分析整理将处理结果传送给不同的管理部门。

中央处理计算机的主要功能是实现对用户数据库服务器以及用户的管理。各相关部门，可以通过对本地用户数据库系统的查询，掌握本地车辆当前的使用状态和当前所在地区。也可以通过互联网，访问远端的用户数据库，了解当前观测车辆的相关信息。任何一个时段的交通流量统计，都可以通过控制中心取得。当一辆装有电子车牌的汽车通过路段检测设备时，管理系统的显示屏会准确显示出车辆的信息。

如果车牌被拆动或者损坏，经过基站时用户管理系统会发出警告，提示相关部门采取相应措施。

### 7.3.2　ETC 不停车收费系统

ETC（Electronic Toll Collection，不停车电子收费系统）是一种用于公路、大桥和隧道的电子自动收费系统，应用 RFID 技术，实现 RSU（Road Side Unit，路侧单元）与 OBU（On Board Unit，车载单元）之间的专用短程通信，在不需要司机停车和收费人员采取任何操作的情况下，自动完成收费处理全过程，是缓解收费站交通拥堵的有效手段。图 7.2 所示为 ETC 车道系统构成图。

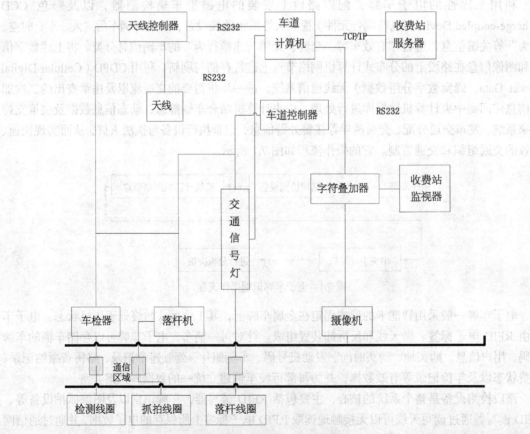

图 7.2　ETC 车道系统构成图

（1）车辆进入通信区域时，压到埋入地下的检测线圈，线圈得到信号，启动读写天线。

（2）读写天线与电子标签进行通信，判别电子标签的有效性，如果有效则进行缴费，否则启动报警程序并保持车道的封闭，直到车辆离开线圈。

（3）如果缴费成功，车道控制栏杆抬起，车道交通信号灯变绿，费用金额显示器显示缴费信息。另外，自动识别系统读取电子标签中的用户信息、车型信息和入口车道信息进行收费计算，完成 IC 卡内收费额的扣除，并将收费记录写入 IC 卡，向用户显示有关的收费状态信息后给予放行。

（4）车辆通过抓拍线圈时，系统进行图像抓拍，字符叠加器将通过车辆信息叠加到抓拍图像中。

（5）车辆通过落杆线圈后，栏杆自动回落，车道信号灯变红。

（6）系统保存并上传缴费信息到收费站服务器，一个收费流程完成，等待下一个车辆进入。

（7）车辆出入的全部信息均有电脑实时记录，并生成车流量的准确日报、月报统计表。

在硬件设计中，主要以 RFID 电子标签作为数据的载体，通过无线数据交换实现车辆自动识别系统通信，完成车辆基本信息、入口信息、卡内预存费用信息的远程数据存取功能。自动识别系统按照既定的收费标准，通过计算，从 IC 卡中扣除本次道路的使用费用，并修改 IC 卡内的信息记录，完成一次自动收费放行。

现在 ETC 系统的实现主要由 ETC 收费车道、收费站管理系统、ETC 管理中心、专业银行以及传输网络组成。其系统的结构框图如图 7.3 所示。

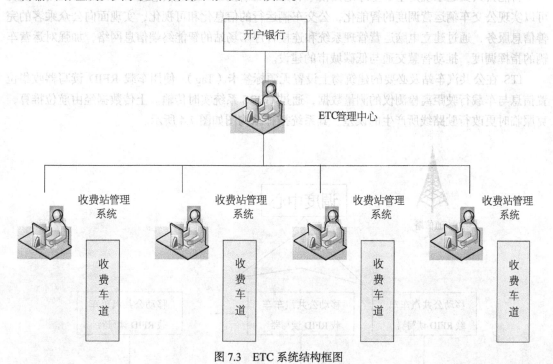

图 7.3 ETC 系统结构框图

自动收费记录以加密方式建立，收费管理人员不能修改或添加记录。管理中心与银行网络系统通过加密协议方式进行信息传递，以确保安全。其工作过程是：不停车收费系统管理中心负责管理和监控一条或一个区域内高速公路的不停车收费站，并将每日收费信息分类汇总后，通过通信网络与银行网络系统进行数据交换，以便银行从用户在银行开设的专用账户中收取相应的费用转入相应的业主专门账户,并将银行网络收到的黑名单下发给各个不停车收费站,再由不停车收费站下发给各车道子系统,从而保证整个高速公路不停车收费系统能够正常的循环运行。

RFID 一般应用于开放式的收费公路,即汽车经过收费处只根据车型的大小收费,不根据入口和出口的不同收费。而对于封闭式的收费公路,由于不同的入口和出口,收费的标准不一样,因此采用射频识别技术就没有办法实现,具有一定的局限性。另外,对于公路收费系统,由于车辆的大小和形状不同,需要大约 4m 的读写距离和很快的读写速度,也就要求系统的频率在 900MHz 和 2 500MHz 之间,因此成本非常高。

### 7.3.3 城市智能公共交通系统

城市公共交通是指在城市及其近郊范围内为方便居民和公众的出行,使用各种客运工具的旅客运输体系,是国家综合运输网中的枢纽,是城市客运交通体系的主体,是城市建设和发展的重要基础之一,是生产和生活必不可少的社会公共设施,也是城市投资环境和社会生产的基本物质条件,同时又是展示城市精神文明建设,反映城市国民经济、社会发展水平和市民道德思想风貌的窗口。

智能交通系统是(Intelligent Transportation System,ITS)是指将先进的信息技术、自动控制技术、计算机技术以及网络技术等有机地运用于整个交通运输管理体系而建立的一种实时、准确、高效的交通运输综合管理和控制系统。它由若干的子系统组成,通过系统集成将道路、驾驶员和车辆有机地集合起来。

智能公共交通系统是基于全球定位技术、无线通信技术、地理信息技术等的综合运用系统,可以实现公交车辆运营调度的智能化,公交车辆运行的信息化和可视化,实现面向公众乘客的完善信息服务,通过建立电脑运营管理系统和连接各停车场站的智能终端信息网络,加强对运营车辆的指挥调度,推动智慧交通与低碳城市的建设。

ITS 在公共汽车站及必要的建筑物上设置无源标签卡(Tag),使用车载 RFID 读写器收集位置信息与车载行驶距离检测仪的测量数据,通过 GPRS 系统实时传输。上传数据经由航位推算,克服临时更改行驶路线所产生的误差。其系统拓扑结构图如图 7.4 所示。

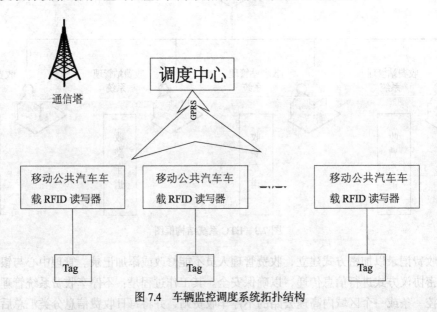

图 7.4 车辆监控调度系统拓扑结构

位于调度中心的车辆监控调度系统一般由定位子系统、通信子系统以及运行管理系统组成,如图 7.5 所示。

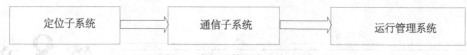

图 7.5  车辆监控调度系统功能划分

车辆监控调度系统的 3 个子系统又可划分为 7 个模块，如图 7.6 所示。

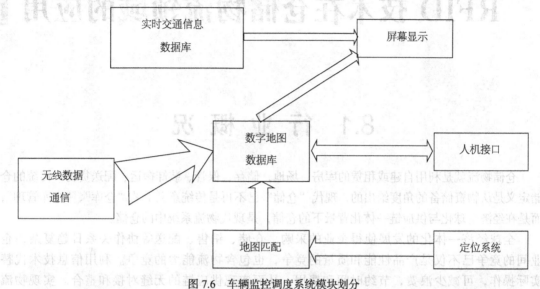

图 7.6  车辆监控调度系统模块划分

RFID 在 ITS 中的应用前景非常广阔，除了开发车辆导航应用之外，还可在自动票务系统、车辆识别系统方面大有作为。同时，也将带动与其相关的通信、控制和计算机应用技术的发展。

# 小　结

智能交通逐渐成为交通行业信息化建设的热点，智能交通的核心在于为交通要素（交通对象、交通工具、交通基础设施）建立起以身份特征信息为核心的、可靠的、唯一对应的"电子镜像"，RFID 技术是实现这一方式的重要的手段。作为一种无线的、非接触的自动识别技术，RFID 技术具有远距离识别、可存储，携带较多的信息、读取速度快等优点，非常适用于交通领域，在该领域的典型应用主要有电子车牌系统、城市智能公共交通系统、ECT 不停车收费系统等。

# 讨论与习题

1. 思考电子牌照的安全性。
2. 请简述 ETC 系统的工作原理。
3. 就当前国内 RFID 在交通领域的应用状况，阐述一下其应用前景。
4. 思考一下，RFID 还可能在交通领域发挥哪些作用？

# 第8章
# RFID 技术在仓储物流领域的应用

## 8.1 行业概况

仓储物流就是利用自建或租赁的库房、场地，储存、保管、装卸搬运、配送货物。传统的仓储定义是从物资储备的角度给出的，现代"仓储"已不再是传统意义上的"仓库"、"仓库管理"，而是在经济全球化与供应链一体化背景下的仓储，是现代物流系统中的仓储。

全球经济一体化的发展使得企业的采购、仓储、销售、配送等协作关系日趋复杂，企业间的竞争已不仅是产品性能和质量的竞争，也包含物流能力的竞争。利用信息技术代替实际操作，可减少浪费，节约时间和费用，从而实现供应链的无缝对接和整合。实现物流流程信息化管理，采用信息化管理手段对公司的仓储、物流信息等进行一体化管理，可促进数据共享、提高货物和资金的周转率、提高工作效率，达到与现代化物流企业管理同步的信息化流程。

传统的仓储、配载管理采用手工方式，记录方式烦琐、效率低下、容易出错而且成本相对较高；目前大多数仓库管理虽然采用计算机管理系统，但还是先记录、再录入计算机，人为因素大，准确率不高，容易出现伪造数据，人力资源浪费，管理维护成本高的情况。因此，效率低下的手工管理方式很难保证收货、验收及发货的正确性，从而产生库存过量，延迟交货的情况，进一步增加成本，以致失去为客户服务的机会，而且手工管理方式不能为管理者提供实时、快速、准确的仓库作业和库存信息，以便实施及时、准确、科学的决策。

RFID 技术在仓储物流领域的应用可以实现对企业物流货品进行智能化、信息化管理，而且可以实现自动记录货品出入库信息、智能仓库盘点、记录及发布货品的状态信息、输出车辆状态报表等。

RFID 技术在仓储物流领域的应用，保证了仓储物流过程中各个环节数据输入的速度和准确性，确保仓储管理人员及时准确地掌握库存的真实数据，合理保持和控制库存。通过科学的编码，还可方便地对库存货物的批次、保质期等进行管理。利用系统的库位管理功能，更可以及时掌握所有库存货物当前所在位置，有利于提高仓库管理的工作效率。

据国家统计局统计，近年来仓储业的固定资产投资额与增加值已经得到恢复性增长，增幅大于物流业的整体水平。随着投资额的增加以及国内经济的发展，仓储业将会迅速发展，企业数量和规模都会不断扩大，尤其是 RFID 技术的应用，将会极大地加快仓储物流领域的发展。

## 8.2 RFID 应用需求

仓储物流是以满足供应链上下游的需求为目的，在特定的有形或无形场所，运用现代技术对物品的进出、库存、分拣、包装、配送及其信息进行有效的计划、执行和控制的物流活动。随着物流向供应链管理的发展，企业越来越多地强调将仓储作为供应链中资源提供者的独特角色，实现了仓库向配送中心的转化。仓储在物流和供应链中的角色可以概括为是物流与供应链中的库存控制中心，是物流与供应链中的调度中心，是物流与供应链中的增值服务中心，还是现代物流设备与技术的主要应用中心，其典型的工作流程如图 8.1 所示。

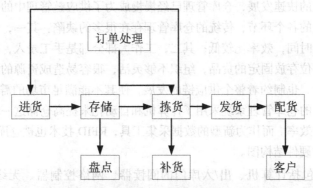

图 8.1　物流配送中心的典型工作流程图

供应链一体化管理是通过现代管理技术和科技手段的应用来实现的。这种应用更多地体现在仓储管理。流程管理、质量管理、逆向物流管理等环节，而软件技术、互联网技术、自动分拣技术、光导分拣、射频识别技术、声控技术等先进的科技手段，则为提高整个供应链管理效率提供了技术支持。

传统仓储管理模式普遍存在人力成本偏高、业务流程多、货品跟踪困难、资金和货品周转效率较低、物流管理的信息和手段落后等缺点，已不能保证正确的进货、库存控制及发货，因此会导致管理费用的增加，服务质量难以得到保证，从而影响企业的竞争力。传统的物流仓储管理系统只能实现货品信息的"静态化"管理，而无法实现对物流整个过程的实时跟踪和监控。RFID 技术具有非接触式、大容量、快速、高容错、抗干扰、耐腐蚀和安全可靠的识别信息等特点，其在物流仓储管理中得到了较好的应用。

仓储作为物流系统的一部分，它在原产地、消费地，或者在这两地之间存储管理物品，并且向管理者提供有关存储物品的状态、条件和处理情况等信息。从物流发达国家来看，仓储在物流战略中的重要性日益提高，在物流管理中占据着核心的地位，并已成为供应链管理的核心环节。

供应链环境下的仓储管理涉及大量各类型的产品，同时对应的业务和结构比较复杂，对信息的准确性和及时性要求非常高。目前，仓储管理通常使用条码标签或是人工仓储管理单据等方式，但是条码的易复制、不防污、不防潮等特点以及人工书写单据的烦琐性，容易造成人为损失，使得现在国内的仓储管理始终存在着缺陷。

RFID 技术作为 21 世纪最重要的信息技术之一，供应链管理被认为是其应用的最大舞台。它的优点是利用无线电进行信息的传输和识别，可以快速地进行货物的追踪和数据交换。RFID 在供应链中的典型应用模式是物流的跟踪应用，在技术实现上，可将 RFID 标签贴在托盘、包装箱或者元器件上，进行元器件规格、序列号等信息的自动存储和传递。RFID 标签能将信息传递给一定距离范围内的读写器，使得仓库和车间不需要使用手持条形码读写器对元器件和成品逐个扫描条形码。这种模式在一定程度上减少了遗漏情况的发生，大幅度提高了工作效率，而且还可以大幅度削减成本和清理供应链中的障碍。

# 8.3 典型应用

## 8.3.1 仓库管理系统

随着供应链管理的快速发展，仓库管理已经慢慢成为了供应链管理中的一个重要的环节。仓库总是出现在供应链的各个环节，传统的仓库管理存在很多的缺陷：其一，传统的仓库管理极大地延长了货物的周转时间，效率比较低；其二，工作大部分都是手工录入，数据的准确性很难保证；其三，固定的货位存放固定的货品，组织不够灵活，很容易造成资源的浪费。这些问题制约着仓库的现代化建设，也制约着整个供应链的发展，使其不能满足市场的需求。

目前，越来越多的仓库管理系统采用了计算机和自动化来提高仓储这一环节的工作效率，进而提高整个供应链的效率。而作为新型的数据采集工具，RFID 技术也被仓库管理采用。图 8.2 所示为仓库管理系统的硬件结构图。

① 主控系统：包括计算机、出/入库门的阅读器、网络控制器、无线网络连接器、货位指示器等。主控计算机连接网络控制器，通过数据线与无线网络连接器、出/入库门的阅读器和货位指示器连接。

② 车载单元：包括车载控制计算机、显示屏、无线阅读连接器、阅读器、车载电子标签等。

③ 手持单元：就是在一部手持设备中集成了阅读器、显示屏以及无线网络连接器，可以通过无线网络访问主控计算机。

④ 仓库设施：仓库将被划分为具有相应识别电子码的不同货位，工作人员将货位电子码写入货位识别电子标签，并将货位识别电子标签封装在相对应的导航指示器中，通过无线局域网实现信息的共享。

仓库管理系统分为入库管理、出库管理、盘点 3 个部分，其总体架构图如图 8.3 所示。

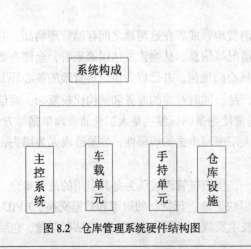

图 8.2　仓库管理系统硬件结构图

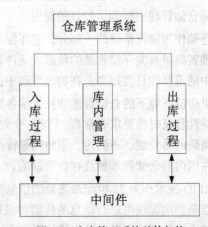

图 8.3　仓库管理系统总体架构

## 1. 入库管理

首先，仓库所保存的货品都必须贴有 RFID 电子标签。入库的商品主要来源是制造企业生产入库或者是采购入库。入库管理中要完成的两个主要任务是商品信息的正确采集和入库后确认商品的有效位置。在入库过程中采用 RFID 技术，主要是达到减少商品入库过程的时间损耗，增加入库信息的准确性的目的。入库业务流程如图 8.4 所示。

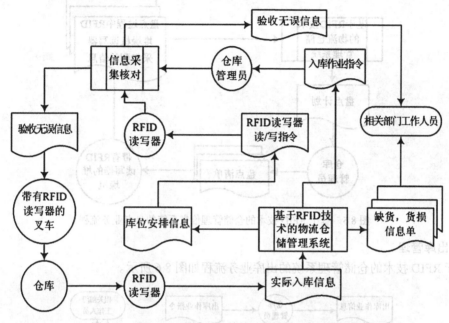

图 8.4　基于 RFID 技术的仓储管理系统的入库业务流程

仓储管理员通过仓储管理信息系统获取入库作业指令，了解相关业务细节，如入库时间、送货车辆牌号、物品清单等的有关资料信息。系统根据入库物品情况选择仓库，然后根据所选的仓库进行物品库区和储位的分配，做好接货时间、人员、接货地点和装卸设备的预入库准备。

物品到待检区时，入库门口的固定 RFID 读写器读取电子标签中的信息，系统将实际入库信息与预入库信息进行比较，按照一定的逻辑判断验证电子标签信息与入库物品信息是否相符。若出现错误，则由系统输出提示信息，并由相关业务部门的工作人员解决；如无误，系统将按最佳的存储方式，自动分配库位，并把具体位置下载到无线数据终端通知叉车司机。叉车司机运送允许入库的物品到指定的位置，用手持式读写器读写库位标签信息，核对位置无误后把货物送入库位。

入库处理业务结束后通过手持 RFID 读写器上传数据至数据库，完成对物流管理信息系统相应信息的更新操作。电子标签中的数据也需要更新即写入该操作的时间，这样做可以实现对物品的追踪。

## 2. 盘点

基于 RFID 技术的仓储管理系统的盘点业务流程如图 8.5 所示。

仓库管理员接到盘点指令后携带手持设备进入库区，主控系统将记录执行此次盘点任务的手持设备已经进入库区，依次遍历全部货位并将所采集到的全部货品信息通过无线网络实时发送给主控系统。当盘点任务结束后，管理员携手持设备离开库区，主控设备记录此次盘点任务完成。此外，主控系统将发送过来的全部货品信息与主控计算机的盘点单中的全部货品内容进行对比，将盘点的结果告知仓库管理员。

根据物流管理信息系统盘点计划选择要盘点的仓库、库区等，并制定盘点表，生成盘点清单。

堆垛机定位到需要进行盘点的货位后，信息系统通过无线网络控制 RFID 读写器开始读取数据。RFID 读写器通过无线网络将盘点数据传送到信息系统，信息系统计算每个货位上的货物数量的系统统计数量与盘点数量的差异。库存管理主要是完成盘点作业，同时还可以进行库存调整管理、库存浏览、货物库存分布查询和储位货物分析等。

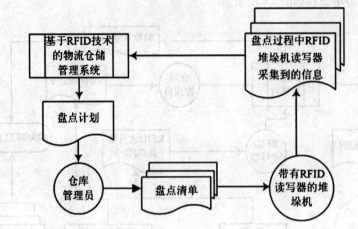

图 8.5　基于 RFID 技术的仓储管理信息系统的盘点业务流程

### 3. 出库管理

基于 RFID 技术的仓储管理系统的出库业务流程如图 8.6 所示。

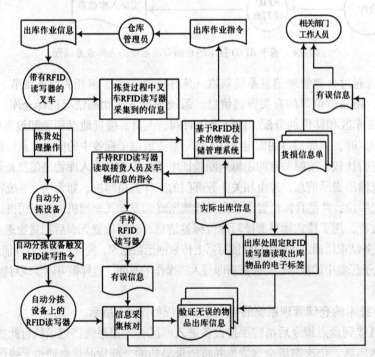

图 8.6　基于 RFID 技术的仓储管理系统的出库业务流程

出库过程需要完成 3 个任务，其一，待出货商品的选择，即拣选；其二，正确获取出货商品信息；其三，确保商品在正确的运输工具上。

仓储管理员通过仓储管理系统获取出库作业指令，了解相关作业细节（如出库时间、接货车辆牌号、物品清单等）的有关资料信息，制订出库计划，编制出库单。

出库单被下载到叉车车载终端，通知叉车司机到指定库位置，然后用手持读写器读／写库位标签，系统确认库位正确后，从库位上取出指定货物。

分拣：取出的货物被送上自动分拣设备，安装在自动分拣设备上的自动识别装置在货品运动过程中阅读 RFID 标签，识别该物品属于哪一个客户订单。RFID 信息系统随即控制分选运输机上的分岔结构把物品拨到相应的包装线上进行包装以及封口。

出库验证：物品被运送到出库口处，手持移动设备扫描验证货物信息，核对无误后按要求进行准许出库操作，并进行装车作业。装车时要注意是否有货损情况发生，若有要立即向相关单位的业务部门的工作人员报告，并按其提出的处理意见进行处理。

出库完毕，完成对系统相应信息的更新操作。电子标签中的数据也需要更新。最后还要将货物装载区域统一纳入定位系统管理的范围，当商品抵达该区域时视为装载到了该区域停靠的车辆上了，这样就避免了装载环节出现差错。

## 8.3.2 物流管理系统

图 8.7 所示为 RFID 在物流管理中的应用系统，该系统将 RFID 在物流业的应用分为 5 个部分。

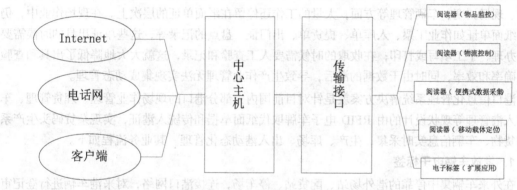

图 8.7 RFID 在物流管理中的应用系统

**1. 物品监控**

在物品的出入口安装 RFID 阅读器，当未被授权的人或物品经过出入口时，系统发出警告，起到监控物品的作用。当物品被合法移出经过出入口时，通过计算机系统的处理程序，系统不发出警告，使监控功能失效。这种方式最广泛的应用就是防止物品被盗，物品不用锁在任何橱柜里，客户可以自由查看，也节省了仓库看管人员的工作量。

**2. 物流控制**

在物流仓库的特定区域安装若干个 RFID 阅读器，阅读器直接与计算机系统相连，当带有电子标签的物品或人通过阅读器工作区域时，阅读器自动扫描标签，并把标签上的信息自动输入到计算机系统存储，以供分析、统计、处理，达到物流控制的目的。这种方式最广泛的应用就是仓储物品移库。

**3. 便携式数据采集**

采用 RFID 阅读器的便携式数据采集方式采集电子标签上的数据。这种应用适用于不宜安装固定的阅读器的地方，使用方便、快捷、灵活。在读取标签上信息的同时，可以将数据直接传送到计算机系统；也可以将数据暂时存放在阅读器中，批量地向计算机系统传送数据。这种方式最广泛的应用就是仓储物品盘点。

#### 4. 移动载体定位

电子标签安装在移动载体上（车、船、人等）。RFID 阅读器可以安装在移动载体上，也可以是固定或便携式的。通常是电子标签存储有位置识别信息，阅读器通过无线或有线的方式与计算机系统相连。可以在固定时间、指定时间、任意时间将移动载体的位置信息和载体相关信息传送到计算机系统。这种方式最广泛的应用就是对移动载体的调度和管理。

#### 5. 扩展应用

物联网是在互联网基础上，通过 RFID、红外感应器、全球定位系统、激光扫描器等信息传感设备，按约定的协议，把物品与互联网相连接，进行信息交换和通信，实现智能化识别、定位、跟踪、监控和管理的一种网络概念。物流管理是物联网应用的组成部分之一，RFID 是物联网的主要技术，RFID 可扩展应用于物流管理的众多领域。

### 8.3.3 港口信息化管理系统

目前，在国内大部分港口的建设上，公司一层的管理已经基本实现了信息化管理，队一层的管理只是初级的信息化管理，但在现场生产一线的管理上，信息化的应用还很不足，特别在现场理货、现场调度、车辆管理等方面，大量的工作还停留在纸面单证的层次上。在现场作业中，仍采用纸面单证如作业工票、入库单、提货单、出门证、盘点的记录等，这些单证出具的时候需要人工办理、手工填写或打印；在收取的时候需要人工查验和记录，这就大大地降低了出具和查验的准确率和效率，同时由于数据的滞后，导致生产作业管理无法实现集成动态管理。

港口信息化管理系统解决方案就是针对目前国内大部分港口的现场作业管理、理货管理、车辆出入港管理等现状设计的由 RFID 电子车牌取代纸面单据和传统入港证，实现杂货码头生产系统的货物、车辆信息实时采集，生产、库场、出入港动态化管理。其业务流程如下。

#### 1. 发放车辆电子标签

在外来车辆集中停靠的港外场站、配货站、停车场，连接港口网络，对来港车辆进行登记审查，并将货物提单等纸面单据一次性录入系统，并传输至生产管理系统，供各环节共享使用，同时发放 RFID 电子车牌（即 RFID 电子车牌）。

#### 2. 车辆入门检测

来港车辆凭事先登记有效数据的 RFID 电子车牌在门卫处接受检查，利用与港口联网的查验设备（含 RFID 读卡器和处理显示终端），对 RFID 电子车牌进行刷卡检查，对系统核实批准入港的车辆予以放行。

#### 3. 物流理货作业

车辆持 RFID 电子车牌进行车辆的空（重）车过磅称重作业，地磅操作人员通过 RFID 读卡器读取 RFID 电子车牌的信息，与港口生产系统的货物信息进行调用比对核实，并将称重信息自动存入。此 RFID 读写器的应用及自动称重技术的应用，可为港口建设 RFID 无人值守自动称重地磅系统提供有效的技术支持。

车辆持 RFID 电子车牌进行市提、市入的理货作业，堆场、仓库的理货员通过与港口联网的 RFID 手持终端读取电子车牌信息，与生产管理系统的理货信息进行调用比对核实，调取相应货物信息及堆存指令，进行货物的收发作业，并将理货作业的结果传至生产管理系统及写入电子车牌。对于部分仍需纸面单证（如需船长、货主签字确认）的生产作业，可由理货员带便携式蓝牙打印机打印纸面单证签字留存。作业结束的车辆，可由理货员通过 RFID 手持终端为电子车牌写入允许出港的信息。

#### 4. RFID 港口物流出门检查

市入、市提车辆出港时，在门卫处交 RFID 电子车牌查验，符合出港条件的（如具备允许出港信息、地磅称重时间和重量无异常等），由系统给出允许出港提示，门卫可正常放行。其中场站、停车场、配货站签发的 RFID 电子车牌可直接由门卫收回，进行循环使用；客户自行发放的，可交还司机带回公司。系统未给出允许出港提示的，需进一步进行检查。

## 小　　结

RFID 电子标签可带有微处理器，具有读写能力，携带大量数据，并可对数据进行加密，实现了智能化管理。应用射频识别技术，通过读写器读取物品或物流载体信息，并对其进行监控和跟踪，为建立现代化的仓储物流，实现数据自动采集和传输提供了方便。目前，射频识别技术尚处于起步阶段，具有可靠性、安全性、方便性，非常适合在嵌入式仓储物流管理中应用。

## 讨论与习题

1. 简述仓储物流。
2. 简述物流配送中心的工作流程。
3. 盘点包括哪些业务流程。
4. 简单画出出库流程图。

# 第 9 章 RFID 技术在电力领域的应用

## 9.1 行业概况

电力行业是指服务于国民生产和居民生活的电力需求的发电、输送配电和相关电力设备供应的产业组合，是关系国计民生和国民经济的第一基础产业。电力的发明和应用掀起了第二次工业化高潮，因此，被列为世界各国经济发展战略中的优先发展重点。作为一种先进的生产力和基础产业，电力行业对促进国民经济的发展和社会进步起到了重要作用，与社会经济和社会发展有着十分密切的关系，它不仅是关系国家经济安全的战略大问题，而且与人们的日常生活、社会稳定密切相关。随着中国经济的发展，对电的需求量不断扩大，电力销售市场的扩大又刺激了整个电力生产的发展。

截止到 2010 年年底，国家电网在跨区域电网建设方面，交流特高压输电线路建设规模将达到 4 200km，变电容量达到 3 900 万 kV·A，跨区送电能力达到 7 000 万 kW；在城乡电网建设方面，220kV 及以上交直流输电线路要超过 34 万 km，交流变电容量超过 13 亿 kV·A。

国家"十二五"规划第一次把特高压建设放在政府的工作报告之中，未来五年将建设 12 条特高压直流输电线路。根据国家电网和南方电网的规划，未来五年将会陆续建设 12 条特高压直流输电线路，总建设长度将达到 22 188km，容量为 79 200MW，静态投资总额将达到 2 486 亿元。据判断，2012 年将是超特高压设备制造和供应高峰的起始年，特高压直流设备制造高景气度将维持 4~5 年。

近年来，在国家的大力扶持下，电力和信息产业都得到了大力发展，电信、电力行业也有望达成大规模合作。电力行业信息化建立开展得比较早，有一定的信息化基础，随着 3G 技术的推广，以及 ICT 技术的发展，有助于信息产业和电力产业的融合，比如智能电网的建设，将大大推动电力行业的信息化，有利于在集成、高速通信网络基础之上建立互动性的电网，使得能量流和信息流在供货商和用户间的双向流动。

**1. 电力行业信息化建设发展历程**

在电力信息化建设的初期，主要的应用是在电力实验数字计算、工程设计科技计算、发电厂自动监测、变电站所自动监测等方面。其目标主要是提高电厂和变电站所生产过程的自动化程度，改进电力生产和输变电监测水平，提高工程设计计算速度，缩短电力工程设计的周期等。这一时期的电力行业信息化建设是计算机应用初期发展时期，计算机主体是国产 DJS 系列小型机，主要应用在科学计算和工程运算上。

第二阶段为专项业务应用阶段，计算机系统在电力的广大业务领域得到应用，电力行业广泛使用计算机系统，如电网调度自动化、发电厂生产自动化控制系统、电力负荷控制预测、计算机辅助设计、计算机电力仿真系统等。同时，企业开始注意开发建设管理信息的单项应用系统。

第三阶段为电力系统信息化建设高速发展时期，随着信息技术和网络技术的日新月异，网络技术的发展特别是国际互联网的出现和发展，使电力行业信息化实现了跨越式发展。信息技术应用的深度和广度，都达到了前所未有的地步。

**2. 电力信息化发展中的问题**

（1）信息系统管理的相对落后

电力信息化包括电力控制自动化和管理信息化两部分。发电生产自动化监控系统的广泛应用，大大提高了生产过程自动化水平，电力调度的自动化水平更是国际领先。但随着电力体制改革的深入，电力企业对管理信息系统的需求正变得越来越强烈，主要表现在发电集团需要加强对下属发电企业的管理、省地县供电公司需要提高企业效益等。这使得发电企业不仅需要加强管理信息系统的建设，而且需要把管理信息系统和自控系统整合在一起。

（2）信息化系统存在"数据孤岛"现象

由于各个系统在开发时相对独立，导致了信息系统没有统一的信息平台，财务系统、人力资源系统、生产管理系统、电力营销系统、物质设备管理系统、电力负荷管理系统、安全监督管理系统、计划统计和综合指标系统等业务系统没有实现整合，形成很多数据孤岛，信息资源不能共享。

（3）信息化建设没有充分体现移动技术

尽管电力系统的信息化较早，建设在国家电力公司已经取得很好的成绩，信息化水平有了很大的提高，但应当看到，目前的信息化建设仅仅是开始，电力行业信息化与移动互联网融合较少，使得目前的信息化系统不能满足应用的需求。

物联网因其具有实时性、精细化以及稳定度高等特点，可对输电过程中的多种数据进行实时采集和传输，并可应用于电力企业内部管理，提高电力行业的信息化程度。下面就对电力行业的应用需求及相应技术架构进行详细分析。

## 9.2 RFID 应用需求

智能电网是未来电网的发展总趋势，也是电力行业与物联网相结合的应用，智能电网技术的创新，有利于节约能源，降低损耗、提高设备运行安全性与可靠性，符合未来电网发展的趋势。

**1. 电力应急处理及设备可靠性**

近几年，自然灾害频发，这可能引发大规模的顶点事故甚至电网瓦解，极大地影响了人们的日常生活和生产活动。在重要电气设备上装上传感器，可以实时监测到设备的运行状况，便于风险评估与预警。如在断路器三相接头处装设温度传感器后，当线路出现过载现象时，能立即将断路器实时温度传至中央信息处理服务器，方便运行人员进行倒负荷或其他确保线路安全运行的措施。

**2. 电力资产管理**

电力企业普遍拥有的资产庞大，比如发电站、变电站等。以广州供电局为例，为广州市 10 个行政区和 2 个县级市供应电力，供电面积 7 434km$^2$，供电人口 953 万，供电客户 401.5 万户，目前有 110kV 变电站 154 座，220kV 变电站 27 座，500kV 变电站 3 座。庞大的资产导致在资产管理中仅使用单纯的纸面无法满足资料可视化的需要，企业清查资产或进行设备巡检并了解状况，常常要消耗大量宝贵的时间和人力物力，同时也需要员工具有很高的责任心。如果这个过程可以自动化，那么对于企业来说无疑是很好的解决方案。

## 9.3 典型应用

### 9.3.1 电网设备的检测及应急处理系统

由于现有电力通信网在数据的终端采集上存在大量盲区，如对高压输电线路状态监测多采用人工巡检，无法实现线路的实时监控；系统自愈、自恢复能力完全依赖于实体冗余；对客户的服务简单、信息单向；系统内部存在多个信息孤岛，缺乏信息共享；虽然局部的自动化程度在不断提高，但由于信息的不完善和共享能力的薄弱，使得系统中多个自动化系统是割裂的、局部的、孤立的，不能构成一个实时的有机统一整体，所以整个电网的智能化程度还不够高。

针对目前电力通信网中存在的诸多问题搭建面向智能电网的物联网应用框架，其实质是利用物联网搭建的支撑全面感知、全景实时的通信系统，将物联网的环境感知性、多业务和多网络融合性有效地植入智能电网 ICT 平台中，从而扫除数据采集盲区，清除信息孤岛，实现实时监控、双向互动的智能电网通信平台。

从具体内容上看，如图 9.1 所示，面向智能电网的物联网结合电网各大环节的应用需求，确立了智能输电、智能变电、智能配电和智能用电四大应用模块，从四大模块的应用需求出发搭建电力综合信息平台，面向上层的信息处理和应用，信息平台数据库作为信息处理的有效载体，紧密结合云计算技术，以实现泛在数据的实时处理分析，通过对海量信息的有效处理实现包括对输电线路、变电站设备、配电线路及配电变压器的实时监测和故障检修，统一调配电力资源，实现与用户的信息双向互动，进而实现高效、经济、安全、可靠和互动的智能电网内在要求。

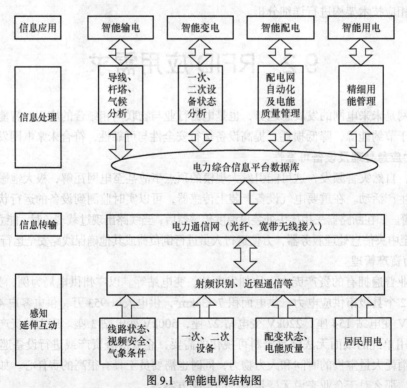

图 9.1 智能电网结构图

针对下层的信息采集和传输，面向智能电网的物联网应用框架在感知延伸互动阶段，利用大面积、高密度、多层次铺设的传感器节点、RFID 标签以及多种标识技术和近距离通信手段实现电网信息的全面采集，针对各个环节的不同特点和技术要求，分别在电力输、变、配、用四大环节搭建传感网络，同时结合多种近程通信技术，通过数据的大量采集提高信息的准确性，为智能电网的高效节能、供求互动提供数据保障。在信息传输阶段，以电力通信网作为信息传输通道，利用光纤或宽带无线接入方式传输输电线路信息、变电站设备状态信息、电力调配信息以及居民用电信息，实现对全网信息的实时监控。

电力设备巡检是有效保证电力设备安全、提高电力设备可靠率、确保电力设备最小故障率的一项基础工作。目前，国内普遍采用的是人工巡视、手工纸介质记录的工作方式，这几种方式存在着人为因素多、管理成本高、无法监督巡检人员工作、巡检信息化程度低等缺陷。

如何有效提高巡检工作质量？如何有效地将巡检数据信息化？如何消除巡检工作过程中的安全隐患？基于最新的识别技术，电力设备巡检管理系统能够很好地解决传统设备巡视方式的弊端，能有效提高设备及线路运行安全性。

电力设备手持终端 RFID 巡检系统的推出，彻底改变了巡检工作中的诸多问题，主要体现在以下几个方面。

① 不需要在巡检设备和电力设备上安装设备，大大降低了系统的采购和维护成本。
② 有效保证了巡检人员巡检质量，提高了设备和电力设备的安全可靠性，消除安全隐患。
③ 采用无线网络和 RFID 技术，实现电力设备巡检工作的信息化管理。

电力设备手持设备终端巡检系统针对巡检工作实际需要及特点，具有路线安排、数据记录、工作状态监督、数据汇总报告等功能，并可与电力设备现有信息系统无缝连接，有效地了解、检查巡检工作状态、及时地发现设备的缺陷情况，提升电力设备运行安全性、降低生产运营成本、提高工作效率，具有低成本、轻便易操作、设备使用时间长等显著优点。

该系统可以有效地降低人为因素带来的漏检和错检等问题。由于采用了该系统，电力设备检修部门在巡检工作上第一次实现了无纸化数据采集，同时使设备和电力设备管理部门有效地监督巡检人员的工作情况，实现巡检工作电子化、信息化、智能化，从而最大限度地提高工作效率，保证电力设备的低故障、安全运行，推动电力设备企业的科技创一流工作。

对电力设备的检测，则可使用相似的架构，如图 9.2 所示。

2005 年 11 月底，一场冰雪风暴破坏了德国北部的电力设施，致使数十万民众几天内没有暖气和水，电力公司也因此受到了严厉的指责。IBM 的 IT 服务部门正在试图提出一种方案，以方便电力公司更好地监测电线杆的状况。主动式远距离的 UHF 频段 RFID 标签将被粘贴到电线杆上，带有 RFID 询问器的直升飞机可以从上面读取到电线杆的状况信息。直升飞机的天线可以安装在腹部，在两个刹车装置的中间。直升机可以在距电线杆 50m 的高度读取电线杆的状况信息，以判断电线杆是否损坏、是否生锈。为了这个初

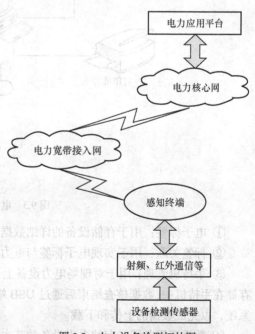

图 9.2 电力设备检测拓扑图

步的方案,IT 服务部门和 Micus 管理咨询公司正一起测试。IT 服务部业务主管 Ulrich Becker 说:除了德国电力公司,其他欧洲国家、亚洲、非洲,都没有一个基于 GPS 的电力网分布图。而 RFID 系统在这方面可以帮助电力公司,电力塔的历史维护信息可以存储到主动式 RFID 标签中,由工程师利用询问器读取出来,以便快速决定如何修理。通过在电力塔或电线杆上安装主动式 RFID 标签,电力工作人员无需使用无线网(如 GORS 或 UMTS),可直接根据标签的 ID 号获取相关信息,但目前这个方案还处于构思阶段。如可以利用无线电视广播系统来从远程数据库中读取与标签 ID 号对应的电力设施信息,还可以在标签上集成温度传感器等。Becker 说:"具体方案可依用户需求而定。类似的方案还可以应用在其他方面,如饮用水的导引渠道的管理。"电力公司还可以利用数码相机拍摄电力塔的照片,用来分析电力塔的状况。照片和 RFID 标签内的信息帮助维修队定位具体是哪个地方的设施损坏,需要哪些工作去修理,从而节省了维修时间。标签的读取范围 50m 就足够了,这样可以在电力塔下面直接读取标签内的数据。电力塔在维修后,工程师可以写入相应的维修信息,以便以后管理。标签内的电池可以更换。该方案还需要进一步完善,例如如何在直升机上安装天线、如何应对电力塔及直升机中金属的影响等问题。

### 9.3.2 电力资产管理系统

针对电力系统企业的资产管理需求,可考虑使用现代化的技术和完善的信息化系统来管理和分配资产。电力资产管理系统可提供完备的解决方案和实施计划,结合物联网技术,可实现供电局资产可视化管理等多个方面的应用。其系统拓扑如图 9.3 所示。

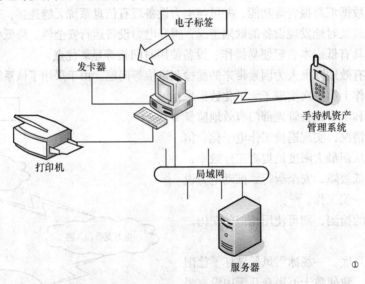

图 9.3  电力资产管理拓扑图

① 电子标签:用于存储设备的详细数据信息和历史核查信息。
② 标签关联:用于实现电子标签与电力资产设备的关联,作为唯一标识。
③ 手持机管理:用于对现场电力设备上 RFID 电子标签进行检测和核查处理,数据记录信息存储在手持机中,数据核查结束后通过 USB 端口数据线同步将现场数据传输到后台服务器端管理系统,以完成数据的上传和下载。
④ 数据库服务器:存储电力设备的基本数据和参数信息,RFID 电子标签信息的查询、统计

---
① 参考网址 http://www.elecfans.com/tongxin/rf/20110923217813.html

以及用户管理、帮助信息等。

这种电力资源的管理具有如下的优势。

(1) 系统优势

实时准确以及安全：在室外使用有源 RFID 保证了准确实时地获取资产信息，并且通过远距离读取方式保障了操作人员的安全。

(2) 高性价比

室内的无源 RFID 应用成本较低与有源 RFID 相结合，在保证系统可用的前提下减少用户的投资，从而获得了更高的性价比。

(3) 生命周期管理支持

RFID 可以支持写入数据，例如该资产的状态，并且可以在盘点的同时进行校对、标记，在软件系统的支持下确保可以对资产的整个生命周期进行管理。

(4) 高效率

应用了 RFID 技术之后，由于可以一次读取多个标签，可大大提高盘点效率。

(5) 高集成、灵活的设备

使用高度集成的手持设备，可以同时支持有源、无源标签，并且可以使用条形码读取作为系统的补充，使客户可以更加灵活的应用。

(6) 高准确率

所有标签安装完毕后，进行了盘点及读取效果测试，盘点结果是 426 个标签全部读到，正确率 100%，盘点时间约为 2 小时。

(7) 抗干扰的远距离读取

在电磁干扰情况下，室外有源标签有效地稳定读取距离为 12m（50 万伏主变设备下安全距离为 5m），最大读取距离为 25m，能满足供电局对资产清点及生产安全的距离要求。

# 小　　结

本章主要介绍了电力行业的一些基于 RFID 的管理及应用技术。在电力行业中，RFID 技术主要应用在设备检测及应急处理以及电力资产管理系统上，在电网的设备检测及应急处理中，先给出了智能电网的整体拓扑结构，然后介绍了电力设备检测的具体框架图，在电力资产管理系统中，给出了详细的拓扑结构图，主要包括电子标签、标签关联、手持机管理及数据库服务器管理 4 个部分，分别介绍了各个部分的作用，最后总结了基于 RFID 的电力资源的管理所具有的优势。

# 讨论与习题

1. 简述电力行业信息化建设发展的历程及遇到的问题。
2. 在电网的设备检测及应急处理中，RFID 是如何应用到其中的？
3. 电力资产管理系统主要包括哪些步骤，每个步骤完成什么功能？
4. 在电力行业中运用 RFID 技术有哪些好处？
5. 除了文中所介绍的应用外，RFID 技术还能应用到电力行业的哪些方面？

# 第10章 RFID 技术在医疗领域的应用

## 10.1 行业概况

医药行业是国内国民经济的重要组成部分，是传统产业和现代产业相结合，一、二、三产业为一体的产业。其主要门类包括：化学原料药及制剂、中药材、中药饮片、中成药、抗生素、生物制品、生化药品、放射性药品、医疗器械、卫生材料、制药机械、药用包装材料及医药商业。医药行业可以保护和增进人民健康、提高生活质量，在计划生育、救灾防疫、军需战备以及促进经济发展和社会进步等方面均具有十分重要的作用。

医药行业是一个多学科先进技术和手段高度融合的高科技产业群体，涉及国民健康、社会稳定和经济发展。我国已经具备了比较雄厚的医药工业物质基础，医药工业总产值占 GDP 的比重为 2.7%。维生素 C、青霉素工业盐、扑热息痛等大类原料药产量居世界第一，制剂产能居世界第一。我国药品出口额占全球药品出口额的 2%，但是中国药品出口的年均增速已经达到 20%以上，国际平均水平是 16%。与此同时，我国药品市场地位不断提升，占世界药品市场的份额由 1978 年的 0.88%上升到 2008 年的 8.25%。

医药行业方面，在国家政策的推动下，医药行业得到了稳定快速的发展。2009 年 1 月 21 日，国务院常务会议通过《关于深化医药卫生体制改革的意见》和《2009～2011 年深化医药卫生体制改革实施方案》，新一轮医改方案正式出台。新医改方案带来市场扩容机会，新上市产品的增加、药品终端需求活跃以及新一轮投资热潮等众多有利因素保证了我国医药行业的快速增长。2009 年，我国医药行业增加值增长 14.9%，同时国内医药外贸总体运行良好，医药保健品进出口逆势增长，进出口总额达到 531 亿美元，再创历史新高。

今后 5 年世界药品市场增长的重心将从欧美等主流市场向亚洲等其他地区逐渐转移，中国医药行业仍然是一个被长期看好的行业。到 2013 年中国将超过日本成为世界第二医药大国，2020 年前中国也将超美国，跃居世界第一医药大国。

预防保健措施是为预防居民产生疾病，改善居民健康状况所采取的各种技术方法、组织措施的总称。一般在居民中实行三级预防制：一级预防又称病因预防，是针对病因和致病因素的预防措施，包括增进健康和特殊防护两方面任务。增进健康是以提高健康水平为目标所采取的一些卫生措施，如改善环境条件、普及卫生设施、开展计划生育和妇幼保健、指导各年龄组的营养、组织体育锻炼及开展卫生教育等。特殊防护是针对病因采取的措施，如预防接种、控制环境中有害因素等。二级预防又称临床前期预防，即在疾病前期做到早期发现、早期诊断及早期治疗的"三早"预防措施。一般来说,诊断时病期越早,治疗越容易,愈后也越好。具体方法有普查(筛检)、定期健康检查、高危人群重点项目检查及设立专科门诊等。如广泛宣传肿瘤八大信号、肿瘤筛检、孕期羊水穿刺、早期诊断胎儿遗传性疾病等。三级预防又称临床预防。对已患某种疾病者及时治疗,预防并发症,防止恶化及伤残;对已丧失劳动力或残疾者,通过康复医疗,使其身心早日康复,最大限度地参加社会活动并延长寿命。

## 10.2 RFID 应用需求

**1. 药品管理**

运用 RFID 技术实现药品管理具有很大的市场空间,由于国内的医疗系统不够健全,在药品的管理上存在着很大的隐患,随着医疗技术的发展,对药品的管理也应该更加规范化。RFID 在药物防伪与追踪及供应链管理中具有很大的应用潜力,采用 RFID 技术后,由于药品在销售的每个环节都被跟踪,其电子履历被实时记录在电子数据库中,保障了药品在流通环节中的安全性。

目前,国内药品的防伪技术主要有纸张水印技术、油墨技术、激光全息图像防伪技术、条码技术以及电话电码技术等,这些技术科技含量低,容易被仿制,使用寿命较短,不防污,一旦染有污迹就无法辨别。

世界卫生组织估计全球 10%的药物属于伪药,其中发展中国家可能高达 40%,致使消费者信心产生动摇,并产生消费后的争议,使诉讼案件不断增加,还有伪药治疗效果不佳,贻误病人的最佳治疗时间,增加医疗费用,造成极大的浪费。因此,2004 年 11 月美国食品、药物管理局(FDA)提出将无线射频辨识技术(RFID)用于药品管理的可行性研究方案,主要针对药品的标签、电子记录和药品制造、流通、使用等药品递送流程。美国食品、药物管理局指示全美制药公司必须将所有配送到医院的药品都贴上条码,用以辨识药品和单服药剂的种类。

国内应用无线射频技术对药品的管理还处在研究阶段。但是,毫无疑问,无线射频技术将是未来药品管理的主体,将会给药品管理带来巨大的社会效益和经济利益。RFID 在药品管理中的应用,旨在运用高新技术达到对特殊药品、化学试剂的安全监管,防止伪药、过期药品、违禁药品流入市场,促使"医患人员"正确用药,遏制哄抬药价和垄断药品市场的不良现象的发生,提高药品运输及储存环境条件监控;药品生产厂家也可通过本系统动态监控药品流向及销量,以便调整药品的生产量和库存量,提高其运营效益。

**2. 医疗废物管理**

医疗垃圾属于危险废弃品,含有大量有害病原体、有毒有害的化学污染物及放射性污染物等有害物质,因而具有很大的危险性。卫生部颁布的《医疗废物管理条例》已明确规定,医疗垃圾必须封闭储存、定点存放、专人运输,医疗垃圾必须进行焚烧处理,以确保杀菌和避免环境污染,不允许以任何形式回收和再利用。医疗垃圾的处置不仅是医院管理难题,而且是一个重要的公共卫生问题。

针对医疗废物管理,急需信息化程度高的统一监管平台。随着 RFID 技术、卫星定位技术的发展,推广医疗废物的电子标签化管理、电子联单、电子监控和在线监测等信息管理技术,实现传统人工处理向现代智能管理的新跨越已具备良好的技术基础。

## 10.3 典型应用

### 10.3.1 药品管理系统

RFID 在药品管理中的应用拟解决的关键技术包括：路由和网络控制；AES 加密技术的实现；数字签名技术；协议的完整性、正确性证明；用户接口规范开发。在深入研究网络协议规范和无线射频识别技术规范的基础上，采取分层开发、层间提供接口的方式完成整个网络的设计实现。

解决方案：第一，建立应用射频识别技术和网络技术建立药品管理平台；第二，构建药品管理的整体方案；第三，无线射频识别技术与网络单片机结合构成的网络数据读写设备；第四，系统软件编写；第五，不同特殊药品所应用的射频识别卡所采用的频率设定。

在药品包装中植入地址码唯一的 ID 或 IC 卡，药品出厂时，通过无线射频识别方式向药品管理数据库登记，在医院或药店配套识别器供医患人员查验药品真伪、出厂日期或阅读药品的使用方法及注意事项。当药品出售并使用时将启封包装标识，该药品的 ID 号将被注销，药品生产厂家可通过本系统掌握药品的流向和销售情况，以便调整生产计划，这对特殊药品或违禁药品的管理具有重要意义。药品管理系统概图如图 10.1 所示。

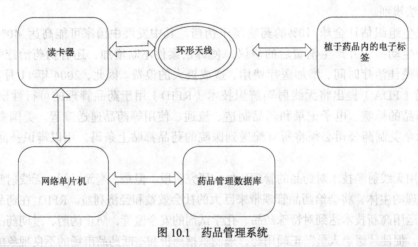

图 10.1  药品管理系统

系统功能主要有 4 个：入库、移库、盘点和出库。

#### 1. 入库功能

每盒药品贴上条码，装好箱后在箱上贴上无源标签，将贴好无源标签的成箱的药品，按照工作人员手中的 PDA 读取的入库地点进行托盘，在每个托盘上装一个有源的电子标签。将每个托盘上的药品分别放在相应的货架上，如图 10.2 所示。

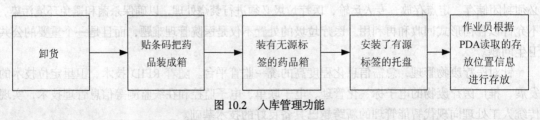

图 10.2  入库管理功能

## 2. 移库功能

需要移库时,计算系统发出指令给作业员手中的 PDA,作业员看到指令后,定位相应的药品,对应数量,将药品移到相应的目标库中,完成后修改相应标签的信息,并向系统计算机发回相应数据,如图 10.3 所示。

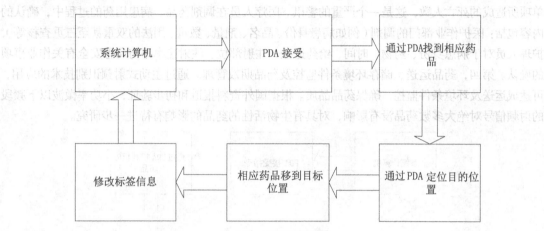

图 10.3　移库管理功能

## 3. 盘点功能

需要盘点时,智能货架上安装了固定式读写器,固定读写器对固定区域内的无源标签进行扫描,并将扫描的数据传输到系统计算机中。还可以用作业员手中的 PDA 对库存药品进行扫描,并且发送到终端计算机中,如果有必要还能将当前的库存信息打印出来,如图 10.4 所示。

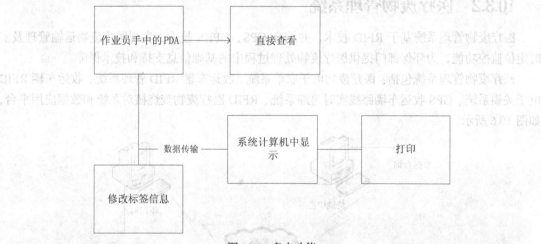

图 10.4　盘点功能

## 4. 出库功能

需要出库时,系统计算机发出出库指令到作业员手中的 PDA 中,作业员定位相应药品和数量,取出成箱药品上的无源标签,修改相应的数据,并将数据发送到系统计算机中,如图 10.5 所示。

药品管理系统的创新性主要体现在技术解决方案的创新和技术应用创新等方面:第一,构建应用现代网络技术和无线射频识别(RFID)技术的药品网络管理监控平台。提高特殊药品管理的科技含量,建立药品管理的网络系统,实现药品的多级联管、用户查询和数据处理功能。第二,无线射频识别器与网络单片机结合构成独立的网络数据读写设备。现有无线射频识别系统是通过串口与 PC

连接，通过计算机进行数据交换，然而如果采用这种方式，一个药店就需要一台计算机，将提高建设成本和运营成本，造成极大的浪费，且人为对计算机的干扰将影响本系统的正常运行，采用网络单片机与射频识别系统结合进行网上数据交换，将克服上述不足。第三，应用 RFID 识别标签提升用药安全。据美国卫生部门统计，因治疗用药错误造成的死亡人数超过汽车意外、乳癌甚至艾滋病单项所造成的死亡人数，这是一个严重的警讯。医疗人员在调剂药品、病患用药的过程中，确认的内容包括：医护作业部门的调剂（例如病患身份、品名、剂量、数量、用法的双重甚至三重查核等），护理人员对于病患身份、药物、时间、给药途径、注射部位、注射速率等与病患安全有关作业事项的确认。第四，药品运送、储存环境条件监控及药品期效管理。通过主动式射频识别技术的应用，可达成运送及环境条件监控，确保药品品质。根据国外资料报道和初步验证，小功率微波以下频段的射频信号对绝大多数药品没有影响，对具有生物活性的药品的影响有待进一步研究。

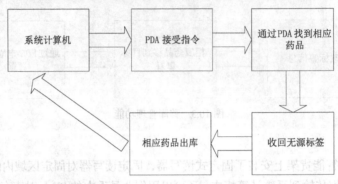

图 10.5  出库管理功能

### 10.3.2  医疗废物管理系统

医疗废物管理系统基于 RFID 技术，并结合 GPS、GPRS 技术，实现医疗废物运输管理及实时定位监控功能，为环保部门提供医疗废物处理过程中的基础信息支持和技术保障。

医疗废物管理系统包括：医疗废物电子联单系统、收运车辆 RFID 管理系统、收运车辆 RFID 电子关锁系统、GPS 收运车辆路线实时追踪系统、RFID 医疗废物焚烧核对系统和数据应用平台，如图 10.6 所示。

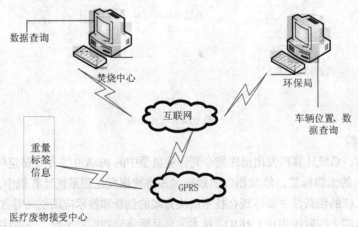

图 10.6  医疗废物管理系统[①]

---

① 参考网址：http://www.50cnnet.com/html/qiyezhuanqu/20110920/21409.html

其工作流程是：医疗废物电子联单生成→派车任务单生成→出车→收取医疗废物→医疗废物周转桶称重（重量实时上传到系统，同时分配 RFID 标签信息）→废物装车→运输（GPS 定位系统，全程实时传输车辆所在位置）→中转中心（中转中心上传收运车辆到达时间、已收取废物分配时间）→运输（GPS 定位系统，全程实时传输车辆所在位置）→焚烧中心（上传车辆到达时间）→接收需焚烧废物→进入焚烧流水线→进入医疗废物周转桶重量比对环节（信息上传焚烧中心监控室，处理结束，信息上传系统）→流程结束。具体过程如下。

### 1. 联单电子化

联单电子化包括申请联单，调度安排，发放联单，运输单位接收，接收单位接收。全程监控医疗废物转运，确保医疗废物被妥善运输到指定地点，提醒环保局逾期未到达的医疗废物，逾期未送焚烧的医疗废物，废物运输差异。

### 2. 收运车辆管理、监控、追踪

该过程包括车辆使用安排，派出单管理，车辆出入管理。提供车辆出入自动识别，自动提醒晚点的收运车辆。全程管理、监控及追踪收运车辆，确保收运车辆及时、有效、安全地完成收运任务。

### 3. GPS 收运车辆路线实时追踪

车载 GPS 模块实时接收全球定位卫星的位置、时间等数据，并通过 GPRS 将数据发送到远程监控中心服务器，监控中心能实时得到所有车辆的位置信息，对收运车辆进行快速追源，及时掌握医疗废物处理情况，及时发现处理废物遗漏问题。

### 4. RFID 医疗废物焚烧核对

采用 RFID 技术对医疗废物初始重量进行记录，同时将记录上传服务器，包括废物所属单位、收取时间、重量等信息。系统在废物收取点设有称重平台，废物只要过磅，各种信息就自动上传到服务器，并且改写废物周转桶所带标签的信息。周转桶经过运输分配后到达焚烧中心，在焚烧中心流水线称重台时，标签读取设备读取标签信息，和称重台重量信息进行比对，将比对结果上传到焚烧中心监控室，比对失败信息进行报警。焚烧核对系统根据获得的信息，对数据进行筛选，将信息分为合格信息、黑名单信息、简单记录信息并将其上传到环保局等监管部门中心服务器。

### 5. 数据应用平台

数据应用平台由 Web 应用程序、应用服务器、系统监控软件组成。系统运行于应用终端，系统数据由以上各个部分提供，集中存储在监控系统数据库服务器中，实时提供各种类型数据统计、查询功能。

2008 年 10 月，北京地坛医院开始了其应用 RFID 的项目——北京地坛医院追踪管理系统，到 2009 年 3 月项目完成。其 RFID 主要应用在了两块业务上，其一是用于供应室医疗器械包的全程跟踪管理，其二是用于对人员、重要医疗设备以及医疗垃圾车三种对象的实时跟踪管理。

在对器械包的管理中，采用了纽扣式的耐高温、耐高压的高频无源标签，因为这种标签适合放在器械包中，与器械包一起进行高温高压消毒，并且通过系统可以跟踪管理器械包的打包制作过程、消毒过程、存储过程、发放过程、使用过程以及回收过程。在这样一个全过程中，使用一个标签进行唯一标识和跟踪管理。回收后的高频标签，通过系统指定仍可以用于下一个器械包的循环过程的跟踪管理中。

在对人员、重要医疗设备以及医疗垃圾车的实时跟踪管理上，利用了在国外已经有很多成功应用的 Ekahau 的定位引擎，通过定制研发来进行跟踪和管理。

对于病人，医生可以通过系统实时看到一些重要病人的当前位置，如果病人有问题可以按标签主动呼救。监控人员看到呼救之后就可以快速查找在附近的医生或者护士，通知进行救治。

由于地坛医院是一个传染病医院，因此对医疗垃圾的管理和控制非常重要。因此，在垃圾车上装了定位标签，可以实时定位，并且对其运行的区域在系统中做了特殊区域设置。这样，当垃圾车违规推出了区域，定位系统就会实时报警，并记录其违规运行的历史轨迹情况，同时可以发现在这个过程中接触垃圾车的人员。

如此一来，当垃圾车越界的时候，系统可以及时提醒（比如标签蜂鸣、系统端弹出提示或短信提示等）。另外，在事后，还可以很容易地查看历史轨迹，快速确认可能出现交叉感染的范围。

## 小　　结

本章主要介绍了医疗卫生行业的一些基于 RFID 的管理及应用技术。主要应用在药品管理及医疗废物管理系统上，在药品管理中，先给出了总体拓扑结构，然后从入库、移库、盘点、出库 4 个方面分别阐述；在医疗废物管理系统中，详细介绍了其框架及各个部分的工作流程，并以北京地坛医院为例，介绍了 RFID 在实际中的应用。

## 讨论与习题

1. 简述 RFID 技术在药品管理方面的应用过程。
2. 简述 RFID 技术在医疗废物管理系统中的应用过程。
3. 药品管理的具体步骤有哪些，每个步骤完成什么功能？
4. 医疗废物管理系统包括哪些具体流程，每个流程完成什么功能？
5. 除了文中所介绍的应用外，RFID 技术还能应用到医疗卫生行业的哪些方面？

# 第三篇
# RFID 技术开发实践

第 11 章　文档信息管理系统
第 12 章　资产管理系统
第 13 章　化妆品智能导购系统

# 第11章 文档信息管理系统

近年来,国内文档事业取得了长足的发展,数量逐日增多,文档的种类日趋多样化,信息量迅速膨胀。但传统档案管理手段与技术所导致的问题日益凸显,主要表现在以下几个方面。

(1)文档编目流程烦琐低效、整理时间冗长

传统方式下,档案入馆后先需进行分类、排序,并去装订,然后由人工撰写档案盒的相关信息,最后手工抄写档案目录,并将目录连同档案一起封装入档案盒内。这种操作方式不仅耗费大量人力和时间,而且容易导致档案入馆后被长期堆放而得不到及时整理归档。此外,档案编目与档案盒撰写多为简单、重复性劳动,手工处理方式使得整个流程既烦琐又低效。

(2)档案存放次序较易被打乱

虽然档案一般都分类存放,但是在档案存取过程中,由于人工操作的随意性和一些不可避免的错误,档案存放的次序难免被打乱,造成档案存放无序,查找困难。

(3)档案查阅耗时长

随着档案规模与种类越来越庞大,要查找某一档案时,先由管理员找到存放该类型档案的档案架,再根据档案的编目信息在档案架的每一格进行查找。一旦档案存取时没有按规定存放在指定的位置,查找起来就好比海底捞针,需要将所有的档案筛选一遍。

(4)档案的盘点操作不科学

由于档案数量众多,且档案材料都封装在档案盒内,因此在盘点档案时一般只清点档案盒的数量。但在每个档案盒内存放的档案种类、数量均不相同,这种盘点方式并不能真正反映档案储存的真实信息。如果要拆开每个档案盒进行盘点,那将是一项十分庞大的工程。

(5)对失效档案的管理滞后

有效期限是档案价值体现的重要标志之一。因此,超过有效期限的档案是没有任何价值的,需要经常性销毁以减少对档案库存资源的占用。但是,由于传统管理模式下档案盘点工作的困难,管理人员对档案的储存时间信息掌握很不准确,使得失效档案不能被及时发现和处理。因此,很多已过保存期限的旧档案仍然和有效档案一起储存在档案架上,形成大量冗余档案,给档案管理工作带来额外负荷和成本。

鉴于这种现状,档案管理的技术升级与改造迫在眉睫。作为新一代物料跟踪与信息识别技术,RFID技术的快速发展给档案管理的自动化、智能化带来了可能性,具有其他方式无可比拟的优越性,文档信息管理系统正是在此基础上进行开发的一种方便文档管理员对文档进行管理的系统。

## 11.1 系统需求分析

### 11.1.1 任务目标与功能需求

文档信息管理系统开发的主要目的是结合 RFID 技术对文档进行管理，主要功能模块包括用户管理、文档管理和业务管理三大模块。文档信息管理系统功能结构设计如图 11.1 所示。

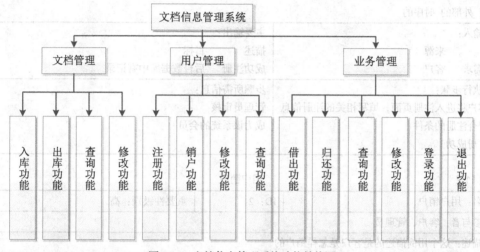

图 11.1 文档信息管理系统功能结构图

① 文档管理：由管理员进行操作，可对文档进行入库、出库管理，并可以查询和修改文档信息。
② 用户管理：由用户和管理员共同操作，用户可进行注册、销户，管理员可查询和修改客户信息。
③ 业务管理：由用户和管理员共同操作，用户可登录和退出系统，查询文档在库情况，借出和归还文档，并查询借出归还信息，管理员可在用户借出/归还文档时操作该系统，修改借出/归还信息。

### 11.1.2 用例及用例描述

用户管理模块的用例图如图 11.2 所示。

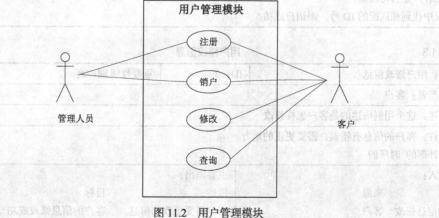

图 11.2 用户管理模块

用户管理模块的用例包括用户注册（见表11.1）、用户销户（见表11.2）、用户修改信息（见表11.3）、用户查询（见表11.4）4个部分，用户注册和销户的主要参与者是管理人员和客户，用户信息修改和查询的主要参与者是客户。

表11.1　　　　　　　　　　　　　　　用户注册

| 用例名：用户注册 | ID：1 | 重要性级别：高 |
|---|---|---|
| 主要参与者：客户、管理员 | | |
| 简短描述：这个用例描述的是客户怎样成功注册 | | |
| 触发事件：客户想在此查询或借阅文档<br>类型：外部的　时序的 | | |
| 主要输入：<br>描述　　　来源<br>工作需求　　客户 | 主要输出：<br>描述　　　　　目标<br>成功注册　　后台数据库中有记录 | |
| 主要执行步骤：<br>1. 客户将进入注册页面，填写相关的注册信息<br>2. 符合注册的条件<br>3. 注册成功 | 步骤所需信息：<br>管理员审核<br>成为该系统的会员 | |

表11.2　　　　　　　　　　　　　　　用户销户

| 用例名：用户销户 | ID：2 | 重要性级别：高 |
|---|---|---|
| 主要参与者：客户、管理员 | | |
| 简短描述：这个用例描述的是客户是怎样销户的 | | |
| 触发事件：客户不再使用此系统<br>类型：外部的　时序的 | | |
| 主要输入：<br>描述　　　　　　　来源<br>客户的状态是正常的　客户<br>客户没有违规操作且　管理员<br>状态是正常的 | 主要输出：<br>描述　　　　　　目标<br>数据库中该用户　用户销户成功<br>的状态为销户 | |
| 主要执行步骤：<br>1. 客户不再使用该系统<br>2. 判断客户是否可以销户<br>3. 系统中找到相匹配的ID号，则销户成功 | 步骤所需信息：<br>用户的状态是正常的 | |

表11.3　　　　　　　　　　　　　　　用户修改信息

| 用例名：用户修改信息 | ID：3 | 重要性级别：高 |
|---|---|---|
| 主要参与者：客户 | | |
| 简短描述：这个用例描述的是客户怎样修改 | | |
| 触发事件：客户的信息有错误，需要更正的地方<br>类型：外部的　时序的 | | |
| 主要输入：<br>描述　　　　　来源<br>客户的信息修改　客户 | 主要输出：<br>描述　　　　　　　目标<br>客户需要更改的信息　客户的信息修改成功 | |

续表

| 主要执行步骤： | 步骤所需信息： |
|---|---|
| 1. 客户将 ID 卡放到读卡区 | 读卡区正常工作 |
| 2. 系统通过 ID 卡的 ID 号与系统中的 ID 匹配 | 客户已经在此系统中注册 |
| 3. 系统中找到相匹配的 ID 号，则登录成功 | |
| 4. 单击修改信息 | 显示客户的有关信息 |
| 5. 保存，信息修改成功 | |

表 11.4　用户查询

| 用例名：用户查询个人信息 | | ID：4 | 重要性级别：高 |
|---|---|---|---|
| 主要参与者：客户 | | | |
| 简短描述：这个用例描述的是客户怎样查询个人信息 | | | |
| 触发事件：客户想看一下个人的基本信息 | | | |
| 类型：外部的　时序的 | | | |
| 主要输入： | | 主要输出： | |
| 描述 | 来源 | 描述 | 目标 |
| 客户查询自己的信息 | 客户 | 客户的个人信息 | 详细信息显示 |
| 主要执行步骤： | | 步骤所需信息： | |
| 1. 客户将 ID 卡放到读卡区 | | 读卡区正常工作 | |
| 2. 系统通过 ID 卡的 ID 号与系统中的 ID 匹配 | | 客户已经在此系统中注册 | |
| 3. 系统中找到相匹配的 ID 号，则登录成功 | | | |
| 4. 单击查询信息 | | 显示客户的有关信息 | |
| 5. 信息显示在屏幕上 | | | |

文档管理模块的用例如图 11.3 所示。

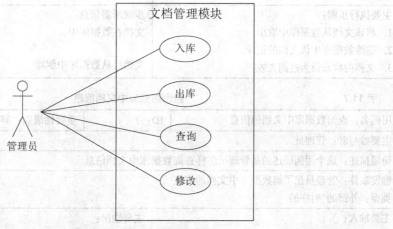

图 11.3　文档管理模块

　　文档管理模块的用例包括文档入库（见表 11.5）、文档出库（见表 11.6）、文档查询（见表 11.7）、文档修改（见表 11.8）4 个部分，这 4 个部分的主要参与者是管理员。

表 11.5　　　　　　　　　　　　　　文档入库

| 用例名：文档入库 | ID：5 | 重要性级别：高 |
|---|---|---|
| 主要参与者：管理员 | | |
| 简短描述：这个用例描述的是文档怎样存入数据库 | | |
| 触发事件：有新的文档买入<br>类型：外部的　时序的 | | |
| 主要输入：<br>描述　　　　　　　　来源<br>带有唯一 ID 号的文档　管理员 | 主要输出：<br>描述　　　　　　　　目标<br>文档存入数据库中　数据库中有该文档信息<br>文档的 ID 号　　　唯一<br>文档的描述　　　　相关信息<br>文档的状态　　　　在库 | |
| 主要执行步骤：<br>1. 给文档贴上唯一的 ID 号<br>2. 添加文档的相关信息描述<br>3. 文档的信息输入到数据库中<br>4. 文档的状态设为在库可借 | 步骤所需信息：<br>文档的 ID 号是唯一的<br>文档的主要介绍信息<br>文档已成功存进数据库 | |

表 11.6　　　　　　　　　　　　　　文档出库

| 用例名：文档出库 | ID：6 | 重要性级别：高 |
|---|---|---|
| 主要参与者：管理员 | | |
| 简短描述：这个用例描述的是文档怎样从数据库中删除 | | |
| 触发事件：数据库中的文档已经过期，没有价值了<br>类型：外部的　时序的 | | |
| 主要输入：<br>描述　　　　　　　　来源<br>文档过期　　　　　文档<br>从数据库中删除　　管理员 | 主要输出：<br>描述　　　　　　　　目标<br>数据库删除该文档　数据库中不存在该文档 | |
| 主要执行步骤：<br>1. 将该文档从数据库中取出<br>2. 删除数据库中该文档的记录<br>3. 文档的状态设为过期失效 | 步骤所需信息：<br>文档在数据库中<br>文档已从数据库中删除 | |

表 11.7　　　　　　　　　　　　　查询数据库中文档信息

| 用例名：查询数据库中文档的信息 | ID：7 | 重要性级别：高 |
|---|---|---|
| 主要参与者：管理员 | | |
| 简短描述：这个用例描述的是管理员怎样查询数据库中文档信息 | | |
| 触发事件：管理员想了解数据库中文档的信息<br>类型：外部的　时序的 | | |
| 主要输入：<br>描述　　　　　　　　来源<br>查询数据库中存　　管理员<br>有的文档信息<br>查询某个文档的　　管理员<br>详细信息 | 主要输出：<br>描述　　　　　　　　目标<br>显示查询的数据　　显示查询文档的信息<br>库中文档信息 | |

| 主要执行步骤： | 步骤所需信息： |
| --- | --- |
| 1. 输入查询文档的关键词 | |
| 2. 单击搜索按钮 | 文档在数据库中 |
| 3. 显示查询的文档信息 | |

| 表 11.8 | | 修改文档信息 | |
| --- | --- | --- | --- |
| 用例名：修改数据库中文档的信息 | | ID：8 | 重要性级别：高 |
| 主要参与者：管理员 ||||
| 简短描述：这个用例描述的是管理员怎样修改数据库中文档信息 ||||
| 触发事件：数据库中文档的存储信息需要修改 <br> 类型：外部的 时序的 ||||
| 主要输入： <br> 描述　　　　来源 <br> 查询数据库中存　管理员 <br> 有的文档信息 <br> 修改某个文档的　管理员 <br> 详细信息 || 主要输出： <br> 描述　　　　目标 <br> 显示查询的数据　显示查询文档的信息 <br> 库中文档信息 <br> 修改某个需要修　文档信息修改成功 <br> 改的文档 ||
| 主要执行步骤： <br> 1. 输入查询文档的关键词 <br> 2. 单击搜索按钮 <br> 3. 显示查询的文档信息 <br> 4. 选中需要修改的文档 <br> 5. 修改成功 || 步骤所需信息： <br> 文档在数据库中 <br> 文档的信息显示出来 ||

业务管理模块的用例如图 11.4 所示。

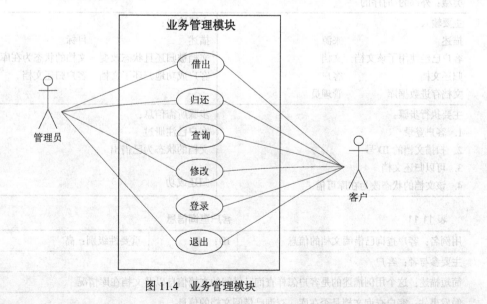

图 11.4　业务管理模块

业务管理模块的用例包括客户借阅文档（见表 11.9）、客户归还文档（见表 11.10）、客户查询已借阅文档的信息（见表11.11）、管理员修改客户的信息（见表11.12）、客户登录（见表11.13）、客户退出（见表11.14）6个部分，除用户登录和用户查询两部分参与者是客户，其他部分主要参与者均为管理者和客户。

表11.9　　　　　　　　　　　　　　　客户借阅文档

| 用例名：客户借出文档 | | ID：9 | 重要性级别：高 |
|---|---|---|---|
| 主要参与者：管理员、客户 | | | |
| 简短描述：这个用例描述的是客户怎样将文档成功地借出去 | | | |
| 触发事件：客户想借出该文档 | | | |
| 类型：外部的　时序的 | | | |
| 主要输入：<br>描述<br>文档对客户来说有价值<br>使用该系统借出文档<br>文档被借出 | 来源<br><br>文档<br>客户<br>管理员 | 主要输出：<br>描述<br>文档被借出且状态改变<br>客户成功地借出了文档 | 目标<br><br>文档的状态为已借出<br>客户借出 |
| 主要执行步骤<br>1. 客户登录<br>2. 查询要寻找的文档<br>3. 可以借此文档<br>4. 该文档的状态改为已借出 | | 步骤所需信息<br>客户已注册过<br>文档的状态为在库可借<br><br>借阅成功 | |

表11.10　　　　　　　　　　　　　　　客户归还文档

| 用例名：客户归还文档 | | ID：10 | 重要性级别：高 |
|---|---|---|---|
| 主要参与者：管理员、客户 | | | |
| 简短描述：这个用例描述的是客户怎样将文档成功地归还回来 | | | |
| 触发事件：客户已使用过该文档，归还回来 | | | |
| 类型：外部的　时序的 | | | |
| 主要输入：<br>描述<br>客户已经使用了该文档<br>归还文档<br>文档存进数据库 | 来源<br><br>文档<br>客户<br>管理员 | 主要输出：<br>描述<br>文档被归还且状态改变<br>客户成功地归还了文档 | 目标<br><br>文档的状态为在库可借<br>客户归还文档 |
| 主要执行步骤：<br>1. 客户登录<br>2. 扫描文档的ID号<br>3. 可以归还文档<br>4. 该文档的状态改为在库可借 | | 步骤所需信息：<br>客户已注册过<br>文档的状态为已借出<br><br>归还成功 | |

表11.11　　　　　　　　　　　　　　　客户查询信息

| 用例名：客户查询已借阅文档的信息 | ID：11 | 重要性级别：高 |
|---|---|---|
| 主要参与者：客户 | | |
| 简短描述：这个用例描述的是客户怎样查询已借阅的文档信息以及文档在库情况 | | |
| 触发事件：客户查询文档是否在库，查询已借阅文档的信息 | | |
| 类型：外部的时序的 | | |

续表

| 主要输入: | | 主要输出: | |
|---|---|---|---|
| 描述 | 来源 | 描述 | 目标 |
| 查询想要借阅文档是否在库 | 客户 | 显示查询数据库中信息 | 显示查询信息 |
| 查询个人已经借阅的文档的信息 | 客户 | 显示已经借阅的文档 | 显示个人的借阅信息 |

| 主要执行步骤: | 步骤所需信息: |
|---|---|
| 1. 输入查询文档的关键词<br>2. 单击搜索按钮<br>3. 显示查询的文档信息<br>4. 查询个人借阅文档的信息<br>5、显示个人借阅的文档信息 | 文档在数据库中<br><br>个人已经登录 |

表 11.12　　　　　　　　　　　　管理员修改客户的信息

| 用例名：管理员修改客户的信息 | ID：12 | 重要性级别：高 |
|---|---|---|
| 主要参与者：管理员，客户 ||||
| 简短描述：这个用例描述的是管理员怎样修改客户的有关信息 ||||
| 触发事件：客户的某些操作需要管理员更改其客户的信息<br>类型：外部的 时序的 ||||

| 主要输入: | | 主要输出: | |
|---|---|---|---|
| 描述 | 来源 | 描述 | 目标 |
| 查询数据库中客户的有关信息 | 管理员 | 显示查询数据库中客户信息 | 显示查询客户的信息 |
| | | 修改某个需要修改的客户 | 客户信息修改成功 |
| 修改客户的某个方面的信息 | 管理员 | 客户账户状态为借阅超期 | 状态更改超期 |
| 借出文档超期，显示超期 | 客户 | 客户账户状态为欠钱 | 状态更改为欠钱 |
| 客户账户状态为欠钱 | 客户 | | |

| 主要执行步骤: | 步骤所需信息: |
|---|---|
| 1. 输入查询客户的姓名或 ID 号<br>2. 单击搜索按钮<br>3. 显示查询的客户信息<br>4. 修改客户的信息<br>5. 修改成功 | 客户信息存在数据库中<br><br>客户的信息显示出来 |

表 11.13　　　　　　　　　　　　客户登录

| 用例名：客户登录 | ID：13 | 重要性级别：高 |
|---|---|---|
| 主要参与者：客户 ||||
| 简短描述：这个用例描述的是客户怎样登录 ||||
| 触发事件：客户想在此查询或借阅文档<br>类型：外部的 时序的 ||||

续表

| 主要输入： | | 主要输出： | |
|---|---|---|---|
| 描述 | 来源 | 描述 | 目标 |
| 客户的 ID 号 | 客户 | 成功登录 | 界面中显示相关信息 |
| | | | 用户的 ID 号 |
| | | | 用户的姓名 |
| | | | 用户 ID 卡的状态 |
| 主要执行步骤： | | 步骤所需信息： | |
| 1. 客户将 ID 卡放到读卡区 | | 读卡区正常工作 | |
| 2. 系统通过 ID 卡的 ID 号与系统中的 ID 匹配 | | 客户已经在此系统中注册 | |
| 3. 系统中找到相匹配的 ID 号，则登录成功 | | 成为该系统的会员 | |

表 11.14　　　　　　　　　　　　　　客户退出

| 用例名：客户退出 | | ID：14 | 重要性级别：高 |
|---|---|---|---|
| 主要参与者：管理员、客户 | | | |
| 简短描述：这个用例描述的是管理员怎样使客户退出系统 | | | |
| 触发事件：客户已经使用此系统完毕，需要退出系统 | | | |
| 类型：外部的　时序的 | | | |
| 主要输入： | | 主要输出： | |
| 描述 | 来源 | 描述 | 目标 |
| 客户要离开系统，要退出系统 | 客户 | 客户成功退出系统 | 系统显示的是无人登录的界面 |
| 使客户退出系统 | 管理员 | | |
| 主要执行步骤： | | 步骤所需信息： | |
| 1. 管理员单击退出按钮 | | 客户已登录 | |
| 2. 客户退出成功 | | 显示退出成功 | |

### 11.1.3　过程建模

**1. 系统顶层 DFD 图**

文档信息管理系统的 DFD 如图 11.5 所示，主要包括文档信息管理系统与用户、管理员和数据库之间的信息交互。用户可对文档信息管理系统进行资料修改、归还文档、请求文档信息、出借文档操作，具体描述如下。

出借文档：用户向文档信息管理系统提交出借文档信息，文档信息管理系统返回出借确认。

用户请求文档信息：用户向文档信息管理系统请求文档信息，文档信息管理系统返回已请求的文档信息。

归还文档：用户向文档信息管理系统提交归还文档信息，文档信息管理系统返回归还文档确认。

用户资料修改：用户可直接在文档信息管理系统中进行资料修改。

管理员对文档信息管理系统进行的操作包括出借资料管理，文档资料管理，文档信息查询，用户资料管理。用户和管理员对文档信息管理系统的操作所需要或更改的信息通过系统与数据库之间的信息交换完成。

第 11 章 文档信息管理系统

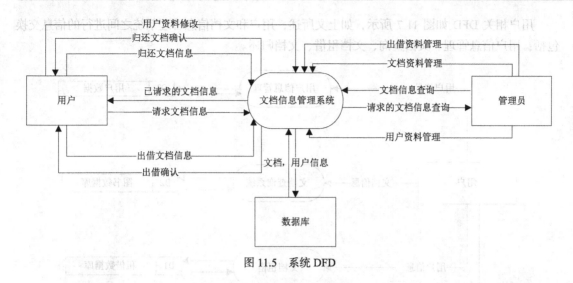

图 11.5 系统 DFD

## 2. 一层 DFD 图

管理员相关 DFD 如图 11.6 所示，如上文所述，管理员对文档信息管理系统进行的操作包括出借资料管理，文档资料管理，文档信息查询，用户资料管理。

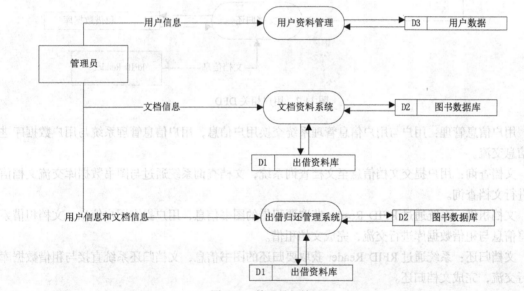

图 11.6 管理员相关 DFD

出借资料管理：管理员与出借归还管理系统交换用户信息和文档信息，进行出借资料管理，出借归还管理系统将用户信息和文档信息与出借资料库和图书数据库进行交换。

文档资料管理：管理员与文档资料系统交换文档信息，对文档资料进行管理，文档资料系统与图书数据库和出借资料库进行文档信息交换。

文档信息查询：管理员通过文档资料系统交换文档信息，对文档信息进行查询，文档资料系统与图书数据库和出借资料库进行文档信息交换。

用户资料管理：管理员与用户资料管理系统交换用户信息，进行用户资料管理，用户资料管理系统与用户数据库进行用户信息的交换。

131

用户相关 DFD 如图 11.7 所示，如上文所述，用户和文档信息管理系统之间进行的信息交换包括：用户信息管理、文档查询、文档租借、文档归还。

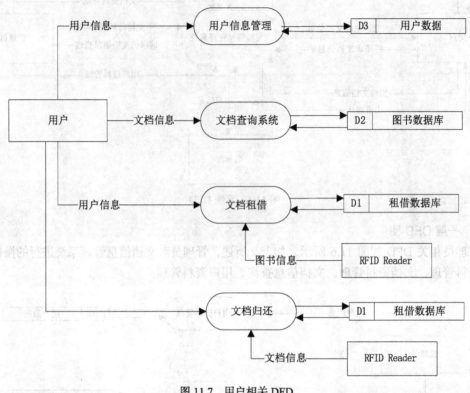

图 11.7　用户相关 DFD

用户信息管理：用户与用户信息管理系统交换用户信息，用户信息管理系统与用户数据库进行信息交流。

文档查询：用户提交文档信息至文档查询系统，文档查询系统通过与图书数据库交流文档信息进行文档查询。

文档租借：系统通过 RFID Reader 获取要租借的图书信息，用户提交用户信息，文档租借系统将信息与租借数据库进行交流，完成文档租借。

文档归还：系统通过 RFID Reader 获取要归还的图书信息，文档归还系统直接与租借数据库进行交流，完成文档归还。

### 3. 二层 DFD 图

用户信息修改 DFD 如图 11.8 所示，用户提交用户验证信息至用户身份系统，然后提交新的用户信息进行用户信息修改，并将用户信息送至信息显示系统。

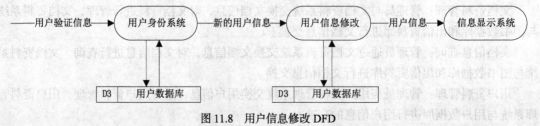

图 11.8　用户信息修改 DFD

文档信息查询 DFD 如图 11.9 所示，用户提交文档信息至文档查询系统，文档查询系统查询文档数据库，并将文档记录送至信息显示系统。

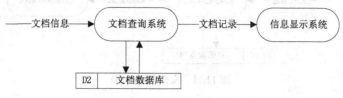

图 11.9 文档信息查询 DFD

文档信息 DFD 如图 11.10 所示。用户将文档信息提交至文档信息管理系统，根据不同的操作进行相应的信息处理，修改文档信息进入文档信息修改系统修改记录，录入文档信息进入文档信息录入系统录入记录，删除文档信息进入文档信息删除系统删除记录，查找文档信息则进入文档信息查找系统查找记录，并将对应操作信息送至信息显示系统。

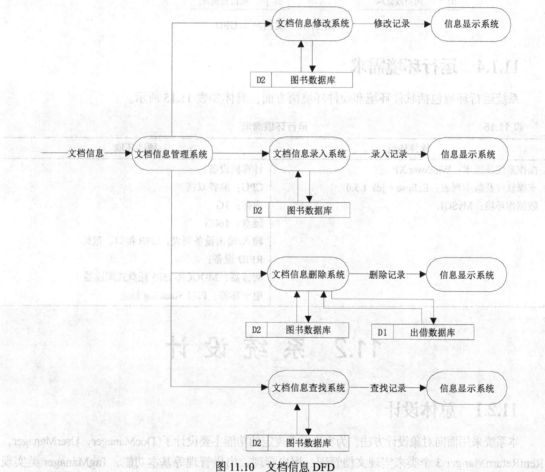

图 11.10 文档信息 DFD

文档归还 DFD 如图 11.11 所示，用户将文档信息送至归还记录系统，修改租借数据库中的信息，并将归还信息送至信息显示系统。

文档出库 DFD 如图 11.12 所示，系统接收用户信息和文档信息，检查用户身份，并将用户和文档资料信息送至出借记录系统，修改租借数据库中信息，将出借信息送至信息显示系统。

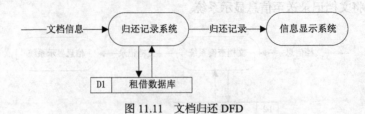

图 11.11 文档归还 DFD

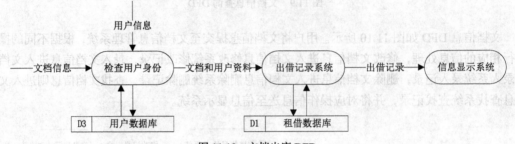

图 11.12 文档出库 DFD

### 11.1.4 运行环境需求

系统运行环境包括软件环境和硬件环境两方面，具体如表 11.15 所示。

表 11.15　　　　　　　　　　　　　运行环境需求

| 软件环境 | 硬件环境 |
| --- | --- |
| 操作系统及版本：Windows XP<br>支撑软件及版本列表：Eclipse + jdk 1.5.0<br>数据库环境：MySQL | 计算机设备：<br>CPU：酷睿双核<br>内存：1G<br>硬盘：160G<br>输入/输出设备列表：USB 接口、鼠标<br>RFID 设备：<br>阅读器：MDOCR-2505 托盘式阅读器<br>电子标签：PJM StackTag 标签 |

## 11.2 系 统 设 计

### 11.2.1 总体设计

本系统采用面向对象设计方法，为实现需求规定的功能主要设计了 DocManager，UserManager，RentReturnManger 3 个类来实现文档管理、用户管理、出借管理等基本功能，TagManager 类实现 RFID 标签与用户及文档之间的关联关系。DMSDataBase 类实现底层与数据库的交互。RFIDReader 类负责与外部的射频标签进行交互。

系统所使用的类，如图 11.13 所示。
系统所使用的包，如图 11.14 所示。

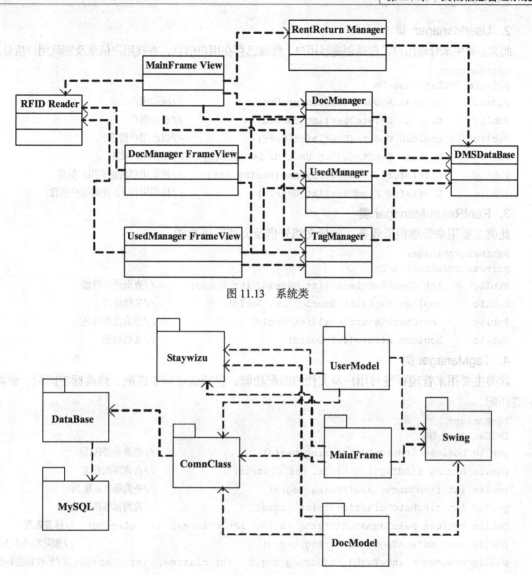

图 11.13 系统类

图 11.14 系统包

## 11.2.2 功能类设计

### 1. DocManager 类

此类主要用来管理文档,包括创建新文档,修改已存在文档信息,查找文档信息及删除文档信息。

```
DocManager
Private DMSDataBase DB
Public      boolean   AddDoc(DocInfor Doc)                //添加文档
Public      boolean   DeleteDoc(int DocId)                //删除文档
Public      boolean   Update(DocInfor Doc)                //修改文档信息
Public      boolean   SetState(int DocId, int state)      //设置文档状态
Public      DocInfor[] FindDocByName(String str)          //根据文档名查询文档
Public      DocInfor  FindDoc(int DocId)                  //根据文档编号查询文档
Public      int       FindRenter(int DocId)               //查询借阅文档的客户号
```

135

### 2. UserManager 类

此类主要用来管理用户，包括创建新用户，修改已存在用户信息，查找用户信息及删除用户信息。

```
UserManager
private DMSDataBase DB
Public      boolean AddUser(UserInfor User)              //添加用户
Public      boolean DeleteUser(int UserId)               //删除用户
Public      boolean Update(UserInfor User)               //修改用户信息
Public      boolean SetState(int UserId, int state)      //设置用户状态
Public      UserInfor[] FindUserByName(String str)       //根据用户名查询用户信息
Public      UserInfor FindUser(int UserId)               //根据用户 ID 查询用户信息
```

### 3. RentReturnManager 类

此类主要用来管理租借业务，包括文档外借及文档归还功能。

```
RentReturnManager
private DMSDataBase DB
Public      int CheckRentLegal(int UserId, int DocId)    //查询是否可借
Public      boolean Rent(int UserId, int DocId)          //文档外借
Public      int CheckReturnLegal(int DocId)              //查询是否可还
Public      boolean Return(int DocId)                    //文档归还
```

### 4. TagManager 类

此类主要用来管理标签与用户及文档的匹配功能，包括新建标签匹配、修改标签匹配、删除标签匹配。

```
TagManager
DMSDataBase DB
public boolean isMatchExit(String tagid)                 //查询是否匹配
public String findTag(int Class, int ClassId)            //查询匹配标签
public int findMatchclass(String tagid)                  //查询标签匹配项
public int findMatchclassid(String tagid)                //查询标签匹配项 ID
public boolean makeTagMatch(String tagid, int classes, int classid)  //标签匹配
public void deleteTagMatch(String tagid)                 //删除标签匹配
public boolean changeTagMatch(String tagid, int classes, int classid) //修改标签匹配
```

### 5. RFID Reader 类

如图 11.15 所示，Reader 类是作为物理 Reader 的一个封装。好比 Apache Common 的作用，以 Apache Common Ftp 为例。传统的 Ftp 需要用户维持两个 Socket Pair。一个是文本的操作/应答 Socket Pair，另一个是二进制形式的数据 Socket Pair。通过 Apache Common Ftp，用户不必理会这些细节，不需理解 FTP 协议的具体内容，用户看到的就是一个普通的 InputStream 或者 OutputStream。传统的 FTP 上可能出现的错误，如 421 服务不可用等，都被封装成类似传统 I/O 的异常，这样可以大大简化上层程序的逻辑，使得上层程序关注与业务逻辑的实现。这里设置 Reader 的目的亦是如此：将以往通过 Socket 对 Reader 操作，封装成传统的类似文件系统的 read()，write() 这样的调用。对 Reader 发送回的信息，如：

图 11.15 RFID Reader 的设计

Info,Reply:Timestamp 7fff,SpecificID 6190153e,ReadAddress 000c,Data:FFFF FFFF FFFF FFFF FFFF FFFF FFFF FFFF,Info,Tag:Expired 6190153e

这样的信息，转变成 Reader 状态或者是相应 Tag 对象状态的变化，使得用户看到一个"OO"的 Reader 和 Tag。

### 11.2.3 数据库设计

MySQL 数据库管理系统具有快捷、易用、健壮、多线程、多用户等特点。其作为关系型数据库系统，功能齐全，完全能够满足中小型应用系统。鉴于上述这些特点，本系统采用 MySQL 数据库。在对系统进行需求分析、总体设计的基础上，得出本系统的数据库模型，实体关系图如图 11.16 所示。

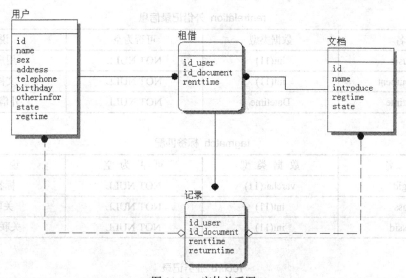

图 11.16 实体关系图

系统的数据库主要包括 5 个表。每个表的表结构详细说明如表 11.16～表 11.20 所示。

表 11.16　　　　　　　　　　documentinfor 文档基本信息

| 列　名 | 数 据 类 型 | 可 否 为 空 | 说　　明 |
|---|---|---|---|
| Id | int(11) | NOT NULL | 文档 ID（主键） |
| Name | varchar(20) | NOT NULL | 文档名 |
| Introduce | varchar(200) | NOT NULL | 文档介绍 |
| Regtime | datetime | NOT NULL | 文档注册时间 |
| Authority | int(11) | NOT NULL | 外借文档所需权限 |
| State | int(11) | NOT NULL | 文档状态 |

表 11.17　　　　　　　　　　userinfor 用户基本信息

| 列　名 | 数 据 类 型 | 可 否 为 空 | 说　　明 |
|---|---|---|---|
| Id | int(11) | NOT NULL | 用户 ID（主键） |
| Name | varchar(20) | NOT NULL | 用户名 |
| Sex | int(11) | NOT NULL | 性别 |
| Address | varchar(100) | NOT NULL | 地址 |

续表

| 列 名 | 数据类型 | 可否为空 | 说 明 |
|---|---|---|---|
| Telephone | varchar(15) | NOT NULL | 电话 |
| Regtime | datetime | NOT NULL | 注册时间 |
| Birthday | varchar(15) | NOT NULL | 生日 |
| Otherinfor | varchar(200) | NOT NULL | 其他信息 |
| Authority | int(11) | NOT NULL | 权限 |
| State | int(11) | NOT NULL | 状态 |

表 11.18　　　　　　　　　　　rentrelation　外借记录信息

| 列 名 | 数据类型 | 可否为空 | 说 明 |
|---|---|---|---|
| id_user | int(11) | NOT NULL | 用户 ID |
| id_document | int(11) | NOT NULL | 文档 ID |
| Renttime | Datetime | NOT NULL | 外借时间 |

表 11.19　　　　　　　　　　　tagmatch　标签匹配

| 列 名 | 数据类型 | 可否为空 | 说 明 |
|---|---|---|---|
| Tagid | varchar(11) | NOT NULL | 标签 ID |
| Class | int(11) | NOT NULL | 关联类 |
| Classid | int(11) | NOT NULL | 关联类 ID |

表 11.20　　　　　　　　　　　record　业务记录

| 列 名 | 数据类型 | 可否为空 | 说 明 |
|---|---|---|---|
| id_user | int(11) | NOT NULL | 用户 ID |
| id_document | int(11) | NOT NULL | 文档 ID |
| Renttime | datetime | NOT NULL | 外借时间 |
| Returntime | datetime | NOT NULL | 还入时间 |

由于系统较小，维护工作比较简单，所以系统没有添加维护模块，系统维护通过后台的数据库直接进行。

## 11.3　系 统 实 现

### 11.3.1　阅读器模块的实现

本系统所使用的阅读器为 Magellan 公司生产的 MDOCR-2505 托盘式阅读器，该阅读器是专为办公环境中对文档的注册和登记而设计的，也可以应用于文档出入库的记录功能和文档在库的追踪功能。MDOCR-2505 阅读器外形像一个托盘（见图 11.17），可自动识别、追踪贴有 PJM StackTag 标签的文档，这使得该阅读器更适合应用在办公环境中。该阅读器具有如下特点。

图 11.17  MDOCR-2505 托盘式阅读器

① 读取托盘空间内的 PJM StackTag 标签信息，并向标签写入信息。
② 可对重叠的标签进行读写。
③ 双通道快速操作。
④ 阅读器可单独工作。
⑤ 同时允许 60 个标签位于托盘工作区。
⑥ 两种颜色供用户选择。
⑦ 使用时可将托盘置于托架上（见图 11.17）。
⑧ 可作为正常的 PC 外围设备运作。
⑨ 提供以太网和 USB 两种接口。

为了实现客户端与电子标签之间的通信，所有的阅读器均存在一个运行于阅读器内部的阅读服务器。阅读服务器采用 TCP 协议实现通信，可以接受来自客户端应用程序的多个并发连接，这在概念上类似于其他的服务器，比如电子邮件服务器和 Web 服务器。

#### 1. 阅读器与客户端的连接方式

图 11.18 显示了连接的最简单、最常见的手段，即单一客户端连接单一阅读器。

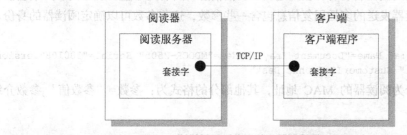

图 11.18  单一客户端与单一阅读器连接图

客户端应用程序可以通过以太网或 USB 远程运行，它可以是任何想与阅读服务器进行连接的程序。即使是一个 Telnet 程序，也可以用来连接阅读服务器，这使得它易于应用于任何可用的计算机。

阅读服务器可建立多个连接，这使得它应用非常方便。比如说一台电脑可以用来采集数据，将数据存放在数据库中，另一台电脑可以用来进行用户界面操作。两台电脑均可以获得电子标签中的信息，分别与阅读器进行通信。图 11.19 即是一个复杂的阅读器与客户端的连接图。

对于如今大部分阅读器，系统一般都在网络结构中定位阅读器以及阅读器的信息。虽然没有必要一定要使用这种方式，但对于存在大量阅读器的系统而言，这种方式会带来很多方便。对于简单的系统，为每个阅读器固定一个 IP 地址，是一种很有效的方法。

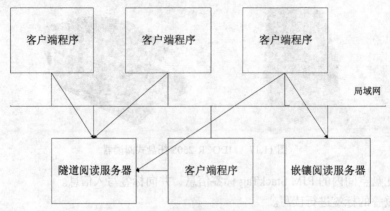

图 11.19  复杂的阅读器与客户端连接图

**2. 阅读器与客户端的连接建立**

本系统中,采用 UDP 多播数据包。多播是一种允许一台或多台主机(多播源)发送单一数据包到多台主机的传播信息的方法。有两种方法可以实现多播,其中一种是应用程序测验方法,在这种方法中,应用程序发送多播信息,阅读器接收到应用程序发来的信息之后产生响应,发回响应信息。

在客户端,本方法的步骤如下。

① 采用 UDP 多播模式发送 "PJMReader" 到 224.0.0.1:8023。

② 在 "ip:端口号" 监听数据包,其中 ip 为发送多播包的电脑的 IP 地址,端口号即为步骤①中的端口号。

③ 保持监听,直至超时,或者接听到所有可能的响应。

④ 对于编程者想要阅读器连接的所有网络接口,重复以上步骤。

在阅读器端,当阅读器启动时,会发送确认多播信息,所有处于监听状态的客户端会接收到此信息。这种由阅读器发送的多播回复信息包含一些参数,这些参数可以确定阅读器的身份。信息格式如下所示:

```
00:52:c2:2c:00:a6 Name="Document Tray" Model="MDOCR-2505" Serial="100108"Version=
"3.25, armv4tl-2.11" CustomerID="Johns_Desk"
```

信息的第一部分为阅读器的 MAC 地址,其他部分的格式为:参数="参数值",参数介绍如表 11.21 所示。

表 11.21  阅读器回复信息参数及其描述

| 参数 | 描述 |
| --- | --- |
| Name | 阅读器的产品名称 |
| Model | 阅读器的工程名称 |
| Serial | 阅读器的产品序列号 |
| Version | 阅读服务器的版本号,以及操作系统类型和版本号 |
| API | 阅读器所使用的 API,该部分省略时,默认为使用阅读器标准 API |
| CustomerID | 用户可使用的阅读器标识,该标识只能由字母、数字和下划线组成 |

用户也可以通过在命令窗口输入 "telnet 1.2.3.4 8023" 连接阅读器,其中 1.2.3.4 为阅读器的 IP 地址,8023 为应用程序与阅读器进行通信的端口号。建立连接后,双向都会有数据流的存在。所有的数据都采用明码格式,因此即使像 telnet 如此简单的程序都可以与阅读器建立连接,获得

阅读器所有的功能。

**3. 阅读器与客户端的通信信息**

在客户端与阅读服务器之间有两种交流的信息存在：一种是注册信息，一种是指令和回复。注册信息，是一种包含有电子标签信息、错误信息或其他信息的文本。指令和回复，是由客户端发送指令并且有选择地接收回复信息，只有发送指令的客户端可以接收回复信息，其他客户端才可保持在安静模式。客户端必须要处理好包含有这两种信息的数据流的分离，因为注册信息有完全不同于指令的固定的格式，所以这种分离是很容易做到的。

① 注册信息

由阅读器产生的单行带有时间戳的信息，它在应用程序需要提醒客户端一些事件（电子标签回复、调试信息或错误信息等）发生的时候产生。注册信息产生的时候，会被广播传送到所有连接的客户端。各个客户端可单独设置是否愿意接收注册信息，注册信息的格式如下所示。

时间：严重程度：产生模块：信息

控制注册信息的函数一般有下面几个：WithTime(state)、Time(value)、Message(string)、EchoCommand(state)。函数描述如表 11.22 所示。

表 11.22　　　　　　　　　控制注册信息的函数及其描述

| 函　　数 | 描　　述 |
| --- | --- |
| WithTime(state) | 设置注册信息中是否包含时间域 |
| Time(value) | 获取/设定阅读器系统的时间 |
| Message(string) | 发送信息到所有客户端 |
| EchoCommand(state) | 设定是否对指令以信息格式进行回复 |

② 指令和回复

指令是由客户端发送的对标签进行操作的命令；回复是阅读服务器对客户端指令作出的回应。指令定义通过调用 Command()函数并且设定不同的参数来实现，格式如下：Command(参数=参数值，…)，该函数对于参数的顺序不作要求。具体参数如下：command、commandNumber、ID、groupID、conditionalID、password、readAddress、readLength、writeAddress、writeData。

对于大多数指令，参数值可以使用默认值。但是有一些常数，可以使要发送的指令实现更好的功能。这些常数及其描述如表 11.23 所示。

表 11.23　　　　　　　　　　Command 指令常数设置

| 常　　数 | 描　　述 |
| --- | --- |
| CommandShortReply | 设定回复是否包含 short 或 normal 模式回复区域，默认是 short |
| CommandNormalReply | |
| CommandReplyChannelHoppingUnmuted | 设定回复通道。电子标签越多，阅读器需要的数值越大 |
| CommandReplyChannelHopping1_2muted | |
| CommandReplyChannelHopping3_4muted | |
| CommandReplyChannelHopping7_8muted | |
| CommandReplyChannelHopping31_32muted | |
| CommandReplyChannelHopping127_128muted | |
| CommandReplyChannelHopping511_512muted | |
| CommandReplyChannelHoppingFullyMuted | |
| FixedReplyChannel(number) | 设定固定回复通道，number 值为 A，B，…，H |

TagReplyMode(value or (value, value, ...), group)函数会影响指令的定义。对于询问指令，它可以设定默认的回复通道。它是阅读器设置里面最重要的函数之一，它的使用对于阅读器的正常工作非常重要。

对于任何一个阅读器，应用程序会发送很多指令尝试去识别工作区的电子标签。有些阅读器只有两个接收通道，这就意味着如果使用跳频通道，即使识别少量标签，也会花费很多的时间。但是如果总是使用单通道，当工作区有两个或者更多的标签的时候，就不会产生任何回复。为了解决这个问题，很多阅读器使用跳频通道和单通道混合模式。

标签回复信息：最简单的标签回复信息格式如下。

`Info, Reply:Timestamp 29ff, SpecificID 000f5b25`

其中"Info, Reply"是电子标签回复信息的标志。回复信息的数据部分由发送的标签指令和函数 FullReplyFormat()设定，各种不同数据域由逗号分隔，数值采用十六进制。所有可显示的数据域和对应描述如表 11.24 所示。

表 11.24　　　　　　　　　　　电子标签回复信息数据域

| 数　据　域 | 描　　述 |
| --- | --- |
| Channel | 接收的通道号（A～H） |
| Axis | 回复信息被接收的时候，供能的天线标志 |
| TimeStamp | 标签被供能的时间 |
| LockPointer | 标签存储器中锁点位置 |
| ManufacturingNumber | 芯片生产厂家留的产品号码 |
| ID | 特定的 32 位身份标识 |
| GroupID | 应用程序组标识 |
| ConditionalID | 状态标识 |
| Configuration | 标签属性 |
| CRC | 标签信息 32 位 CRC |
| ReadAddress | 标签信息起始读取地址 |
| Data | 标签可读信息 |

#### 4. 应用程序的建立

明白如何建立标签指令和理解标签回复信息是非常重要的，但是更重要的是理解阅读器是如何工作的，并在此基础上，实现应用程序与阅读器的信息交互。

建立应用程序与标签在阅读器工作区的生命周期关系很大，一般来说，可分为以下几个阶段。

① 一组询问指令（interrogation）被发送出去用来识别进入阅读器工作区中的标签。

② 一系列可选的特定标签指令，通常称作行为（action），被发送至对询问指令作出回应的标签。

③ 标签可选择的沉默（muted），以便防止对询问指令作出回应，并加入过期（aged）链表。

④ 如果阅读器标识（ID）改变，而且标签还在阅读器工作区，就会被重新检测到（re-sighted）。

⑤ 如果在一段时间内标签未作出响应，标签就终止（expired）了，所有关于标签的记录会被删除。

⑥ 发送行为指令的另一种方式是向某个标签立即（immediately）而且一次性发送，这种情况会在标签过期或者终止时出现。

表 11.25 是在一些特例中各种可能出现的事件（event）序列及其描述。

表 11.25　　　　　　　阅读器对标签的操作指令和标签状态信息描述

| 指　　令 | 回　复 | 状　态 | 描　　述 |
|---|---|---|---|
| Interrogate | 有 | New | 询问多次之后，标签回复 |
| Action1 | 有 | Active | 发送第一条行为指令 |
| Action2 | 无 | — | 如果标签未回复，继续发送 |
| Action2 | 有 | — | — |
| Mute | 无 | Aged | 多个行为结束之后，标签沉默 |
| Interrogate | 无 | — | 对于相同的阅读器标识，标签忽略 |
| — | — | — | 多次发送之后，阅读器标识会被锁定 |
| Interrogate | 无 | — | 阅读器标识被锁定，标签也并不是一定处于 active 状态 |
| Interrogate | 有 | — | 标签不再作出响应 |
| Mute | 无 | — | 标签再次沉默，当标签还在工作区中，这次锁定阅读器标识和标签沉默将会是无限期的 |
| Immediate Action1 | 有 | Active | 标签过期或者终止时，可以随时发送立即行为 |
| Mute | 无 | Aged | 当所有的立即行为被发送完之后，标签沉默 |
| Interrogate | 无 | — | 标签移出工作区，不再作出响应 |
| — | — | Expired | 发送终止信息，并清除标签所有记录 |

电子标签在响应完询问指令，并且对定义的行为指令做出反应后，便会处于沉默状态，它在阅读器中的活跃期就结束了。然后进入过时状态，并在这种状态下维持一段时间。如果在这段时间内它又响应了一条询问指令，它就会被悄悄设为沉默状态。如果在这段时间内没有响应其他指令，它就会被认为处于终止状态，阅读服务器中的信息也会被删除。在这种情况下，一条终止信息（类似于"Jul 01 16:17:29.722:Info，Tag:Expired 6190153e"）会被发送到应用程序中去，这条终止信息对于应用程序确定电子标签何时离开工作区非常重要。当一个电子标签再次进入工作区时，就会被认为是一个新的标签。

## 11.3.2　客户端系统实现

如 11.2.2 小节中对 RFID 类设计中的描述，RFID Reader 类被设计为物理 Reader 的一个封装，它主要向上层用户提供 3 个函数，函数描述如下所示。

① public String[] getStringIDs()：以 String 数组的形式返回现在机器上所有的 Tag 的 ID。

② public boolean write(String cardID，String startAddress，String data)：在 ID 为 cardID 的 Tag 偏移为 startAddress 的位置的地方，写入 data，这个是一个异步调用，函数会立刻返回。

③ public String read(String cardID，String startAddress，String length)：在 ID 为 cardID 的 Tag 偏移为 startAddress 的位置的地方，读取长度为 length 的数据，这是一个同步调用，调用者会阻塞在这个调用上，直到返回。

下面介绍一下这 3 个函数的实现方法。

**1．getStringIDs()的实现**

为了实现 getStringIDs()，Reader 类在内部维护一个 Map，定义为：private HashMap<String, RFIDTag> tags。该 Map 的 Key 为 Tag 的 ID，而 Value 是相应的 RFIDTag 对象。当有新的物理 Tag 被放到物理 Reader 上时，物理 Reader 会发送一条类似下面这样的信息：

`Info, Reply:Timestamp 29ff,SpecificID 000f5b25`

类似地，当有物理 Tag 离开物理 Reader 的时候，物理 Reader 会发送一条类似下面这样的信息：
Info,Tag:Expired no response 62499ebc
当收到这样的信息时，就在 Reader 的 Map 中添加或者删除指定的对象，通过这个 Map，用户就可以知道现在物理 Reader 中包含哪些 Tag。Map 的定义和添加/删除 Tag 的函数实现如下所示。

```
public class RFIDReader {
private HashMap<String, RFIDTag> tags;         //已经存在的标签 tags 定义
...
protected void addTag(RFIDTagReply reply){     //向 Reader 缓存中添加 Tag
    RFIDTag tag = new RFIDTag();
    tag.setID(reply.getID());
    tags.put(tag.getID(), tag);
    Debug.debug("size:"+tags.size());
}
protected void delTag(RFIDTagReply reply){     //从 Reader 缓存中删除 Tag
    if(tags.containsKey(reply.getID()))
        tags.remove(reply.getID());
}
...
}
```

为了方便上层程序可以知晓新的 Tag 的到来，定义了一个链表：
`private LinkedList<MachineRequest> machineRequests`

这里存放着机器异步发送来的信息，如果上层程序需要知道这些信息，可以通过新建一个线程调用 Reader 的 public MachineRequest getMachineRequest()来获取这些信息。链表的定义和异步事件处理函数的实现如下所示。

```
public class RFIDReader {
    private LinkedList<MachineRequest> machineRequests;
    //机器的异步指令，这里把新添加 tag 作为异步事件
    ...
    public MachineRequest getMachineRequest(){
        //用户线程调用此函数负责处理异步事件
        MachineRequest macReg;
        try {
            machineRequestsNum.acquire();
            machineRequestsLock.acquire();
            macReg = machineRequests.removeFirst();
            machineRequestsLock.release();
            return macReg;
        } catch (InterruptedException e) {
            e.printStackTrace();
            return null;
        }
    }
    ...
}
```

当然上层程序没有用到这个函数；上层程序只是依照某一特定时刻物理 Reader 中的状态来进行业务操作的。函数 getStringIDs()的实现如下所示。

```
public class RFIDReader {
    ...
    public String[] getStringIDs(){              //以 String 数组的形式返回 Tag 的 ID
        ArrayList<String> result = new ArrayList<String>();
        for(Iterator i = tags.entrySet().iterator(); i.hasNext(); ){
```

```
                Map.Entry<String, RFIDTag> entry = (Map.Entry<String, RFIDTag>)i.next();
                RFIDTag tag = (RFIDTag)entry.getValue();
                result.add(tag.getID());
            }
            Debug.debug("ID nums:" + result.size());
            return (String[])result.toArray();
        }
        ...
}
```

## 2. read()和write()的实现

对读写函数的实现的设想是一个物理 Reader 对应唯一一个 Reader 对象（通过 ReaderManager 的静态工厂方法实现）（目前仍然是用户自己通过 New 创建一个 Reader 对象来进行相应操作）。当多用户对应一个 Reader 时，就需要对用户的操作进行管理（同步等）。例如 Thread A 可能要读 Tag A 的 A1 位置的数据，Thread B 可能要读 Tag A 的 A2 位，如果不加管理，由 Thread A 和 Thread B 任意发送，很可能会造成相互干扰。另外，在文档中并未说明任务的应答顺序一定与任务的递交顺序相同，因此可能产生如下的情形"Read A1 的命令→Read A2 的命令→Read A2 的结果→Read A1 的结果"。

所以不能使用传统的"发送→读取→再发送→再读取"这样的模型。为了解决这个问题使用了：private LinkedList<UserRequest> userReadRequests 这个链表来记录用户的读请求，每当用户调用 String read(String cardID, String startAddress, String length)操作时，就创建一个 UserRequest 对象加入 userReadRequests 中，并且阻塞在这个 UserRequest 的 waitRequest()上，直到相应的数据被读取。同样，为了保证对 Reader 操作的原子性，使用了一个操作的链表：private LinkedList<Command> userCommands。读写操作中用到的链表定义和读写函数的实现如下所示。

```java
public class RFIDReader {
        private LinkedList<UserRequest> userReadRequests;      //用户等待回应的读指令
        private LinkedList<Command> userCommands;              //用户等待发送的写指令
        ...
        public String read(String cardID, String startAddress, String length){
            //读取 Tag 上指定位置的信息
            UserRequest userReadRequest = new UserRequest(cardID, UserRequest.REQUEST_READ,
startAddress, length , null);
            Command userReadCommand = new Command();
            userReadCommand.setType(Command.TYPE_READ_DATA);
            userReadCommand.setID(cardID);
            userReadCommand.setAddress(startAddress);
            userReadCommand.setLength(length);

            try {
                userReadRequestsLock.acquire();
                userReadRequests.addLast(userReadRequest);
                userReadRequestsLock.release();
                userCommandsLock.acquire();
                userCommands.addLast(userReadCommand);
                userCommandsLock.release();
                userCommandsNum.release();
            } catch (InterruptedException e) {
                e.printStackTrace();
            }
            userReadRequest.waitRequest();
            return userReadRequest.getData();
```

```
}
    //向上层提供的接口
    public boolean write(String cardID, String startAddress, String data){
        Command userWriteCommand = new Command();
        userWriteCommand.setType(Command.TYPE_WRITE_DATA);
        userWriteCommand.setID(cardID);
        userWriteCommand.setAddress(startAddress);
        userWriteCommand.setData(data);

        try{
            userCommandsLock.acquire();
            userCommands.addLast(userWriteCommand);
            userCommandsLock.release();
            userCommandsNum.release();
            return true;
        }catch(InterruptedException e){
            e.printStackTrace();
            return false;
        }
    }
    ...
}
```

发送线程从链表中取出操作,发送给 Reader。发送线程的流程图如图 11.20 所示。

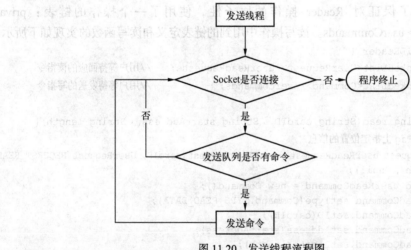

图 11.20 发送线程流程图

发送线程的代码实现如下所示。

```
package org.staywizu;

import java.io.IOException;
import java.io.OutputStream;
import java.net.Socket;

public class RFIDReaderSendThread implements Runnable{

    private RFIDReader reader;
    private Socket sock;

    public RFIDReaderSendThread(RFIDReader reader){
        this.reader = reader;
```

```
            this.sock = reader.getSock();
    }

    //发送线程从 Reader 处得到发送任务
    //不停发送给 Reader
    @Override
    public void run() {
        OutputStream outputStream;
        try {
            outputStream = sock.getOutputStream();
            while(sock.isConnected()){
                String command = reader.getNextCommand().toReaderCommand();
                byte[] commandByte = command.getBytes();
                outputStream.write(commandByte);
                outputStream.flush();
            }
        } catch (IOException e) {
            e.printStackTrace();
        }
    }
}
```

接收线程则不停地从 Socket 中读取数据,将其转换后填入相应的 Request 中,接着唤醒等待在上面的进程。接收线程的流程图如图 11.21 所示。

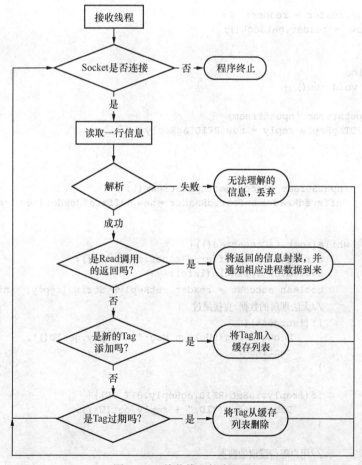

图 11.21  接收线程的流程图

接收线程的代码实现如下所示。

```java
package org.staywizu;

import java.io.BufferedReader;
import java.io.IOException;
import java.io.InputStream;
import java.io.InputStreamReader;
import java.net.Socket;

/*
 * Reader 负责初始化自身的 sock，线程中直接使用
 * RFIDReaderRecieveThread 负责相应 Reader 的信息接收工作
 * RecieveThread 接收数据后分类
 * 1）Reader request 中等待的数据 填充相应 Request
 * 2）Reader 异步产生的信息数据
 */
public class RFIDReaderRecieveThread implements Runnable{
    
    private RFIDReader reader;
    private Socket sock;
    
    public RFIDReaderRecieveThread(RFIDReader reader){
        
        this.reader = reader;
        sock = reader.getSock();
    }
    
    @Override
    public void run() {
        
        InputStream inputStream;
        RFIDTagReply reply = new RFIDTagReply();
        
        try {
            
            inputStream = sock.getInputStream();
            BufferedReader bufferedReader = new BufferedReader(new InputStreamReader(inputStream));
            
            while(sock.isConnected()){
                String info = bufferedReader.readLine();
                System.out.println(info);
                boolean success = reader.setReplyByString(reply, info);
                //无法理解的数据 直接跳过
                if(!success){
                    Debug.debug("Unkown Msg:" + reply.getID());
                    continue;
                }
                
                if(!reply.isSet(RFIDTagReply.BIT_ID)){
                    Debug.debug("ID:" + reply.getID());
                }
                
                //用户等待读取的数据
                if(reply.isReadReply()){
```

```
                reader.fillUserRequest(reply);
                continue;
            }
            //这是一个新的 ID
            if(reply.isSet(RFIDTagReply.BIT_ID) && !reader.hasSpecTag(reply)){
                reader.addTag(reply);
                reader.fillMachineRequests(reply);
                continue;
            }
            //这是一个过期 ID
            if(reply.isSet(RFIDTagReply.BIT_ID) && reply.isExpired()){
                reader.delTag(reply);
                reader.fillMachineRequests(reply);
                continue;
            }
        }
    } catch (IOException e) {
        e.printStackTrace();
    }
}
```

系统类图如图 11.22 所示。

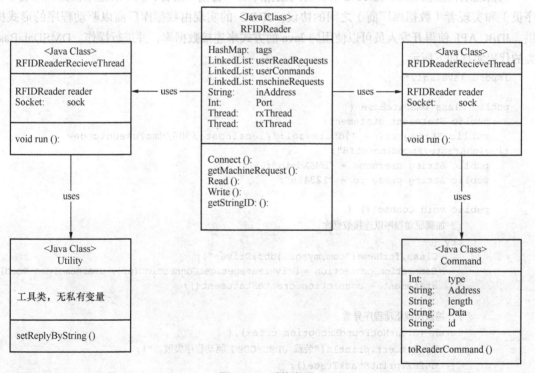

图 11.22 系统类图

## 11.3.3 数据库连接

JDBC（Java DataBase Connectivity）是 Java 运行平台的核心类库中的一部分，提供了访问数据库的 API，它由一些 Java 类和接口组成。在 Java 中可以使用 JDBC 实现对数据库中表记录的查询、修改和删除等操作。JDBC 操作不同的数据库仅仅是连接方式上的差异，使用 JDBC 的应用程序一旦和数据库建立连接，就可以使用 JDBC 提供的 API 操作数据库。

本系统与数据库的连接便使用了 JDBC，连接数据库的步骤如下。

① 加载 JDBC 驱动程序：

```
Class.forName("com.mysql.jdbc.Driver");
```

② 与数据库建立连接：

```
Connection connection = DriverManager.getConnection(url, username, password);
```

③ 若要对数据库进行操作，需获得一个 Statement 对象，将 sql 语句通过连接发送到数据库中执行：

```
public Statement statement;
statement = connection.createStatement();
```

④ 关闭数据库：

**statement.getConnection().close();**

系统若要实现与数据库的连接并执行相应的 sql 语句，需首先定义一个 DMSDataBase 对象，然后调用 DMSDataBase 类中定义的各个函数，如：

```
DMSDataBase DB = new DMSDataBase();
DB.Connect();
```

从物理结构上说 JDBC 是 Java 语言访问数据库的一套接口集合，从本质上来说是调用者（程序员）和实现者（数据库厂商）之间的协议。JDBC 的实现由数据库厂商以驱动程序的形式提供。JDBC API 使得开发人员可以使用纯 Java 的方式来连接数据库，并进行操作。DMSDataBase 类的代码实现如下所示。

```
import java.sql.*;

public class DMSDataBase {
    public Statement statement;
    public String url = "jdbc:mysql://localhost:3306/dms?useUnicode=true&characterEncoding=utf8";
    public String username = "DMSAdmin";
    public String password = "123456";

    public void Connect() {
        // 加载驱动程序以连接数据库
        try {
            Class.forName("com.mysql.jdbc.Driver");
            Connection connection = DriverManager.getConnection(url, username,password);
            statement = connection.createStatement();
        }
        // 捕获加载驱动程序异常
        catch (ClassNotFoundException cnfex) {
            System.err.println("装载 JDBC/ODBC 驱动程序失败。");
            cnfex.printStackTrace();
            System.exit(1); // terminate program
        }
        // 捕获连接数据库异常
        catch (SQLException sqlex) {
            System.err.println("无法连接数据库");
            sqlex.printStackTrace();
```

```java
            System.exit(1); // terminate program
        } catch (Exception sqlex) {
            System.err.println("无法连接数据库");
            sqlex.printStackTrace();
            System.exit(1); // terminate program
        }
        System.out.println("DataBase Connect Success!!");
    }

    public void Disconnect() {
        try {
            statement.getConnection().close();
        } catch (SQLException e) {
            // TODO Auto-generated catch block
            e.printStackTrace();
        }
    }

    public ResultSet Query(String sql) {
        try {
            return statement.executeQuery(sql);
        } catch (SQLException e) {
            // TODO Auto-generated catch block
            e.printStackTrace();
            return null;
        }
    }

    public boolean Insert(String sql) {
        try {
            statement.execute(sql);
            return true;
        } catch (SQLException e) {
            // TODO Auto-generated catch block
            e.printStackTrace();
            return false;
        }
    }

    // 返回更新的记录条数
    public int Update(String sql) {
        try {
            return statement.executeUpdate(sql);
        } catch (SQLException e) {
            // TODO Auto-generated catch block
            e.printStackTrace();
            return 0;
        }
    }

    public boolean Delete(String sql) {
        try {
            statement.execute(sql);
            return true;
        } catch (SQLException e) {
```

```
            // TODO Auto-generated catch block
            e.printStackTrace();
            return false;
        }
    }
}
```

## 11.4 系统使用说明

### 11.4.1 主界面

系统主界面如图 11.23 所示，主菜单栏有文件、文档管理、用户管理、业务、设置和帮助菜单。工具栏有查找文档和查找用户。单击文档管理菜单有 4 个子菜单栏，分别是添加文档、编辑文档、查找文档和删除文档。用户管理菜单下有 4 个子菜单栏，分别是添加用户、编辑用户、查找用户和删除用户。业务菜单下有两个子菜单，分别是数据库设置和 RFIDReader 设置。

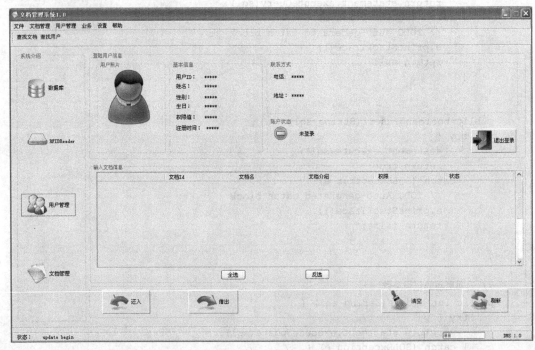

图 11.23 软件首页

界面左边的系统介绍中有数据库设置、RFIDReader 设置、用户管理和文档管理。中间区域，上方显示的是登录用户的信息，主要有用户照片、用户基本信息和联系方式。其中用户的基本信息：用户 ID、姓名、性别、生日、权限值和注册时间；联系方式有电话和地址。用户的账户状态，如果用户未登录，那么显示的是黄色的图标，表示用户未登录；如果用户已经登录，显示的将会是绿色的图标，表示已经成功登录，显示的信息是账号状态正常，可执行业务操作。最右边的按钮是用户退出登录按钮，如果是已登录的用户，单击退出登录按钮即可退出。下方区域显示的文档的信息，包括文档 Id、文档名、文档介绍、权限和状态。对于文档有全选和反选两个按钮，单击全选按钮，显示的所有信息将会被选中，再单击反选按钮，所有被选中的信息将会被取消掉。

界面的最下面有借出按钮、还入按钮、清空按钮和刷新按钮。单击刷新按钮，可以读出 RFIDReader 所识别的所有文档，所有的文档将会在输入文档信息中显示出来，选中文档，单击借出，如果文档的状态是正常状态，那么表示此文档是可以借出的，将会弹出文档借出成功消息提示框，文档的状态被改为外借状态；如果文档的状态是外借状态或者维护状态，那么此文档是不可以借出的，将会提示此文档不可借的信息。清空按钮操作实现的是将 RFIDReader 所读出的所有文档全部清空，如图 11.24 所示。

图 11.24　清空按钮的操作

用户登录后单击刷新按钮后，显示出此用户所借的文档信息，选中文档，单击还入按钮即可将文档还回来，同时文档的状态改为正常状态，表示还回的文档可以进行借出操作。如果用户没有登录，单击借出按钮，会弹出"非法操作，用户未登录"提示框，如图 11.25 所示。

图 11.25　非法操作，用户未登录提示框

单击清空按钮，即可将所有的读出文档信息进行清空。刷新按钮就可将最新读出的文档信息显示在界面上。

### 11.4.2　用户登录

用户登录只需将 RFID 卡放在读卡区即可，信息读出来后用户就直接登录。单击刷新按钮，用户的信息将会显示出来，退出登录单击退出登录按钮就可以。登录成功如图 11.26 所示。

图 11.26　用户登录成功

用户单击退出登录按钮后，界面如图 11.27 所示。

图 11.27　用户未登录状态

### 11.4.3　文档借出

文档借出操作只能在用户登录之后进行，如果用户没有登录，选中文档单击借出按钮，将会提示出错信息"非法操作，用户未登录"。如图 11.28 所示，用户的状态可以看到用户没有登录，文档权限有一个黄色的警示符，说明现在是不能借阅的。如果单击借出按钮，将会弹出提示框，如图 11.25 所示。

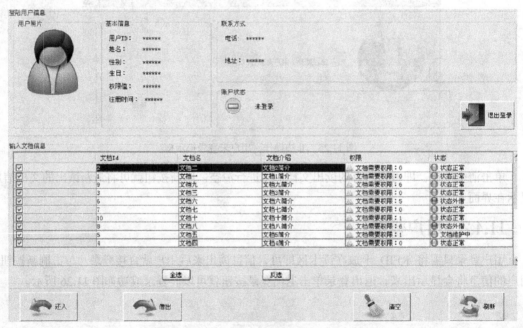

图 11.28　用户未登录借阅文档

从图 11.29 中可以看到在权限一栏，带有红色错误标记的文档需要权限为 0，说明用户的权限不够，不能够借阅此文档，带有绿色对号标记的文档说明登录的用户可以借阅此文档。在状态一栏文档的状态如为绿色标记，表明状态正常，文档可以借出；文档的状态为红色标记，表明状态外借的，说明文档已经被借出。

借出成功后会弹出一个消息提示框，如图 11.30 所示。

图 11.29  文档借出

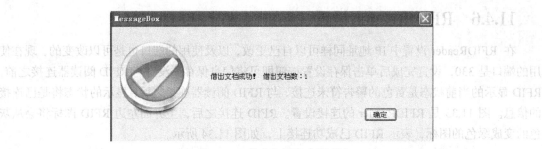

图 11.30  借出文档成功提示框

## 11.4.4  文档还入

文档还入操作不需要用户登录就可以进行的，只要将要还的文档放在 RFIDReader 区读，单击刷新按钮，文档将会显示在界面中，全部选中单击还入按钮即可将所借的文档全部归还。归还成功后会弹出一个消息提示框，如图 11.31 所示。

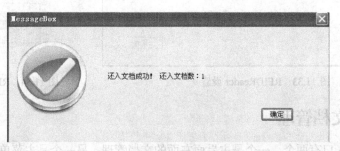

图 11.31  还入文档成功提示框

## 11.4.5  数据库设置

单击主界面左面的数据库，会弹出数据库设置的对话框如图 11.32 所示，连接的 IP 地址可以自己更改，使用的端口可以看到是 3306，用户名和密码可以自己设置，设置完毕后，单击保存设置按钮来保存修改过的信息。如果数据库已连接将会以绿色的图标显示，当前状态是已连接的；如果没有连接数据库的话，显示的数据库状态是未连接的黄色标记，单击连接按钮进行数据库的连接，单击断开连接按钮进行断开数据库的操作。

155

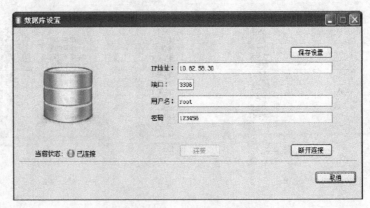

图 11.32　数据库设置

## 11.4.6　RFIDReader 设置

在 RFIDReader 设置中 IP 地址同样可以自己更改，以及使用的端口也是可以改变的，现在使用的端口是 330，设置完成后单击保存设置按钮即可将信息保存。没有与 RFID 阅读器连接之前，RFID 显示的当前状态是黄色的警告符未连接，与 RFID 阅读器连接之后，显示的状态将是已连接的信息。图 11.33 是 RFIDReader 的连接设置。RFID 连接之后，主界面左边 RFID 图标将会从灰色的变成绿色的图标，表示 RFID 已成功连接上，如图 11.34 所示。

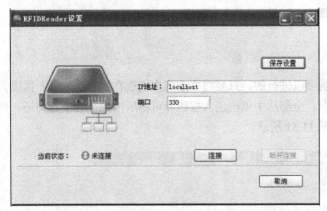

图 11.33　RFIDReader 设置

图 11.34　RFIDReader 连接成功

## 11.4.7　文档管理

文档管理的入口有两个，一个是主界面左面的文档管理，另一个是主菜单栏中的文档管理。如图 11.35 所示，对文档的操作有添加、编辑、查找和删除。

查找文档可以按照文档 ID 和文档名查找，文档 ID 是必须精确查找的，文档名是可以模糊查找的，图 11.36 所示。

按照文档名还是文档 ID 查找的选项是下拉框式的，选择查找的类型进行查找。初试状态是按照文档名，查找框内什么都不输入时，查找出所有的文档，文档的展示栏中，显示的选项有文档 ID、文档名、文档简介、权限和状态。权限设定的值越小，那么权限越大。文档状态有三种形式：正常状态、外借状态和维护状态。每种状态旁边都有一个不同颜色的小图标来表示，正常状态对应绿色图标，外借状态对应红色图标，维护状态对应黄色图标，这样可以很清楚地展示文档的状态。

图 11.35　文档管理

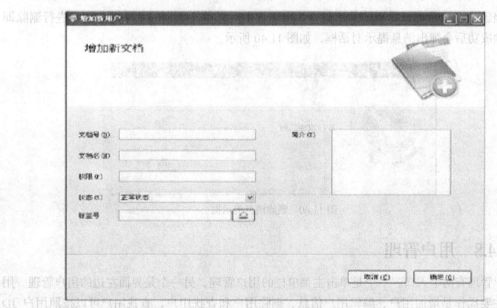

图 11.36　查找

增加新文档，单击左上方增加文档的小图片即可弹出增加文档的对话框。如图 11.37 所示。

图 11.37　增加新文档

将文档的相关信息填入相应的地方，文档的状态是下拉式选择型的，标签号是单击相应的按钮直接从 RFIDReader 读出来的，不需要手动输入。文档 ID 是整数型的，只能填数字。如果写的类型不对的话，将会弹出出错的信息，如图 11.38 所示。

同样，其他的属性项都设置了校验项，信息填完之后单击确定按钮即可将新文档的信息保存在数据库中。

文档编辑首先选中需要编辑的文档，如果同时选中了多个文档，那么只将第一个选中项进行编辑。文档 ID 规定是不能更改的，其他的信息均可以修改。编辑框可以通过单击相应的图片按钮弹出，也可以双击选中项弹出编辑框。修改完成后单击确定按钮即可将修改的信息保存到数据库中，如果想放弃修改，单击取消按钮即可，如图 11.39 所示。

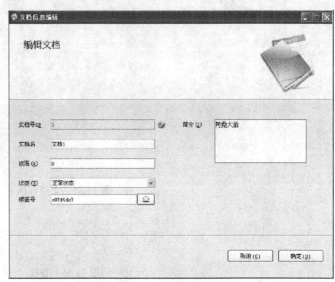

图 11.38　增加新文档　　　　　　　　图 11.39　编辑文档

文档删除，只需将想要删除的信息查找出来选中后，单击上面的删除图片按钮进行删除即可，删除成功后会弹出消息提示对话框，如图 11.40 所示。

图 11.40　删除消息提示框

### 11.4.8　用户管理

用户管理有两个入口，一个是单击主菜单栏的用户管理，另一个是界面左边的用户管理。用户管理主要操作是增加用户、编辑用户信息、删除用户和查找用户，查找用户可以按照用户 ID 精确查找和用户名模糊查找，如图 11.41 所示。

增加新用户，标签号同样是从 RFIDReader 直接读出来获得的，RFIDReader 是从用户卡的标签上获得的，不需要手动输入。其他的信息是用户可以直接输入的，输入项都是有校验信息的，如果输入的不合格会有相应的提示信息。单击确定按钮即可成功增加新用户。图 11.42 所示为增加新用户。

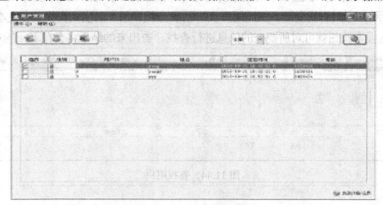

图 11.41　模糊查找

图 11.42　增加新用户

选中需要修改的用户，双击即可弹出编辑用户的页面，在编辑页将需要修改的信息修改完成后单击确定按钮，即可将修改后的信息保存在数据库中。不想修改单击取消按钮即可退出到主界面，如图 11.43 所示。

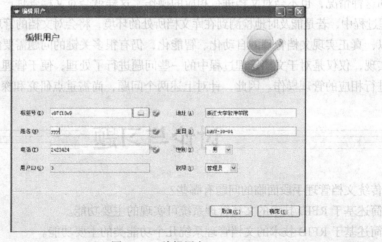

图 11.43　编辑用户

查询出想要删除的用户,选中单击删除按钮即可将信息删除。当然也可以多个同时删除。查找用户如图 11.44 所示,可以查找全部,按照用户 ID 精确查找和用户名模糊查找。在文本框中输入要查找的信息,单击搜索按钮就可对所要查的信息进行查找。查出来的结果将会在下面的对应项中显示。

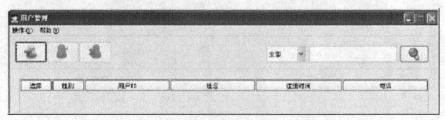

图 11.44  查找用户

## 小  结

本章在 RFID 技术的基础上,通过对现行文档管理业务中存在的不足进行分析,设计了基于射频识别技术的文档信息管理系统。本章首先对文档信息管理系统进行了详细的功能和性能需求分析;然后介绍了系统所使用的硬件,并详细描述了系统硬件的工作原理;最后在系统设计部分详细介绍了各个功能模块的类设计和数据库设计,并给出了系统实现之后的主界面。

为了实现系统对于文档信息、用户信息和用户借出信息的管理,首先要读取文档和用户标签,获取文档和用户信息,将信息存储于数据库中,然后进行相应的处理和管理工作。采集文档和用户信息,主要基于 RFID 技术,由系统硬件部分实现,然后交由软件部分进行处理和管理。本系统实现了管理人员对文档信息的管理,传统的文档管理手段中所遇到的各种问题也基本上得到了解决。但本系统离文档管理的自动化、智能化还存在一定的差距。

首先,文档信息管理系统只是实现了对于文档信息的管理,便于管理员和用户了解文档信息,而对于文档的操作,尚需要管理员进行大量的工作,这种情况在文档数目巨大的时候,会成为一个很麻烦的问题。

其次,文档的管理环境会对文档产生一定的影响,当环境不利于文档的保存时,管理员并不会了解到这种情况,也不会对文档进行相应的操作,这样就会对文档管理产生不好的效果。在文档的管理过程中,若是能及时地检测到在库文档所处的环境,将会对文档的管理带来极大的便利。

所以,真正实现文档管理的自动化、智能化,仍有很多关键的问题需要解决。文档信息管理系统的实现,仅仅是对于文档管理过程中的一些问题进行了处理,便于管理员掌握文档信息的流向,并进行相应的管理操作。因此,针对上述两个问题,尚需重点研究和探讨。

## 讨论与习题

1. 传统文档管理手段面临的问题有哪些?
2. 简述基于 RFID 技术的文档管理系统可实现的主要功能。
3. 简述基于 RFID 技术的文档管理系统几个功能类的主要功能。
4. RFID Reader 类为上层用户提供了哪几个函数?

# 第 12 章
# 资产管理系统

随着大型企业的不断扩张，企业固定资产也越来越多，管理起来也越来越复杂。企业资产管理变成一项重要的任务，但传统资产管理系统是一种静态的管理方法，对资产的各种管理操作依赖装在 PC 机上的资产管理软件。对资产管理业务，如新资产信息的录入，资产信息的修改，资产的报废，都只能通过在固定的 PC 机上的软件或通过 Web 进行操作。RFID 技术的发展，尤其是 RFID 读写器的手持设备的发展，为 RFID 技术在资产管理系统的应用提供了硬件基础，将 RFID 技术应用于资产管理系统变成一个提高资产管理效率的好方法。

与此同时，在现代资产管理实践中，资产的丢失、资产的位置无法确认成为日益突出的问题。传统的资产管理系统中往往把资产的位置信息存在数据库中，但此位置属性经常是过期无效的，因为资产有可能被移动，而移动信息却没有在管理系统中登记，如果在管理系统中登记，操作过程也是比较麻烦的。于是本章提出一种保持资产位置属性有效的方案，利用 RFID 技术的优势，实现对资产的定位，能辨别出资产所在的某工作区域即可，例如某房间，某办公室内，定位过程操作简单，不需要向数据库中手动录入。

## 12.1 系统需求分析

### 12.1.1 任务目标与功能需求

该系统开发的主要目的是对资产进行管理。资产管理系统主要功能包括资产录入、资产调拨、资产转移、资产回收、资产报废和资产查询 6 个方面。其他功能需求还有新增物品类型、修改物品类型信息和删除物品类型信息。资产管理系统功能结构设计如图 12.1 所示。

资产管理：由资产管理员进行操作，可对资产进行报废、修改和添加处理。具体如下。

（1）资产录入

录入新的资产，同时确定其资产编号，RFID EPC（标签地址），及关联一个物品类，新录入的资产的状态为可用，可以被分配到某个部门。

（2）资产调拨

把可用状态的资产分配给某个部分，同时确定其负责人、放置地点，并同时记录操作员信息和分配时间。同时资产状态改为已分配状态。

（3）资产转移

可以将已分配状态下的资产重新分配给另外的部门，或只是将资产的位置改变而不做重新分配。

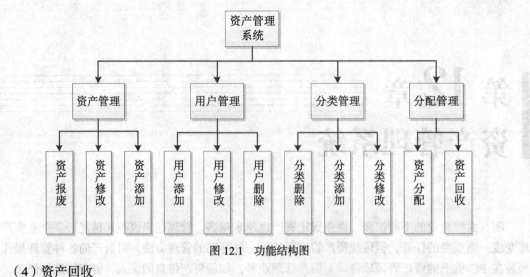

图 12.1 功能结构图

（4）资产回收

将已分配状态下的资产回收到资产库，执行该操作后资产的分配记录将被删除，资产状态改为可用状态。

（5）资产报废

把可用状态的资产报废，从资产记录中删除记录，执行该操作后，关联到该资产的所有信息将被删除。

（6）资产查询

资产查询可以快速地获取某资产的信息，查询可按物品名称和物品类型，也可以按资产编号，系统同时支持按资产分配信息查询，如资产位置、分配部门、责任人等。

用户管理：有资产管理员进行操作，可添加用户、删除用户以及修改用户信息。

分类管理：由管理员进行操作，可对资产进行添加分类、删除分类以及修改分类信息。

分配管理：由资产管理员进行操作，可对资产进行分配和回收。

### 12.1.2 用例及用例描述

用户管理模块的用例图如图 12.2 所示。

用户管理模块的用例包括用户添加（见表 12.1）、修改用户信息（见表 12.2）、用户删除功能（见表 12.3）3 个部分，这 3 个部分的主要参与者是管理员。

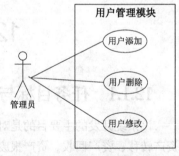

图 12.2 用户管理用例图

表 12.1　　　　　　　　　　　　　　　用户添加

| 用例名：用户添加 | | ID：1 | | 重要性：高 |
|---|---|---|---|---|
| 主要参与者：管理员 | | | | |
| 简短描述：这个用例描述的是怎样添加用户 | | | | |
| 触发事件：管理员想添加用户 类型：外部的 时序的 | | | | |
| 主要输入： 描述　　　来源 工作需求　管理员 | | | 主要输出： 描述　　　　目标 成功注册　手持设备中有记录 | |

续表

| 主要执行步骤: | 步骤所需信息: |
|---|---|
| 1. 管理员将进入用户添加页面,填写相关的用户信息<br>2. 符合注册的条件<br>3. 注册成功 | 管理员审核<br>成为该系统的管理员 |

表 12.2　　　　　　　　　　　　　修改用户信息

| 用例名:修改用户信息 | ID:2 | 重要性:高 |
|---|---|---|

主要参与者:管理员

简短描述:这个用例描述的是管理员怎样修改用户信息

触发事件:管理员想修改用户信息,信息有错误,需要更正的地方

类型:外部的 时序的

| 主要输入:<br>描述　　　　　　　　来源<br>用户信息需要修改　　客户 | 主要输出:<br>描述　　　　　　　　目标<br>用户需要更改的信息　信息修改成功 |
|---|---|
| 主要执行步骤:<br>1. 管理员寻找相应的用户<br>2. 单击修改用户填入信息<br>3. 确定 | 步骤所需信息:<br>用户已经在此系统中注册 |

表 12.3　　　　　　　　　　　　　用户删除

| 用例名:用户删除 | ID:3 | 重要性:高 |
|---|---|---|

主要参与者:管理员

简短描述:这个用例描述的是客户怎样销户

触发事件:用户不再使用此系统

类型:外部的 时序的

| 主要输入:<br>描述　　　　　　　　来源<br>用户的状态是正常的　用户 | 主要输出:<br>描述　　　　　　　　　　目标<br>数据库中该用户的状态为销户　用户销户成功 |
|---|---|
| 主要执行步骤:<br>1. 客户不再使用该系统<br>2. 系统中找到相匹配的 ID 号<br>3. 删除记录 | 步骤所需信息:<br>用户已经在此系统中注册 |

资产管理系统模块的用例图如图 12.3 所示。

图 12.3　资产管理用例图

资产管理模块的用例包括资产添加（见表12.4）、资产信息修改（见表12.5）、资产报废功能（见表12.6）3个部分，这3个部分的主要参与者是管理员。

表12.4　　　　　　　　　　　　　　　　资产添加

| 用例名：资产添加 | ID：4 | 重要性：高 |
|---|---|---|
| 主要参与者：管理员 | | |
| 简短描述：这个用例描述的是怎样添加资产 | | |
| 触发事件：管理员想添加资产<br>类型：外部的 时序的 | | |
| 主要输入：<br>描述　　来源<br>工作需求 管理员 | 主要输出：<br>描述　　　目标<br>成功注册 手持设备中有记录 | |
| 主要执行步骤：<br>1. 管理员将进入资产添加页面，填写相关的用户信息<br>2. 符合注册的条件<br>3. 注册成功 | 步骤所需信息：<br>管理员审核<br>成为该系统的管理员 | |

表12.5　　　　　　　　　　　　　　　资产信息修改

| 用例名：资产信息修改 | ID：5 | 重要性：高 |
|---|---|---|
| 主要参与者：管理员 | | |
| 简短描述：这个用例描述的是管理员怎样修改资产信息 | | |
| 触发事件：管理员想修改资产信息，信息有错误，需要更正的地方<br>类型：外部的 时序的 | | |
| 主要输入：<br>描述　　　　　来源<br>资产信息需要修改 客户 | 主要输出：<br>描述　　　　　目标<br>资产需要更改的信息 信息修改成功 | |
| 主要执行步骤：<br>1. 管理员寻找相应的资产<br>2. 单击修改资产填入信息<br>3. 确定 | 步骤所需信息：<br>资产已经在此系统中注册 | |

表12.6　　　　　　　　　　　　　　　　资产报废

| 用例名：资产报废 | ID：6 | 重要性：高 |
|---|---|---|
| 主要参与者：管理员 | | |
| 简短描述：这个用例描述的是管理员怎样报废资产 | | |
| 触发事件：资产因为丢失或者使用寿命到期报废<br>类型：外部的 时序的 | | |
| 主要输入：<br>描述　　　　　来源<br>资产的状态是正常的 用户 | 主要输出：<br>描述　　　　　　目标<br>数据库中该资产的 资产报废成功<br>状态为报废 | |
| 主要执行步骤：<br>1. 资产因为丢失或者使用寿命到期报废<br>2. 系统中找到相匹配的ID号<br>3. 删除记录 | 步骤所需信息：<br>资产已经在此系统中注册 | |

分类管理模块的用例图如图 12.4 所示。

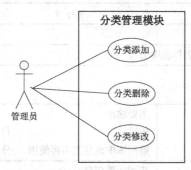

图 12.4 分类管理用例图

分类管理模块的用例包括分类添加（见表 12.7）、分类信息修改（见表 12.8）、分类删除功能（见表 12.9）3 个部分，这 3 个部分的主要参与者是管理员。

表 12.7　　　　　　　　　　　　　　　分类添加

| 用例名：分类添加 | | ID：7 | 重要性：高 |
|---|---|---|---|
| 主要参与者：管理员 ||||
| 简短描述：这个用例描述的是怎样添加分类 ||||
| 触发事件：管理员想添加分类<br>类型：外部的 时序的 ||||
| 主要输入：<br>描述　　来源<br>工作需求　管理员 || 主要输出：<br>描述　　目标<br>成功注册　手持设备中有记录 ||
| 主要执行步骤：<br>1. 管理员将进入分类添加页面，填写相关的分类信息<br>2. 符合注册的条件<br>3. 注册成功 || 步骤所需信息：<br>管理员审核<br>添加新的分类 ||

表 12.8　　　　　　　　　　　　　　　分类信息修改

| 用例名：分类修改 | | ID：8 | 重要性：高 |
|---|---|---|---|
| 主要参与者：管理员 ||||
| 简短描述：这个用例描述的是管理员怎样修改分类信息 ||||
| 触发事件：管理员想修改分类信息，信息有错误，有需要更正的地方<br>类型：外部的 时序的 ||||
| 主要输入：<br>描述　　　　　来源<br>分类信息需要修改　客户 || 主要输出：<br>描述　　　　　　目标<br>分类需要更改的信息　信息修改成功 ||
| 主要执行步骤：<br>1. 管理员寻找相应的分类<br>2. 单击修改分类填入信息<br>3. 确定 || 步骤所需信息：<br>分类已经在此系统中注册 ||

表12.9　　　　　　　　　　　　　　　　分类删除

| 用例名：分类删除 | ID：9 | 重要性：高 |
|---|---|---|
| 主要参与者：管理员 | | |
| 简短描述：这个用例描述的是客户怎样删除分类 | | |
| 触发事件：资产中不再包含此分类<br>类型：外部的　时序的 | | |
| 主要输入：<br>描述　　　　　　　　来源<br>分类的状态是正常的　用户 | 主要输出：<br>描述　　　　　　　　目标<br>数据库中该分类不再使用　分类删除成功 | |
| 主要执行步骤：<br>1. 资产中不再包含此分类<br>2. 系统中找到相匹配的ID号<br>3. 删除记录 | 步骤所需信息：<br>分类已经在此系统中注册 | |

分配管理用例图如图12.5所示。

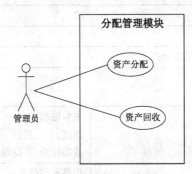

图12.5　分配管理用例图

分配管理模块的用例包括资产分配（见表12.10）、资产回收功能（见表12.11）两个部分，这两个部分的主要参与者是管理员。

表12.10　　　　　　　　　　　　　　　　资产分配

| 用例名：资产分配 | ID：10 | 重要性：高 |
|---|---|---|
| 主要参与者：管理员 | | |
| 简短描述：这个用例描述的是管理员怎样将资产分配给特定部门 | | |
| 触发事件：管理员想将资产分配给特定部门<br>类型：外部的　时序的 | | |
| 主要输入：<br>描述　　　　　　　　来源<br>分配信息　　　　　　客户 | 主要输出：<br>描述　　　　　　　　目标<br>分配需要的信息　　　信息修改成功 | |
| 主要执行步骤：<br>1. 管理员寻找相应的资产<br>2. 单击修改分配填入信息<br>3. 确定 | 步骤所需信息：<br>资产已经在此系统中注册 | |

表12.11  资产回收

| 用例名：资产回收 | ID：11 | 重要性：高 |
|---|---|---|
| 主要参与者：管理员 | | |
| 简短描述：这个用例描述的是客户怎样将资产回收 | | |
| 触发事件：资产不再属于某个部门 | | |
| 类型：外部的 时序的 | | |

| 主要输入： | | 主要输出： | |
|---|---|---|---|
| 描述 | 来源 | 描述 | 目标 |
| 资产的状态是已经分配的 | 用户 | 数据库中该资产收回 | 分配删除成功 |

| 主要执行步骤： | 步骤所需信息： |
|---|---|
| 1. 资产中不再分配给某部门<br>2. 系统中找到相匹配的 ID 号<br>3. 删除记录 | 分配已经在此系统中注册 |

## 12.1.3  运行环境需求

系统运行环境包括软件环境和硬件环境两方面，具体如表12.12所示。

表12.12  开发环境需求

| 软件环境 | 硬件环境 |
|---|---|
| 操作系统及版本：Windows 2000 及以上<br>支撑软件及版本列表：.Net 以上<br>数据库环境：SQL Server 2008 | CPU：酷睿双核<br>内存：1G<br>外存：160G<br>输入/输出设备列表：SD 读卡器、鼠标<br>RFID 手持设备：CSL 101 |

# 12.2  系 统 设 计

## 12.2.1  总体设计

终端上的临时数据库用文件实现存储引擎，并实现 insert、delete、updata 等接口。临时数据采用面向对象设计方法，系统类图如图 12.6 所示。

MyTable 类是数据存储的公共接口，包括插入、删除、更新等操作，AccountTable、AssignmentTable、MaterialTable 和 AssetTable 类继承了 MyTable 的公共操作，并且可通过不同关键字进行查找，AccountRecord、AssignmentRecord、MaterialRecord 和 AssetRecord 类主要对应其字节流存储的实现。

每个数据库表用两个文件实现：数据存储文件（后缀为.td）和辅助信息文件（后缀为.ti）。

**1. 数据存储文件**

数据存储文件以.td 结尾，用于存储真实数据。

（1）操作员信息表

操作员信息表包括操作员 ID、密码、姓名 3 个字段，如下所示。

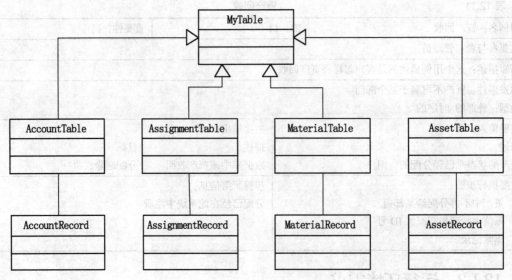

图 12.6 终端类图

| 字段名 | OPERATORID | PASSWORD | NAME |
|---|---|---|---|
| 长度 | 10 | 10 | 40 |

其长度用以下常量表示。

操作员信息表常量定义

public const int OPERATORID_SIZE = 10;
public const int PASSWORD_SIZE = 10;
public const int NAME_SIZE = 40;
public const int RECORD_SIZE = OPERATORID_SIZE+PASSWORD_SIZE +NAME_SIZE =60;

（2）物品信息表

物品信息表包括物品序号、物品名称、物品分类、分类序号和时间戳等字段，如下所示。

| 字段名 | MATERIALNUMBER | MATERIALNAME | MATERIALKIND | MODELNUMBER | TIMESTAMP |
|---|---|---|---|---|---|
| 长度 | 4 | 40 | 40 | 40 | 8 |

其长度用以下常量表示。

物品信息表常量定义

public const int MATERIALNUMBER_SIZE = 4;      // MaterialNumber int =   4 bytes
public const int MATERIALNAME_SIZE = 40;       //MaterialName char[40] = 40 bytes
public const int MATERIALKIND_SIZE = 40;       //MaterialKind char[40] = 40 bytes
public const int MODELNUMBER_SIZE = 40;        //ModelNumber char[40] = 40 bytes
public const int TIMESTAMP_SIZE = 8;           //TimeStamp long = 8 bytes
public const int RECORD_SIZE = MATERIALNUMBER_SIZE + MATERIALNAME_SIZE + MATERIALKIND_SIZE + MODELNUMBER_SIZE + TIMESTAMP_SIZE ;    //记录块大小物品信息表

（3）资产信息表

资产信息表包括资产序号、物品序号、状态、RFID序列号创建者、时间戳等字段，如下所示。

| 字段名 | ASSETNUMBER | MATERIALNUMBER | STATE | RFIDMAC | BUILDER | TIMESTAMP |
|---|---|---|---|---|---|---|
| 长度 | 20 | 4 | 4 | 8 | 10 | 8 |

其长度用以下常量表示。

资产信息表常量定义

```
public const int ASSETNUMBER_SIZE = 20;              // AssetNumber char 20 =   20 bytes
public const int MATERIALNUMBER_SIZE = 4;            //MaterialNumber uint =   40 bytes
public const int STATE_SIZE = 4;                     //state int   = 4 bytes       state = 0
public const int RFIDMAC_SIZE = 8;                   //RFIDMAC byte[8] = 8 bytes
public const int BUILDER_SIZE = AccountTable.OPERATORID_SIZE;   // builder char[10]
public const int TIMESTAMP_SIZE = 8;                                //TimeStamp long = 8 bytes
public const int RECORD_SIZE = ASSETNUMBER_SIZE+ MATERIALNUMBER_SIZE+ STATE_SIZE+
RFIDMAC_SIZE+ BUILDER_SIZE+ TIMESTAMP_SIZE ;          //记录块大小物品信息表
```

（4）资产分配信息表

资产分配信息表包括资产序号、部门、原则、位置、分配时间、创建者、时间戳等字段，如下所示。

| 字段名 | ASSETNUMBER | DEPARTMENT | PRINCIPAL | LOCATION | ASSIGNEDTIME | BUILDER | TIMESTAMP |
|---|---|---|---|---|---|---|---|
| 长度 | 20 | 40 | 40 | 80 | 8 | 10 | 8 |

其长度由以下常量表示。

资产分配信息表常量定义

```
public const int ASSETNUMBER_SIZE = AssetTable.ASSETNUMBER_SIZE;
public const int DEPARTMENT_SIZE = 40;        //department char[40] = 40 bytes
public const int PRINCIPAL_SIZE = 40;         //principal   char[40] =40 bytes
public const int LOCATION_SIZE = 80;          //location char[80] = 80 bytes
public const int ASSIGNEDTIME_SIZE = 8 ;      //assignedtime long = 8 bytes
public const int BUILDER_SIZE = AccountTable.OPERATORID_SIZE;    //builder char[10] = 10 bytes
public const int TIMESTAMP_SIZE = 8;          //timestamp long = 8 bytes
public const int RECORD_SIZE = ASSETNUMBER_SIZE + DEPARTMENT_SIZE + PRINCIPAL_SIZE +
LOCATION_SIZE + ASSIGNEDTIME_SIZE + BUILDER_SIZE+ TIMESTAMP_SIZE;资产分配信息表
```

2. 辅助信息文件

辅助信息文件以.ti结尾，用来存储辅助信息。辅助信息文件的结构从逻辑上可分为两部分：文件头和空缺记录。辅助信息包括数据表总记录数、删除记录数和空缺记录，如图12.7所示。

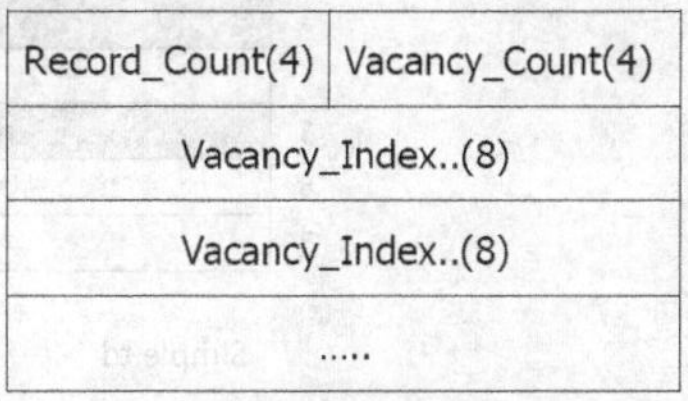

其中，Record_Count为数据表总记录数（包括已删除的记录）；Vacancy_Count为数据表中删除的记录数；Vacancy_Index为删除记录的索引，该索引表示在数据文件中的第index条记录已被删除，当新记录建立时，可以写覆盖。例如某表simple有8条记录，其中两条（3，5）被删除，simple.td、simple.ti内的数据，如图12.8所示。

| Record_Count(4) | Vacancy_Count(4) |
|---|---|
| Vacancy_Index..(8) ||
| Vacancy_Index..(8) ||
| ...... ||

图12.7 辅助信息文件结构

删除操作处理过程，例如删除记录6后，具体如图12.9所示。

删除一条记录后，在辅助表上做删除记录，并增加一新的可用空记录。Record_Count =8，

Vacancy_Count=2+1=3。插入新记录时,新记录存储的首选位置为辅助表中的可用空位,如果辅助表中显示无空位可用,总记录将增加。具体如图 12.10 所示。

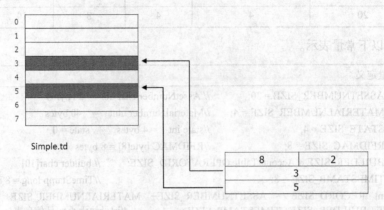

图 12.8 数据文件中的数据存储视图

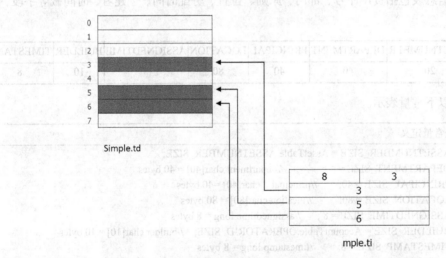

图 12.9 数据文件中的数据存储视图

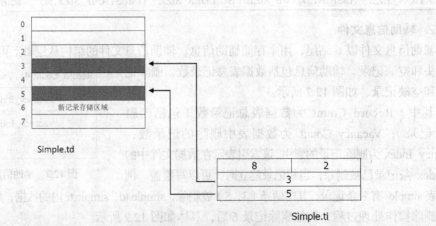

图 12.10 数据文件中的数据存储视图

数据存储共存在 4 张表：MaterialsTable，AssignmentTable，AssetTable 和 AccountTable。这四张表都继承于 Mytable，Mytable 提供一些公共操作：newtable()创建新表，open()打开表，close()关闭表，init()初始化，Insert()插入记录，delete()删除记录，modify()修改记录，readRecord()读取记录，find()查找，find_like()模糊查找，这些操作都是对字节操作。

## 12.2.2 主要逻辑图

资产分配、资产录入和资产报废逻辑图，如图 12.11~图 12.13 所示。

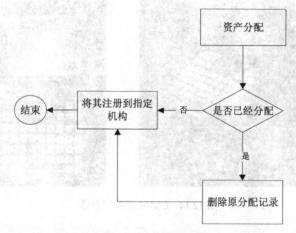

图 12.11 资产分配

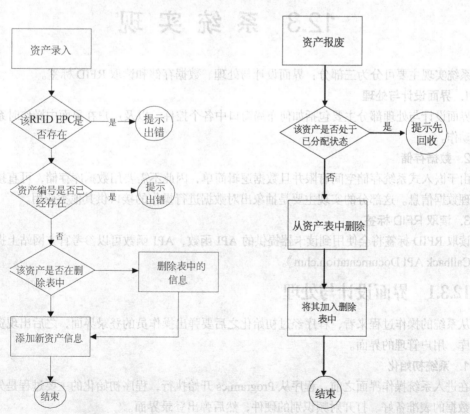

图 12.12 资产录入　　　　　　　　图 12.13 资产报废

### 12.2.3 硬件选择

资产管理系统使用的是 CS101 手持式 RFID 读卡器，CS101 是一种超高频的 EPC Class 1 Gen 2 RFID 手持读卡器，它拥有突破性的阅读范围和阅读率。该读写器配合 AD431 标签可在室外阅读 7m 距离，在室内阅读 7～11m 的距离；其读取率在选定的 Gen2 设定情况一般每秒可读 150 个标签，如图 12.14 所示。

图 12.14　CS101 手持读卡器

## 12.3　系　统　实　现

系统实现主要可分为三部分：界面设计与处理、数据存储和读取 RFID 标签。

**1. 界面设计与处理**

界面设计与处理部分主要包括如何布局窗口中各个控件，以及用户在界面中操作时系统应执行的动作。

**2. 数据存储**

由于嵌入式系统存储空间有限并且数据逻辑简单，因此不需要用数据库存储，可直接使用文件管理数据信息。这部分的实现主要是抽象出对数据进行操作的接口供其他类调用。

**3. 读取 RFID 标签**

读取 RFID 标签将会使用到读卡器提供的 API 函数，API 函数可以参考官方网站上提供的文档《Callback API Documentation.chm》。

### 12.3.1　界面设计与处理

从系统的操作过程来看，程序经过初始化之后要弹出操作员的登录界面，之后出现资料库、物品库、用户管理的界面。

**1. 系统初始化**

在进入系统操作界面之前，程序从 Program.cs 开始执行，程序初始化的主要过程是先把用来存储数据的表准备好、打开射频识别的硬件，然后弹出登录界面。

初始化的过程中要随时注意对一些异常和错误的处理。在初始化硬件的时候，如果打开失败，整个程序应该给出相应的错误提示并退出,而且初始化存储表的时候如果是系统首次运行或者表文件意外丢失,都要重新生成一个空表。

系统初始化程序如下所示,其中 Reader,Reader.Device,Reader.Utility 都是 RFIDCE.dll 中的类,这部分内容涉及一部分与硬件的接口,后文会进行详细解释。

```csharp
using Reader;
using Reader.Device;
using Reader.Utility;
    static void Main()
    {
        Encoding unicode = Encoding.Unicode;
        // 用户表,资产表等初始化
         init_table();
        // 用户 Form,资产 Form 等初始化
         initForm();
        Device.RadioPowerOn();
        // RFID Reader 初始化
        if (ReaderCE.StartupReader() != rfid.Constants.Result.OK)
        {
            MessageBox.Show("RFID启动失败!");
            return;
        }
        // 注册 RFID Reader HotKey 事件,使程序可以获得 Press Button 事件
        using (Key = new KeyboardHook())
        {
            Application.Run(loginform);
        }
        // 关闭 Reader
         ReaderCE.ShutdownReader();
        Device.RadioPowerOff();
    }
```

### 2. 登录界面

系统初始化完成之后会进入系统登录界面。用户登录首先从文本框控件中提取出用户名和密码,如果是 root:123,则认为是程序的保留账户,认证成功,否则就从用户表中搜索有没有与输入的用户名和密码对应的项,根据用户名和密码的正确性给出三种结果:验证成功、账户不存在或者密码错误。如果验证成功,则转到主窗口即 mainform。

```csharp
// 注册"登录"按钮的 Click 事件
private void button1_Click(object sender, EventArgse)
{
    // verify()函数负责验证用户的输入结果
    int result =verify();
    if (result==0)
    {
        MessageBox.Show("验证成功");
        Program.mainform = new MainForm();
        Program.mainform.Show();
        Program.loginform.Hide();
    }
    else if (result ==1 )
    {
        MessageBox.Show("账户不存在");
```

```csharp
        }
        else if (result == 2)
        {
            MessageBox.Show("密码错误");
        }
    }

    //0 账户密码正确,1 账户不存在,2 密码错误
    private int verify()
    {
        //从输入框获得用户输入
        char[] operatorID = (operatorID_textBox.Text+"\0").ToCharArray();
        char[] password =( password_textBox.Text+"\0").ToCharArray();

        //将输入转换成数据库中一致的形式进行查找
        byte[] operatorid_bytes = new byte[AccountRecord.OPERATORID_SIZE];
        MyTable.cpbytes(operatorid_bytes, MyTable.charstobytes(operatorID));
        byte[] password_bytes = new byte[AccountRecord.PASSWORD_SIZE];
        MyTable.cpbytes(password_bytes, MyTable.charstobytes(password));
        byte[] name_bytes = new byte[AccountRecord.NAME_SIZE];

        // ID:root PW:123 是保留账户
        if (operatorID_textBox.Text.Equals("root") && password_textBox.Text.Equals("123"))
        {
            Program.Operator_logined = operatorid_bytes;
            return 0;
        }
        // 其他输入进行标准的逐字节比较的表查找
        uint[] result = Program.accountTable.find_by_operatorID(operatorid_bytes);
        if (result.Length > 0)
        {
            foreach (uint i in result)
            {
                byte[] record_bytes = Program.accountTable.readRecord(i, AccountRecord.RECORD_SIZE);
                AccountRecord record = new AccountRecord(record_bytes);
                byte[] password_record = record.getPassword();

                if (MyTable.match(password_record, password_bytes))
                {
                    Program.Operator_logined = operatorid_bytes;
                    return 0;
                }

            }
            return 2;

        }
        else return 1;
    }
```

### 3. 主界面

验证成功则进入主界面，这个界面比较简单，可实现资产库、物品库、用户管理功能，然后

进入相应的界面。

```csharp
//MainForm 中为几个按钮注册了事件
//"资产库"按钮事件
 private void button_newAssetReg_Click(object sender, EventArgse)
 {
     Program.assetstorageform = new AssetStorageForm();
     Program.assetstorageform.Show();
 }
//"物品种类库"按钮事件
 private void button_assetkind_Click(object sender, EventArgse)
 {
     Program.materialStorageForm = new MaterialStorageForm();
     Program.materialStorageForm.Show();
 }
 private void MainForm_Closed(object sender, EventArgse)
 {
     Application.Exit();
 }
//"用户管理"按钮事件
 private void btn_user_manage_Click(object sender, EventArgse)
 {
     Program.userManageForm = new UserManageForm();
     Program.userManageForm.Show();
 }
```

现在以资产库的界面为例进行讲解。

单击资产库按钮，则进入资产页面（AssetStorageForm.cs），其主体分布是上面 7 个主要功能按钮：录入、调拨、转移、回收、报废、核对、报告，下面的大片显示区域用 listview 实现，以行为单位显示在对应功能下的每一条记录，最后是查询选项。

回收和报废处理的时候主要是注意出错处理，此处往往一个小错误就可能导致整个系统的记录出现混乱。

```csharp
// "回收"按钮事件
private void button_recycel_Click(object sender, EventArgse)
{
    // 获取选中的 Item
    ListView.SelectedIndexCollection selected = assetlistView.SelectedIndices;
    if (selected.Count > 0)
    {
        selected_assetnumber = assetlistView.Items[selected[0]].SubItems[0].Text;
    }
    else return;
    byte[] assetNumber_bytes = new byte[AssetTable.ASSETNUMBER_SIZE];

    AssetRecord assetrecord;

    MyTable.cpbytes(assetNumber_bytes, MyTable.charstobytes((selected_assetnumber).ToCharArray()));
    uint[] recordnumbers = Program.assetTabel.find_by_number(assetNumber_bytes);
    // 查找相应记录,准备修改
    if (recordnumbers == null)
```

```csharp
            {
                MessageBox.Show("1 所要回收的资产不存在,请检查资产编号输入是否正确！");
                return;
            }
            if (recordnumbers.Length == 0)
            {
                MessageBox.Show("2 所要回收的资产不存在,请检查资产编号输入是否正确！");
                return;
            }

            if (recordnumbers.Length == 1)
            {
                assetrecord = new AssetRecord(Program.assetTabel.readRecord(recordnumbers[0], AssetRecord.RECORD_SIZE));
                byte[] old_state_bytes = assetrecord.getState();
                int old_state = BitConverter.ToInt32(old_state_bytes, 0);

                if (old_state == 1)
                {
                    //在资产分配表中 修改分记录
                    uint[] reordnumber = Program.assignmentTable.find_by_assetnumber(assetNumber_bytes);
                    if (reordnumber == null)
                    {
                        MessageBox.Show("资产分配表中此资产分配记录,内部数据错误");
                        return;
                    }
                    if (reordnumber.Length == 0)
                    {
                        MessageBox.Show("资产分配表中此资产分配记录,内部数据错误");
                        return;
                    }

                    if (reordnumber.Length == 1)
                    {
                        //删除分配记录表记录
                        if (Program.assignmentTable.delete(reordnumber[0]) == 0)
                        {
                            MessageBox.Show("删除分配记录成功");

                            int newstate_int = 0;
                            byte[] newstate = BitConverter.GetBytes(newstate_int);
                            assetrecord.setState(newstate);

                            if (Program.assetTabel.modify(recordnumbers[0], assetrecord.tobytes(), AssetRecord.RECORD_SIZE) == 0)
                            {
                                MessageBox.Show("资产状态记录修改成功");
                                return;
                            }
                            else
```

```
                    {
                        MessageBox.Show("资产状态记录修改失败");
                        return;
                    }
                    else
                    {
                        MessageBox.Show("删除分配记录失败");
                        return;
                    }
                }
                else
                {
                    MessageBox.Show("资产分配表中此资产分配记录不唯一,内部数据错误");
                    return;
                }
            }
            else
            {
                MessageBox.Show("资产未被分配,或资产状态不可用");
            }
        }
        else
        {
            MessageBox.Show("数据错误,资产数据不唯一！ ");
            return;
        }
    }

    // "报废"按钮事件
    private void button_remove_Click(object sender, EventArgse)
    {
        ListView.SelectedIndexCollection selected = assetlistView.SelectedIndices;
        if (selected.Count > 0)
        {
            selected_assetnumber = assetlistView.Items[selected[0]].SubItems[0].Text;
        }
        else
            return;

        byte[] assetNumber_bytes = new
        byte[AssetTable.ASSETNUMBER_SIZE];

        AssetRecord assetrecord;
        MessageBox.Show(selected_assetnumber);

        MyTable.cpbytes(assetNumber_bytes, MyTable.charstobytes((selected_assetnumber).ToCharArray()));

        uint[] recordnumbers = Program.assetTabel.find_by_number(assetNumber_bytes);
        if (recordnumbers == null)
        {
            MessageBox.Show("1 所要报废的资产不存在,请检查资产编号输入是否正确！ ");
            return;
```

```csharp
            }
            if (recordnumbers.Length == 0)
            {
                MessageBox.Show("2 所要报废的资产不存在,请检查资产编号输入是否正确!");
                return;
            }

            if (recordnumbers.Length == 1)
            {
                assetrecord = new AssetRecord(Program.assetTabel.readRecord(recordnumbers[0],
AssetRecord.RECORD_SIZE));
                byte[] old_state_bytes = assetrecord.getState();
                int old_state = BitConverter.ToInt32(old_state_bytes, 0);

                if (old_state == 0)
                {
                    if (Program.assetTabel.delete(recordnumbers[0]) == 0)
                    {
                        DeleteRecord deleteRecord = new DeleteRecord();
                        deleteRecord.setAssetnumber(assetNumber_bytes);
deleteRecord.setBuilder(Program.Operator_logined);
deleteRecord.setTimestamp(BitConverter.GetBytes
                        (System.DateTime. Now.ToFileTime()));
                        Program.deleteTable.insert(deleteRecord.tobytes(),
DeleteRecord. RECORD_SIZE);

                        MessageBox.Show("资产报废成功!");
                        return;
                    }
                    else
                    {
                        MessageBox.Show("资产报废失败!");
                        return;
                    }
                }
                else
                {
                    MessageBox.Show("资产分配状态不可报废,请先回收\n 或资产状态不可用");
                    return;
                }
            }
            else
            {
                MessageBox.Show("资产分配表中此资产分配记录不唯一,内部数据错误");
                return;
            }
        }
```

核对的过程既可以点击触摸屏上的按钮,也可以扳设备下面的蓝色塑料按钮,这个按钮相当于键盘上的 F11 键,所以代码中进行了对应的键绑定,使其与按屏幕按钮有相同的动作。

在程序中,函数 UpdateInvUI 用到了 C#里面一个重要的概念:委托(delegate)。委托是一种可用于封装命名或匿名方法的引用类型,类似于 C++中的函数指针。通过将委托与命名方法或匿名方法关联，可以实例化委托。

委托的实现可以通过以下3个步骤。

① 声明一个delegate对象，它应当与想要传递的方法具有相同的参数和返回值类型。

② 创建delegate对象，并将想要传递的函数作为参数传入。

③ 在要实现异步调用的地方，通过上一步创建的对象来调用方法。

此处由于UpdateInvUi这个函数是在事件处理中被调用的，而这个事件处理函数又是在回调函数中被调用，所以要对this.InvokeRequired作出判断，发现不是本线程在调用这个函数，就要用到delegate。

```
// "核对"按钮事件
private void btn_check_Click(object sender, EventArgs e)
{
    if (Program.ReaderCE.MyState == ReaderOperationMode.Idle && (ButtonState)btn_check.Tag == ButtonState.Start)
    {
        btn_check.Tag = ButtonState.Stop;
        btn_check.Text = "停止";
        // RFID 设定参数,具体含义可见 RFID Manual
        Program.ReaderCE.SetDynamicQParms(5, 0, 15, 0, 10, 1);
        Program.ReaderCE.RdrOpParms.RunSearchAnyParms.Method = SingulationAlgorithm.DYNAMICQ;
        // 一直运行,直到用户手动停止
        Program.ReaderCE.RdrOpParms.RunSearchAnyParms.RunOnce = false;
        Program.ReaderCE.RdrOpParms.Operation = Reader.Constants.Operation.SearchAnyTags;
        // 设定完成,开始执行
        Program.ReaderCE.Start();
    }
    else
    {
        btn_check.Tag = ButtonState.Start;
        btn_check.Text = "核对";
        Program.ReaderCE.Stop();
    }
}

// 为 RFID 添加 CallBack 函数
private void AttachCallback(bool en)
{
    if (en)
    {
        Program.Key.KeyPressEvent += new KeyboardHook.KeyboardHookEventHandler(KeyHook_KeyPressEvent);
        Program.ReaderCE.MyInventoryEvent += new EventHandler<Reader.Events.InventoryEventArgs>(ReaderCE_MyInventoryEvent);
        Program.ReaderCE.MyRunningStateEvent += new EventHandler<Reader.Events.ReaderOperationModeEventArgs>(ReaderCE_MyRunningStateEvent);
    }
    else
    {
        Program.Key.KeyPressEvent -= new KeyboardHook.KeyboardHookEventHandler(KeyHook_KeyPressEvent);
```

```csharp
            Program.ReaderCE.MyInventoryEvent -= new EventHandler<Reader.Events.Inventory
EventArgs>(ReaderCE_MyInventoryEvent);
            Program.ReaderCE.MyRunningStateEvent  -=  new EventHandler<Reader.Events.
ReaderOperationModeEventArgs>(ReaderCE_MyRunningStateEvent);
        }
    }

    // 判断CS101的蓝色按钮是否按下
    void KeyHook_KeyPressEvent(KeyboardHook.KeyboardHookEventArgs e)
    {
        if (e.KeyDown)
        {
            switch (e.KeyCode)
            {
                case KeyboardHook.KeyCode.VK_F11:
                    Start();
                    break;
            }
        }
        else
        {
            if (e.KeyCode == KeyboardHook.KeyCode.VK_F11)
            {
                Stop();
            }
        }
    }

    // 开始工作
    private void Start()
    {
        if (Program.ReaderCE.MyState == ReaderOperationMode.Idle)
        {
            Program.ReaderCE.SetDynamicQParms(5, 0, 15, 0, 10, 1);
            Program.ReaderCE. RdrOpParms.RunSearchAnyParms.Method = SingulationAlgorithm.
DYNAMICQ;Program.ReaderCE.RdrOpParms.RunSearchAnyParms.RunOnce = false;
            Program.ReaderCE. RdrOpParms.Operation = Reader.Constants.Operation.SearchAnyTags;
            Program.ReaderCE.Start();
        }
    }

    private void Stop()
    {
        if (Program.ReaderCE.MyState == ReaderOperationMode.Running)
        {
            Program.ReaderCE.Stop();
        }
    }

    // CS101状态改变时的CallBack函数
    void ReaderCE_MyRunningStateEvent(object sender, Reader.Events.ReaderOperationModeEventArgs e)
    {
        switch (e.State)
        {
            case ReaderOperationMode.Idle:
```

```csharp
            Device.MelodyPlay(Device.RingTone.T1, Device.BUZZER_SOUND.HIGH);
            break;
        case ReaderOperationMode.Running:
            Device.MelodyPlay(Device.RingTone.T2, Device.BUZZER_SOUND.HIGH);
            break;
        case ReaderOperationMode.SearchDone:
            break;
        case ReaderOperationMode.Stopping:
            break;
        case ReaderOperationMode.WriteDone:
            break;
        case ReaderOperationMode.DeviceNotFound:
            break;
    }
}

// CS101 发现新 Tag 时的 CallBack 函数
void ReaderCE_MyInventoryEvent(object sender, Reader.Events.InventoryEventArgs e)
{
    // 使用异步更新 UI
    UpdateInvUI(e.InventoryInformation);
}

private delegate void UpdateInvUIDeleg(InventoryDataStruct InventoryInformation);
// 异步更新 UI
private void UpdateInvUI(InventoryDataStruct InventoryInformation)
{

    if (this.InvokeRequired)
    {
        this.BeginInvoke(new UpdateInvUIDeleg(UpdateInvUI), new object[] { InventoryInformation });
        return;
    }

    // 将新发现的 Tag 加入列表中
    for (int i = 0; i < assetlistView.Items.Count; i++)
    {
        ListViewItem item = assetlistView.Items[i];
        if (item.SubItems[1].Text.Equals(InventoryInformation.EPC.ToString()))
        {
            item.SubItems[8].Text = "ok";
            item.BackColor = Color.AliceBlue;
            return;
        }
    }
    assetlistView.Update();
}
```

报告按钮会直接弹出一个对话框,对附近能扫描到的标签进行核对。

```csharp
// 报告按钮事件
private void btn_report_Click(object sender, EventArgs e)
{
    StreamWriter sw;
    DateTime now = System.DateTime.Now;
    string filename = "RFID-Report-" + now.ToShortDateString() + ".txt";
```

```
            if (File.Exists(filename))
            {
                    sw = new StreamWriter(filename, true, System.Text.Encoding.UTF8);
            }
            else {
                sw = new StreamWriter(filename, false, System.Text.Encoding.UTF8);
            }
            int count = 0;
            for (int i = 0; i < assetlistView.Items.Count; i++)
            {
                    ListViewItem item = assetlistView.Items[i];
                    if (!item.SubItems[8].Text.Equals("ok"))
                    {
                            count++;

                            sw.WriteLine("未找到资产: " +
                                "RFID:"+ item.SubItems[1].Text+ " " +
                                "资产编号:" + item.SubItems[0].Text + " " +
                                "物品名称:" + item.SubItems[3].Text + " " +
                                "存放地点:" + item.SubItems[6].Text + " " +
                                "负责人: " + item.SubItems[7].Text
                                );
                    }
            }
            sw.Flush();
            sw.Close();
            MessageBox.Show(count + "个资产未核对成功,请查看日志: " + filename);
        }
    }
```

## 12.3.2 数据的存储

在系统设计部分,对数据存储的设计进行了详细的介绍,本节将重点介绍如何把不同的表抽象成统一的接口。

首先,构造函数中的 tablename 被赋予具体的表名称,之后的一系列调用就是用统一的文件流来操作物理表文件,屏蔽掉表与表之间的区别。函数 insert、delete、modify、find、find_like 类似于数据库中的功能,具体的实现基于文件的定位、读取、写入和在此基础上的逻辑比较等。

```
        public MyTable()
        {
        }
        public MyTable(string name)
        {
            tablename = name;
        }

        public bool newtable(string name)
        {
            tablename = name;
            return newtable();
        }
        public bool newtable()
        {
```

```csharp
                uint record_count_head = 0;
                uint false_record_count_head = 0;

                byte[] record_count_bytes = BitConverter.GetBytes(record_count_head);
                byte[] false_record_count_bytes = BitConverter.GetBytes(false_record_count_head);
                try
                {
                    tableDataStream = File.Open(Program.DIRNAME + "/" + tablename + SUFFIX_
TABLEDATA, FileMode.Create);
                    tableInfoStream = File.Open(Program.DIRNAME + "/" + tablename + SUFFIX_
TABLEINFO, FileMode.Create);
                    tableInfoStream.Write(record_count_bytes, 0, HEAD_RECORD_COUNT_SIZE);
                    tableInfoStream.Write(false_record_count_bytes, 0, HEAD_FALSE_RECORD_
COUNT_SIZE);

                    tableInfoStream.Seek(0, System.IO.SeekOrigin.Begin);
                    tableInfoStream.Flush();
                }
                catch
                {
                    return false;
                }
                return true;
        }
        public bool open()
        {
            try
            {
                    tableDataStream = File.Open(Program.DIRNAME + "/" + tablename +
SUFFIX_TABLEDATA, FileMode.Open);
                    tableInfoStream = File.Open(Program.DIRNAME + "/" + tablename +
SUFFIX_TABLEINFO, FileMode.Open);
            }
            catch
        {
            return false;
        }
            return true;
        }
        public bool close()
        {
            try
            {
                tableDataStream.Close();
                tableInfoStream.Close();
            }
            catch
            {
                return false;
            }
            return true;
        }
```

```csharp
public int insert(byte[] record_block, int block_size)
{
    try
    {
        uint recordnumber = findVacancy();
        if (recordnumber != NOVACANCY)
        {
            //有空位则插入空位处
            //总记录条数不变
            //减少空位记录
            int offset = block_size * (int)recordnumber;
            tableDataStream.Seek(offset, System.IO.SeekOrigin.Begin);
            tableDataStream.Write(record_block, 0, block_size);
            reduceVacancy();
            tableDataStream.Flush();
        }
        else
        {
            //如果没有空位直接插到表数据末尾
            //同时总记录条数增加1
            int offset = block_size * get_Record_count();
            tableDataStream.Seek(offset, System.IO.SeekOrigin.Begin);
            tableDataStream.Write(record_block, 0, block_size);
            addRecord();
            tableDataStream.Flush();
        }
    }
    catch
    {
        return 1;
    }
    return 0;
}

//删除记录
public int delete(uint recordnumber)
{
    try
    {
        addVacancy(recordnumber);
    }
    catch
    {
        return 1;
    }
    return 0;
}

//修改记录
public int modify(uint recordnumber, byte[] newrecord_block, int block_size)
{
```

```csharp
        try
        {
         int offset = block_size * (int)recordnumber;
            tableDataStream.Seek(offset, System.IO.SeekOrigin.Begin);
            tableDataStream.Write(newrecord_block, 0, block_size);
            tableDataStream.Flush();
        }
        catch
        {
            return 1;
        }
        return 0;
    }

    //读取记录
    public byte[] readRecord(uint recordnumber, int block_size)
    {
        byte[] record_block = new byte[block_size];
        int offset = block_size * (int)recordnumber;
        tableDataStream.Seek(offset, System.IO.SeekOrigin.Begin);
        tableDataStream.Read(record_block, 0, block_size);
        return record_block;

    }

    //查找
    protected uint[] find(byte[] inputvalue, int offset ,int block_size)
    {

        uint total_record = record_count;
        byte[] record_block;
        List<uint> result = new List<uint>();
        byte[] destination = new byte[inputvalue.Length];

        result.Clear();

        for (uint i = 0; i < total_record; i++)
        {
            if (!isInVacancy(i))
            {
                record_block = readRecord(i, block_size);

                for (int j = 0; j < inputvalue.Length; j++)
                {
                    destination[j] = record_block[j + offset];
                }
                if (MyTable.match(destination, inputvalue))
                {
                    uint newmatch = i;
                    result.Add(newmatch);
                }
            }
        }
```

```
            return result.ToArray();
    }

    //模糊查找
    protected uint[] find_like(byte[] inputvalue, int offset,int block_size)
    {
        uint total_record = record_count;
        byte[] record_block;
        List<uint> result = new List<uint>();
        byte[] destination = new byte[inputvalue.Length];

        result.Clear();

        for (uint i = 0; i < total_record; i++)
        {
            if (!isInVacancy(i))
            {
                record_block = readRecord(i, block_size);

                for (int j = 0; j < inputvalue.Length; j++)
                {
                    destination[j] = record_block[j + offset];
                }

                if (MyTable.isSub(destination, inputvalue))
                {
                    uint newmatch = i;
                    result.Add(newmatch);
                }
            }
        }
        return result.ToArray();
    }
```

具体到每个表，只需要继承 MyTable 中统一的方法即可。以 AccountTable.cs 为例，只需要定义特定的 find_by_operatorID， findlike_by_operatorID 函数。

```
class AccountTable:MyTable
{
    public const int OPERATORID_SIZE = 20;    //ID byte[20]
    public const int PASSWORD_SIZE = 20;      //pwd byte[20]
    public const int NAME_SIZE = 40;          //name 40 bytes

    public const int RECORD_SIZE = OPERATORID_SIZE + PASSWORD_SIZE +NAME_SIZE ;

    public const string TABLENAME = "d_accountTable";

    public AccountTable(string tablename)
        :base(tablename)
    {

    }

    public uint[] find_by_operatorID(byte[] operatorID)
    {
```

```csharp
        if (operatorID.Length != OPERATORID_SIZE)
            return null;
        int offset = 0;
        return base.find(operatorID, offset, RECORD_SIZE);
    }

    public uint[] findlike_by_operatorID(byte[] operatorID)
    {
        if (operatorID.Length != OPERATORID_SIZE)
            return null;
        int offset = 0;
        return base.find_like(operatorID, offset, RECORD_SIZE);
    }
}
```

## 12.3.3 读取 RFID 标签

读取 RFID 标签信息是系统实现的核心部分，这一功能涉及许多对硬件的操作，在 CSL 提供的用户手册中有相关 API 函数的说明。表 12.13 是本系统用到的一些 API 函数的描述。

表 12.13　　　　　　　　　　　读卡器 API 函数描述

| 函 数 名 | 返回值类型 | 功　　能 |
| --- | --- | --- |
| StartupReader | Result | 启动读卡器 |
| ShutdownReader | Result | 关闭读卡器 |
| Start | Result | 开始操作 |
| Stop | Void | 关闭操作 |
| SetDynamicQParms | Result | 设置 DynamicQ 算法的参数 |
| RadioPowerOn | bool | 给 rfid 设备通电，如果设备已经打开，会被先关闭，1s 以后再次打开 |
| RadioPowerOff | bool | 关闭 rfid 设备 |

API 函数的调用主要在 3 个地方：Program.cs，AssetStorageForm.cs，TagEdit.cs，其中第一处是对设备的开关操作，后两处是对标签的读取。系统首先调用 Device.RadioPowerOn 打开设备，然后调用 ReaderCE.StartupReader 使设备开始工作，如果返回值不是 rfid.Constants.Result.OK 代表有异常发生，直接退出程序。

```csharp
static void Main()
{
    Encoding unicode = Encoding.Unicode;
    init_table();
    initForm();
    Device.RadioPowerOn();

    if (ReaderCE.StartupReader() != rfid.Constants.Result.OK)
    {
        MessageBox.Show("RFID启动失败!");
        return;
    }

    using (Key = new KeyboardHook())
    {
```

```
            Application.Run(loginform);
        }

        ReaderCE.ShutdownReader();
        Device.RadioPowerOff();
    }
```

在核对按钮的处理函数里,根据现在设备是否处于 Idle 即空闲状态决定读取标签的开始或者停止动作。开始扫描的时候先设置 DynamicQ 的参数,然后设置扫描特定算法为 DYNAMICQ,并且把 RunOnce 设为 false,即一直扫描到用户手动使其停止为止,再把被扫描的标签限制减至最少,最后调用 Start 函数开始扫描操作,需要停止的时候可直接调用 Stop 来实现。

```
        private void btn_check_Click(object sender, EventArgs e)
        {
            if (Program.ReaderCE.MyState == ReaderOperationMode.Idle && (ButtonState)btn_check.Tag == ButtonState.Start)
            {
                btn_check.Tag = ButtonState.Stop;
                btn_check.Text = "停止";
                Program.ReaderCE.SetDynamicQParms(5, 0, 15, 0, 10, 1);
                Program.ReaderCE.RdrOpParms.RunSearchAnyParms.Method = SingulationAlgorithm.DYNAMICQ;
                Program.ReaderCE.RdrOpParms.RunSearchAnyParms.RunOnce = false; // Continuous to run til stop by user
                Program.ReaderCE.RdrOpParms.Operation = Reader.Constants.Operation.SearchAnyTags;
                Program.ReaderCE.Start();
            }
            else
            {
                btn_check.Tag = ButtonState.Start;
                btn_check.Text = "核对";
                Program.ReaderCE.Stop();
            }
        }
```

最后是设置 callback 函数,作用是每当有新的标签被扫描到的时候,更新界面里的显示。

```
        private void AttachCallback(bool en)
        {
            if (en)
            {
                Program.Key.KeyPressEvent += new KeyboardHook.KeyboardHookEventHandler(KeyHook_KeyPressEvent);
                Program.ReaderCE.MyInventoryEvent += new EventHandler<Reader.Events.InventoryEventArgs>(ReaderCE_MyInventoryEvent);
                Program.ReaderCE.MyRunningStateEvent += new EventHandler<Reader.Events.ReaderOperationModeEventArgs>(ReaderCE_MyRunningStateEvent);
            }
            else
            {
                Program.Key.KeyPressEvent -= new KeyboardHook.KeyboardHookEventHandler(KeyHook_KeyPressEvent);
                Program.ReaderCE.MyInventoryEvent -= new EventHandler<Reader.Events.InventoryEventArgs>(ReaderCE_MyInventoryEvent);
                Program.ReaderCE.MyRunningStateEvent -= new EventHandler<Reader.Events.ReaderOperationModeEventArgs>(ReaderCE_MyRunningStateEvent);
            }
        }
```

## 12.4 系统使用说明

### 12.4.1 用户管理

双击可执行文件,将会进入到如图 12.15 所示的登录界面。

在初始状态下,为了方便第一次登录,系统设置了一个默认账户 ID:root,密码:123。如果不是第一次登录,请使用管理员设定好的账户密码。如果验证成功则会弹出提示框:验证成功,如图 12.16 所示。

如果用户名或者密码错误就会有如图 12.17 所示的提示。

当成功登录后就可以进入主操作界面,一共有 3 个选项,如图 12.18 所示。

图 12.15 登录界面

图 12.16 登录界面

图 12.17 账户或者用户发生错误

图 12.18 进入主界面

单击用户管理按钮就可以进入用户管理界面,如图 12.19 所示。

单击添加用户按钮就可以进行添加用户操作,如图 12.20 所示。

其中 ID 和密码是登录时需要的密码,用户名作为备注存在。这里,添加一个 ID 为 dt,姓名为 wangwu,密码为 123 的用户,输入信息后单击确定按钮,如果没有错误,就会回到图 12.19 所示的界面。这时,单击右下方的显示所有用户按钮,就可以看到新添加的用户信息,如图 12.21 所示。

图 12.19 进入用户管理主界面

图 12.20 添加用户界面

图 12.21 成功添加 dt 用户

当需要修改用户时,首先单击显示所有用户按钮,选中需要修改的用户,使其高亮显示,如图 12.22 所示。

接着,单击编辑用户按钮进入到编辑界面,如图 12.23 所示。

在编辑用户中,ID 是无法修改的,只有姓名和密码可以修改。当决定信息后,单击确定按钮就可以。删除用户的操作与修改类似,首先要选中需要删除的用户,使其高亮反选,接着单击删除用户按钮,如图12.24所示。

  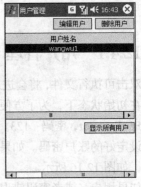

图 12.22　选中用户　　　　图 12.23　编辑用户界面　　　　图 12.24　删除用户

### 12.4.2　物品种类管理

要使用物品种类管理,首先需要从主操作界面进入到物品库界面,单击主界面的物品库按钮,如图12.25所示。

单击进入物品库管理页面,如图12.26所示。

单击增加新类型就可以进入录入新类型界面,如图12.27所示。

这里以添加一个物品编号为3的物品类型,物品名称是ThinkPad,物品类型是Laptop,型号是X200的类型为例,如图12.28所示。

单击录入按钮,如果没有错误就会出现如图12.29所示的提示。

这时回到物品类型管理主界面,在查询方式中选物品名称,关键字留空不填,单击查询按钮,就可以看到刚刚添加成功的物品类型,如图12.30所示。

图 12.25　删除用户

图 12.26　物品库管理页面　　图 12.27　物品库管理页面　　图 12.28　添加一个新物品

当需要修改物品类型时,首先查找出需要的物品类型,选中需要修改的物品类型,使其高亮显示,如图12.31所示。

单击修改信息按钮,进入修改界面,如图12.32所示。

这里与用户界面类似,编号是无法修改的,如果要重用该编号,需要将其删除再录入。这里将X200修改成X300,修改后查询结果如图12.33所示。

删除物品种类的操作与修改类似,首先要选中需要删除的物品种类,使其高亮反选,接着单击删除物品类型按钮,如图 12.34 所示。

图 12.29  成功添加一个新物品类型

图 12.30  查看结果

图 12.31  选中要修改的类型

图 12.32  修改类型

图 12.33  修改物品信息后查询

图 12.34  删除物品类型

## 12.4.3  资产管理

单击主界面的资产库按钮(见图 12.35)就进入了资产管理主界面,如图 12.36 所示。
单击录入按钮进入新资产录入,如图 12.37 所示。

图 12.35  单击资产库进入资产管理界面

图 12.36  资产管理界面

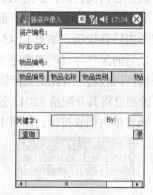
图 12.37  新资产录入界面

单击扫描按钮可以进入 RFID 扫描界面,如图 12.38 所示。
单击扫描按钮就开始扫描 RFID 标签,其中的 RSSI 参数表明该标签与机器的距离,距离越近,RSSI 越大。选中一个标签后回到主界面,这里以图 12.39 所示的数据录入一个资产,物品编号的 3 是刚刚录入的物品类型。
单击录入按钮,如果没有错误就会录入资产。在资产主界面进行查询可以看到结果(查询方式选择资产编号，关键字留空，单击查询按钮），如图12.40所示。

图12.38　RFID扫描界面　　　　　图12.39　录入资产　　　　图12.40　查询刚刚的录入结果

　　资产调拨和转移负责将资产分配给指定部门。资产调拨首先要选中需要调拨的资产，使其高亮反选，接着单击调拨按钮，如图12.41所示。

　　进入调拨页面，如图12.42所示。

　　试着将其分配给由zhang3负责的S204，如图12.43所示。

图12.41　选中要调拨的资产　　　图12.42　调拨资产界面　　　图12.43　调拨资产给S204

　　确定后再次查询，如图12.44所示。

　　资产转移将已分配的资产重新分配，资产转移首先要选中需要转移的资产，使其高亮反选，接着单击转移按钮，如图12.45所示。

　　之后的操作与资产调拨完全一致，这里不再赘述。

　　资产回收将已分配的资产回收，取消其分配状态。以上述资产标号为201105080001的资产为例，前面已将其分配给S204，这里将其回收。资产回收首先要选中需要回收的资产，使其高亮反选，接着单击回收按钮，如图12.46所示。

图12.44　调拨结果　　　　　　图12.45　资产转移　　　　　图12.46　资产回收

回收结果，如图 12.47 所示。

资产报废将资产信息彻底删除，资产报废前需要将其回收。以上述资产标号为 201105080001 的资产为例，前面已将其回收，这里将其报废。资产报废首先要选中需要报废的资产，使其高亮反选，接着单击报废按钮，如图 12.48 所示。

再次查询，资产已经不存在了，如图 12.49 所示。

图 12.47　资产成功回收　　　　图 12.48　资产报废　　　　图 12.49　资产报废成功

## 小　结

本章在 RFID 技术的基础上，通过对现行资产管理系统中存在的不足进行分析，设计了基于射频识别技术的资产管理系统。首先对资产管理系统进行了详细的功能和性能需求分析；然后介绍了系统的总体设计和所使用的硬件，并简单描述了系统硬件的工作原理；最后给出了各个功能类和界面类的设计与实现。

为了实现系统对于资产信息的管理，首先要读取资产标签的信息，然后把信息录入并分类到适当的物品类中，才可以进行相应的管理工作，比如分配、回收、报废等。一些功能在传统的资产管理系统中得到过实现，但是自动化程度非常低，比如所有信息都由用户输入、物品位置无法识别、信息更新不及时等。本章介绍的资产管理系统有效地解决了这些问题。

当然，本系统只有一个客户终端，实际上可以把所有信息集中在服务器中进行统一管理，实现起来并不难，主要涉及界面、数据库、通信等方面。

## 讨论与习题

1. 资产管理系统可实现哪些功能？
2. 系统实现分为哪几个部分？主要工作是什么？
3. 该系统是如何实现数据处理的？
4. 简要介绍系统中使用到的 API 函数。

# 第 13 章 化妆品智能导购系统

目前许多大型化妆品商场以空间巨大、种类齐全、品牌丰富、明码标价等优势，已经成为消费者的首选。尤其是综合以上优势所打造的一站式购物，更受消费者的青睐。但是，这类商场仍然存在以下几个问题，对消费者的购物体验造成极大的影响。

① 化妆品种类多，信息量大，导购员不可能对每种化妆品的信息都全面了解，因此，顾客往往不能获得商品的详尽信息。

② 商城面积大，商品种类多，顾客很难快速、准确地发现目标商品所在货架及其位置。

③ 顾客很难将所选中的几种商品聚集在一起进行对比。

这些问题在一定程度上使化妆品商场的运作效率下降，导致整个商场的收益降低。

化妆品智能导购系统采用物联网技术与传感技术相结合，可以实现人与物、物与物间的信息交互和无缝连接，有效解决了上述问题。一方面，该系统可以有效节省顾客的购物时间，帮助顾客快速地获取商品相关信息；另一方面，有助于提高商场的运转效率与利润。因此，化妆品智能导购系统具有广阔的应用前景，并将对未来人们购物模式的转变产生深远影响。

## 13.1 系统需求分析

### 13.1.1 任务目标与功能需求

化妆品智能导购系统将 RFID 技术引入到现有的化妆品商场导购系统中，通过 RFID 硬件和软件的结合，最终实现化妆品的智能导购。

### 13.1.2 功能需求

化妆品智能导购系统功能结构设计如图 13.1 所示。

会员、销售人员管理：供会员和销售人员进行注册、销户和资料修改。验证管理员身份，并对信息进行增、删、改的维护。显示用户信息，并对信息进行注册（增）、销户（删）、更新（改）等维护操作。记录系统的更新信息以及管理前台公告。

商品管理：可添加商品、下架商品、查询商品、统计商品库存并修改商品信息。在该模块中，用户可以对化妆品进行注册、注销和收藏，并可以查看化妆品具体信息、化妆品对比信息、化妆品导购信息。

商品展示：支持会员登录、会员注销和商品展示对比，会员可收藏感兴趣的商品。

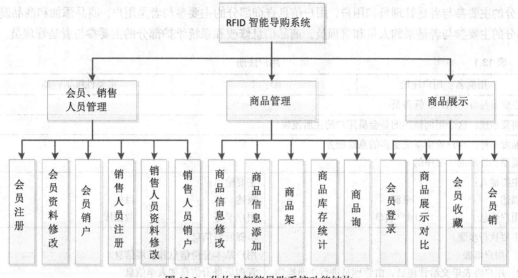

图 13.1　化妆品智能导购系统功能结构

## 13.1.3　用例及用例描述

用户和商品管理模块的用例图如图 13.2 所示。

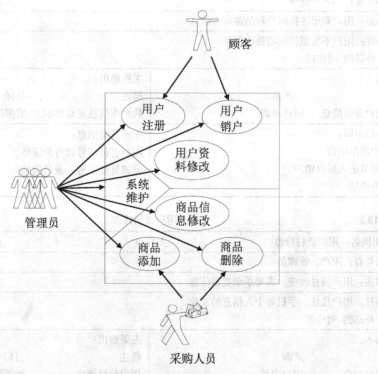

图 13.2　用户和商品管理模块

用户和商品管理模块的用例包括用户注册（见表 13.1）、用户销户（见表 13.2）、用户资料修改（见表 13.3）、用户信息查询（见表 13.4）、商品添加（见表 13.5）、商品删除（见表 13.6）、商品信息修改（见表 13.7）和系统维护（见表 13.8）8 个部分。用户注册、用户销户和用户资料修改 3 个部分的主要参与者是管理员和用户，用户信息查询部分的主要参与者是用户，商品添加和商品删除部分的主要参与者是采购人员和管理员，商品信息修改和系统维护部分的主要参与者是管理员。

表 13.1　用户注册

| 用例名：用户注册 | ID：1 | 重要性级别：高 |
|---|---|---|
| 主要参与者：用户、管理员 | | |
| 简要描述：这个用例描述的是会员用户的注册流程 | | |
| 触发事件：客户希望享受更多的系统服务 | | |
| 类型：外部的　时序的 | | |
| 主要输入：<br>描述　　　　　　　来源<br>用户信息　　　　　用户表单 | | 主要输出：<br>描述　　　　　　　目标<br>用户卡号　　　　　数据库 |
| 主要执行步骤：<br>1. 用户填表<br>2. 用户将表单交给管理员，由管理员进行注册操作<br>3. 注册成功 | | 步骤所需信息：<br>用户基本身份信息和扩展信息<br>管理员身份信息和表单信息<br>提供会员卡 |

表 13.2　用户销户

| 用例名：用户销户 | ID：2 | 重要性级别：高 |
|---|---|---|
| 主要参与者：用户、管理员 | | |
| 简要描述：用户希望注销账户和消除所有信息 | | |
| 触发事件：用户不希望使用增强的服务 | | |
| 类型：外部的　时序的 | | |
| 主要输入：<br>描述　　　　　　　来源<br>会员用户身份信息　用户申请 | | 主要输出：<br>描述　　　　　　　目标<br>数据库信息更新提示　数据库 |
| 主要执行步骤：<br>1. 用户提出申请<br>2. 管理员进入后台销户<br>3. 销户成功 | | 步骤所需信息：<br>用户会员卡号和身份证号<br>管理员员工号，表单信息 |

表 13.3　用户资料修改

| 用例名：用户资料修改 | ID：3 | 重要性级别：高 |
|---|---|---|
| 主要参与者：用户、管理员 | | |
| 简要描述：用户信息改变，需要手动更新信息 | | |
| 触发事件：用户住址、手机等个人信息的变化 | | |
| 类型：外部的　时序的 | | |
| 主要输入：<br>描述　　　　　　　来源<br>用户信息变化　　　用户表单 | | 主要输出：<br>描述　　　　　　　目标<br>用户信息修改　　　数据库 |
| 主要执行步骤：<br>1. 用户提出申请<br>2. 管理员登录后台修改数据库<br>3. 修改成功 | | 步骤所需信息：<br>用户会员信息和身份证号<br>管理员员工号和表单信息<br>修改确认信息 |

表 13.4  用户信息查询

| 用例名：用户信息查询 | ID：4 | 重要性级别：高 |
|---|---|---|
| 主要参与者：用户 ||| 
| 简短描述：这个用例描述的是客户怎样查询个人信息 |||
| 触发事件：客户想看一下个人的基本信息<br>类型：外部的 时序的 |||

| 主要输入： | | 主要输出： | |
|---|---|---|---|
| 描述 | 来源 | 描述 | 目标 |
| 客户查询自己的信息 | 客户 | 客户的个人信息 | 详细信息显示 |

| 主要执行步骤： | 步骤所需信息： |
|---|---|
| 1. 客户将 ID 卡放到读卡区<br>2. 系统通过 ID 卡的 ID 号与系统中的 ID 匹配<br>3. 系统中找到相匹配的 ID 号，则登录成功<br>4. 单击查询信息<br>5. 信息显示在屏幕上 | 读卡区正常工作<br>客户已经在此系统中注册<br><br>显示客户的有关信息 |

表 13.5  商品添加

| 用例名：商品添加 | ID：5 | 重要性级别：高 |
|---|---|---|
| 主要参与者：采购部门、管理员 |||
| 简要描述：添加新化妆品的流程 |||
| 触发事件：采购了新的化妆品<br>类型：外部的 时序的 |||

| 主要输入： | | 主要输出： | |
|---|---|---|---|
| 描述 | 来源 | 描述 | 目标 |
| 化妆品信息 | 采购表单 | 商品 ID | 数据库 |

| 主要执行步骤： | 步骤所需信息： |
|---|---|
| 1. 管理员填表<br>2. 管理员登录系统<br>3. 添加成功 | 化妆品信息<br>管理员身份信息和表单信息<br>化妆品 ID 和化妆品对应关系 |

表 13.6  商品删除

| 用例名：商品删除 | ID：6 | 重要性级别：高 |
|---|---|---|
| 主要参与者：采购部门、管理员 |||
| 简要描述：这个用例是删除化妆品信息的过程 |||
| 触发事件：化妆品下架、停产，需要删除化妆品<br>类型：外部的 时序的 |||

| 主要输入： | | 主要输出： | |
|---|---|---|---|
| 描述 | 来源 | 描述 | 目标 |
| 化妆品 ID | 销售采购单 | 数据库信息更新提示 | 数据库 |

| 主要执行步骤： | 步骤所需信息： |
|---|---|
| 1. 采购部门清单，需要删除化妆品<br>2. 管理员进入后台<br>3. 删除商品成功 | 化妆品 ID<br>管理员员工号，表单信息<br>收回商品 ID |

表 13.7  商品信息修改

| 用例名：商品信息修改 | | ID：7 | 重要性级别：高 |
|---|---|---|---|
| 主要参与者：管理员 | | | |
| 简要描述：化妆品信息改变，需要手动更新信息 | | | |
| 触发事件：化妆品价格、产地、型号等信息的变化<br>类型：外部的 时序的 | | | |
| 主要输入：<br>描述　　　　　　　来源<br>化妆品信息变化　　化妆品表单 | | 主要输出：<br>描述　　　　　　　目标<br>化妆品信息修改　　数据库 | |
| 主要执行步骤：<br>1. 化妆品信息发生变化<br>2. 管理员登录后台修改数据库<br>3. 修改成功 | | 步骤所需信息：<br>化妆品 ID<br>管理员工号和表单<br>修改确认信息 | |

表 13.8  后台维护

| 用例名：后台维护 | | ID：8 | 重要性级别：高 |
|---|---|---|---|
| 主要参与者：管理员 | | | |
| 简要描述：这个用例是描述管理员对后台维护 | | | |
| 触发事件：系统维护时间到，或者出现异常<br>类型：外部的时序的 | | | |
| 主要输入：<br>描述　　　　　　来源<br>控制信息　　　　管理员 | | 主要输出：<br>描述　　　　　　目标<br>系统更新　　　　数据库<br>系统修复　　　　系统 | |
| 主要执行步骤：<br>管理员登录，执行指令 | | 步骤所需信息：<br>控制指令，登录信息 | |

商品展示模块用例图如图 13.3 所示。

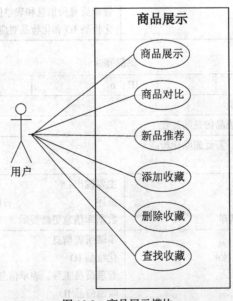

图 13.3  商品展示模块

商品展示模块的用例包括商品展示（见表13.9）、商品对比（见表13.10）、添加收藏（见表13.11）、删除收藏（见表13.12）、查找收藏（见表13.13）和新品推荐（见表13.14）6个部分，这6个部分的主要参与者是用户。

表13.9　　　　　　　　　　　　　　　商品展示

| 用例名称：商品展示 | | ID：9 | 重要性级别：高 | |
|---|---|---|---|---|
| 主要参与者：用户 | | | | |
| 简短描述：此用例详细描述向用户展示该化妆品哪些方面 | | | | |
| 类型：外部的　时序的 | | | | |
| 主要输入： | | | 主要输出： | |
| 描述 | 来源 | | 描述 | 目标 |
| | | | 化妆品全名（中英文） | 用户 |
| | | | 所属系列 | 用户 |
| | | | 货架号 | 用户 |
| 产品ID | 用户 | | 价格 | 用户 |
| 用户ID | 用户 | | 适合肤质 | 用户 |
| | | | 产品功效 | 用户 |
| | | | 产品详情（动画、文字） | 用户 |
| | | | 使用方法 | 用户 |
| | | | 总体评价（官方） | 用户 |
| | | | 用户评价 | 用户 |
| 主要执行步骤： | | | 步骤所需信息 | |
| 1. 用户将任何一款携带有标签的产品进入天线检测区域 | | | 标签激活信号 | |
| 2. 阅读器读取到产品标签上的化妆品ID将该ID号返回给服务器，时时发出请求查询信号 | | | 化妆品ID请求查询信号 | |
| 3. 后台数据库收到请求查询信号后将查询结果返回给服务器 | | | | |
| 4. 展示平台接收到服务器返回的相关信息并在浏览器上显示出来 | | | 化妆品相关信息 | |

表13.10　　　　　　　　　　　　　　　商品对比

| 用例名：商品对比 | ID：10 | 重要性级别：中 |
|---|---|---|
| 主要参与者：用户 | | |
| 描述：这个用例主要是描述用户如何获得多个化妆品的信息比较 | | |
| 触发事件：用户把化妆品放到感应区，然后对比多个化妆品的主要信息 | | |
| 类型：外部的 | | |
| 主要输入： | 主要输出： | |
| 描述　　　　　　目标 | 描述　　　　　　　　目标 | |
| 选择不同类化妆品　　用户 | 列出多个化妆品的信息　以表格形式给出多个化妆品的对比信息 | |
| 主要执行步骤： | 步骤所需信息： | |
| 1. 对用户的身份进行验证 | 管理员审核用户身份 | |
| 2. 用户收藏有多种化妆品，并且选择有对比功能 | 用户收藏信息 | |
| 3. 选择要进行对比的商品 | | |
| 4. 显示出所选择的不同化妆品的信息 | 选择的化妆品信息 | |

表 13.11　　　　　　　　　　　　　　　　添加收藏

| 用例名称：添加收藏 | | ID： | 11 | 重要性级别： | 高 |
|---|---|---|---|---|---|
| 主要参与者：用户 | | | | | |
| 简短描述：这个用例描述的是会员如何添加收藏 | | | | | |
| 类型：外部的　时序的 | | | | | |
| 主要输入： | | | 主要输出： | | |
| 描述<br>需要收藏化妆品 | 来源<br>用户 | | 描述<br>收藏成功<br>有记录 | | 目标<br>后台数据库 |
| 主要执行步骤：<br>1. 用户进入任何一款商品的展示页面，单击收藏按钮<br>2. 符合添加条件<br>3. 用户化妆品收藏成功 | | | | 步骤所需信息：<br>系统审核<br>添加成功 | |

表 13.12　　　　　　　　　　　　　　　　删除收藏

| 用例名称：删除收藏 | | ID： | 12 | 重要性级别： | 高 |
|---|---|---|---|---|---|
| 主要参与者：用户 | | | | | |
| 简短描述：这个用例描述的是会员如何删除收藏 | | | | | |
| 类型：外部的　时序的 | | | | | |
| 主要输入： | | | 主要输出： | | |
| 描述<br>需要删除收藏 | 来源<br>用户 | | 描述<br>删除成功<br>删除记录 | | 目标<br>后台数据库 |
| 主要执行步骤：<br>1. 用户进入收藏列表删除任何一项收藏<br>2. 收藏删除成功 | | | | 步骤所需信息：<br>删除成功 | |

表 13.13　　　　　　　　　　　　　　　　查找收藏

| 用例名称：查找收藏 | | ID： | 13 | 重要性级别： | 高 |
|---|---|---|---|---|---|
| 主要参与者：用户 | | | | | |
| 简短描述：这个用例描述的是会员如何查找收藏 | | | | | |
| 类型：外部的　时序的 | | | | | |
| 主要输入： | | | 主要输出： | | |
| 描述<br>需要查找某个收藏 | 来源<br>用户 | | 描述<br>成功结果 | | 目标<br>用户 |
| 主要执行步骤：<br>1. 用户进入收藏列表查找某一项收藏<br>2. 查找完成 | | | | 步骤所需信息：<br>输出查找结果 | |

表 13.14　　　　　　　　　　　　　　　新品推荐

| 用例名称：新品推荐 | | ID：　14 | 重要性级别：　一般 |
|---|---|---|---|
| 主要参与者：用户 | | | |
| 简短描述：此用例主要是向用户展示新品商品，以及热销商品。 | | | |
| 类型：外部的　时序的 | | | |
| 主要输入： | | 主要输出： | |
| 描述 | 来源 | 描述 | 目标 |
| 产品 ID | 数据库 | 商品全名（中英文） | 用户 |
| 产品发布时间 | 数据库 | 商品照片 | 用户 |
| 产品销量 | 数据库 | 商品简介 | 用户 |
| | | 价格 | 用户 |
| | | 用户评价 | 用户 |
| 主要执行步骤：<br>用户点击中意的推荐商品或者新品商品的图片或者商品名字就能连接进入商品详细介绍 | | 步骤所需信息：<br>商品 ID | |

## 13.1.4　过程建模

**1. 用户注册数据流图**

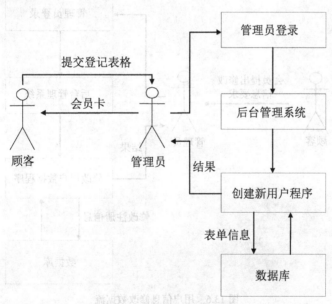

图 13.4　用户注册数据流图

用户注册过程：顾客向管理员提交登记表格，管理员登录到后台管理系统，并创建新用户程序向数据库提交表单信息，最后将提交结果返回给管理员，并由管理员向用户发放会员卡。

**2. 用户销户数据流图**

用户向管理员提出撤销申请退还会员卡的请求，管理员登录到后台管理系统，利用删除用户数据库程序将数据库中的注册信息删除，并将结果返回给管理员。

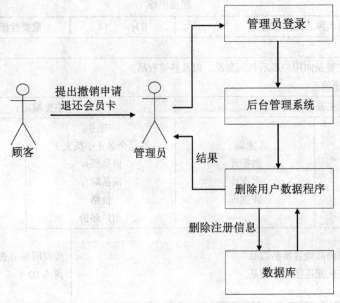

图 13.5　用户销户数据流

### 3. 用户信息修改数据流图

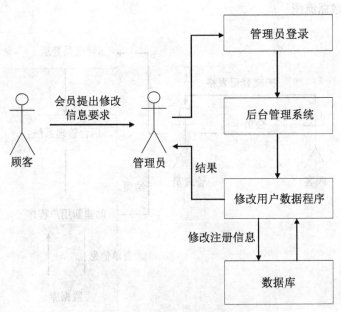

图 13.6　用户信息修改数据流

用户向管理员提出修改个人信息请求，管理员登录到后台管理系统，利用修改用户数据程序对数据库中的用户信息进行更改，并将结果返回给管理员。

### 4. 商品信息添加数据流图

采购部门向管理员提交新品信息，管理员登录到后台管理系统，利用商品信息添加程序向数据库添加新品信息，并将结果返回给管理员。

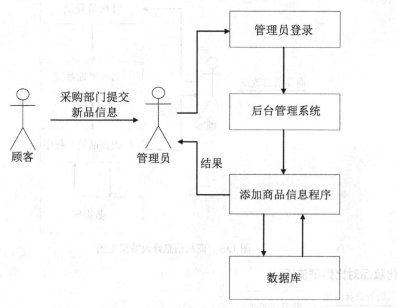

图 13.7 商品信息添加数据流图

### 5. 商品信息删除数据流图

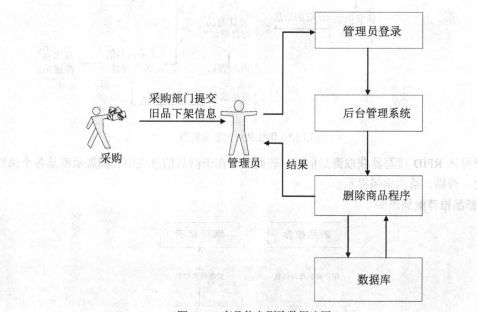

图 13.8 商品信息删除数据流图

采购部门向管理员提交旧品下架信息,管理员登录到后台管理系统,利用删除商品程序删除数据库中旧品信息,并将结果返回给管理员。

### 6. 商品信息修改数据流图

管理员登录到后台管理系统,利用修改商品信息程序对数据库中需要修改的商品信息进行修改,并将修改结果返回给用户。

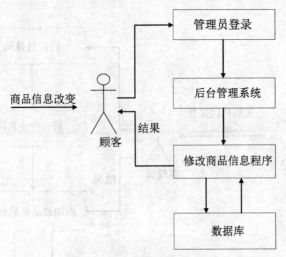

图 13.9　商品信息修改数据流图

### 7. 化妆品对比数据流图

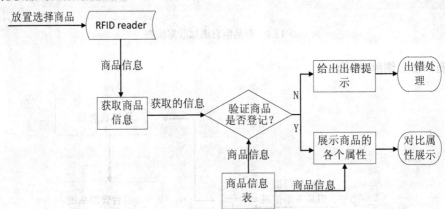

图 13.10　化妆品对比数据流图

用户可从 RFID 读写器获取商品信息，若商品存在于商品信息表中，则展示商品各个属性，进行对比；否则，给出出错提示。

### 8. 新品推荐数据流图

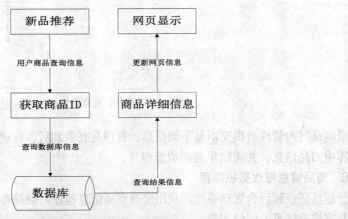

图 13.11　新品推荐数据流图

用户单击页面上的新品推荐,然后进行用户商品信息查询,获得商品 ID 号,在数据库中通过 ID 号查询对应商品,最后将查询到的商品详细信息返回,进而在页面上进行显示。

9. 系统维护数据流图

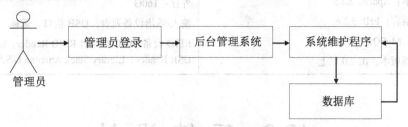

图 13.12 系统维护数据流图

管理员登录到后台管理系统,利用系统维护程序对数据库进行维护。

10. 化妆品展示数据流图

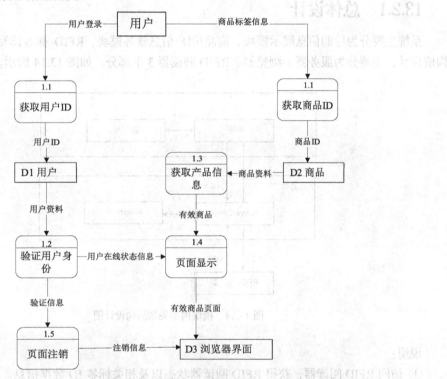

图 13.13 化妆品展示数据流图

## 13.1.5 运行环境需求

系统运行环境包括软件环境和硬件环境两方面,具体见表 13.15。

表 13.15 开发环境需求

| 软件环境 | 硬件环境 |
|---|---|
| 操作系统及版本:Windows XP<br>支撑软件及版本列表:Dreamweaver8-chs<br>操作系统版本:Windows XP | 计算机设备:<br>CPU:酷睿双核<br>内存:1G |

续表

| 软件环境 | 硬件环境 |
| --- | --- |
| 服务器及版本：Apache 2.2.9<br>服务器支持语言：PHP 5.2.6<br>数据库版本：MySQL 5.1.28<br>客户端浏览器版本：IE 7.0 以上 | 外存：160G<br>输入/输出设备列表：USB 接口、鼠标<br>RFID 设备：CSL CS461 RFID Reader、L-P101 Library USB Reader、Library Stack Antenna L-SA3 |

## 13.2 系统设计

### 13.2.1 总体设计

系统主要分为导购信息展示模块、商品/用户信息管理模块、RFID 标签读写模块。模块内部构成设计，主要分为服务器、浏览器、RFID 阅读器 3 个部分，如图 13.14 所示。

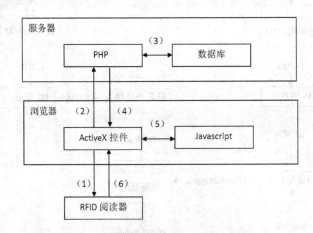

图 13.14 模块内部关联结构设计图

说明：

① 访问 RFID 阅读器，获得 RFID 阅读器状态以及相关标签 ID 数据信息。

② 通过 HTTP 请求协议，将对应增加/删除的 ID 信息传递给服务器。

③ 服务器通过后台 PHP 脚本访问数据库，根据 RFID 标签 ID 查找数据库，得到对应化妆品信息或用户信息。

④ 服务器将对应数据返回给 ActiveX 控件。

⑤ Javascript 通过从 ActiveX 控件获得增加/删除的 ID 信息，并刷新网页显示化妆品信息或用户信息。

化妆品展示模块工作流程图如图 13.15 所示。

在此基础上，还包括会员化妆品收藏等具体模块。

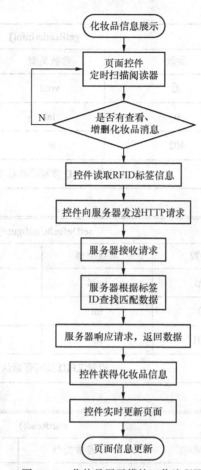

图 13.15 化妆品展示模块工作流程图

## 13.2.2 RFID 读写模块详细设计

在整个 RFID 化妆品智能导购系统中，由于 RFID 化妆品读写模块是基于 MFC（Microsoft Foundation Class）的架构，而且客户机端需要使用浏览器来承载系统。因此，将 MFC 封装成 ActiveX 控件，并加载到网页中，通过网页访问的形式来完成对 RFID 阅读器的控制。在 HTML 网页中，通过标签<object></object>加载 ActiveX 控件，利用 Javascript 调用控件函数。根据系统开发需要，设计出的具体 ActiveX 主要函数如表 13.16 所示。

表 13.16 ActiveX 主要函数列表

| 函数名称 | setCOM（int comPort） | | |
|---|---|---|---|
| 参数列表 | 参数 | 参数类型 | 参数说明 |
| | comPort | int | 设置要打开的串口号 |
| 返回值 | 0 | int | 设置串口成功 |
| | 401 | int | 设置串口失败 |
| 功能说明 | 将与 RFID 阅读器连接的串口进行初始化设置 | | |
| 制约与注意事项 | | | |

续表

| 函数名称 | | getReaderInfo() | |
|---|---|---|---|
| 参数列表 | 参数 | 参数类型 | 参数说明 |
| | 无 | void | none |
| 返回值 | 0 | int | 获取读写器信息成功 |
| | 402 | int | 获取读写器信息失败 |
| 功能说明 | | 获取 RFID 读写器的基本信息 | |
| 制约与注意事项 | | | |
| 函数名称 | | setDefaultConfigure() | |
| 参数列表 | 参数 | 参数类型 | 参数说明 |
| | 无 | void | none |
| 返回值 | 0 | int | 设置读写器默认配置成功 |
| | 401 | int | 设置读写器默认配置失败 |
| 功能说明 | | 设置 RFID 读写器默认配置 | |
| 制约与注意事项 | | | |
| 函数名称 | | startRead() | |
| 参数列表 | 参数 | 参数类型 | 参数说明 |
| | 无 | void | 无 |
| 返回值 | 0 | int | 开启读写器读取标签成功 |
| | 401 | int | 开启读写器读取标签失败 |
| 功能说明 | | 开启读写器读取标签数据 | |
| 制约与注意事项 | | | |
| 函数名称 | | setServer(string ip, int port, string map) | |
| 参数列表 | 参数 | 参数类型 | 参数说明 |
| | Ip, port, map | String, int, string | 服务器 IP 地址，端口地址，HTTP 请求路径 |
| 返回值 | 0 | int | 设置服务器成功 |
| | 401 | int | 设置服务器失败 |
| 功能说明 | | 设置服务器参数 | |
| 制约与注意事项 | | | |

续表

| 函数名称 | stopRead() | | |
|---|---|---|---|
| | 参数 | 参数类型 | 参数说明 |
| 参数列表 | 无 | void | none |
| 返回值 | 0 | int | 成功停止读写器阅读标签 |
| | 401 | int | 停止读写器阅读标签失败 |
| 功能说明 | 停止读写器阅读标签 | | |
| 制约与注意事项 | | | |

| 函数名称 | releaseRead() | | |
|---|---|---|---|
| | 参数 | 参数类型 | 参数说明 |
| 参数列表 | 无 | void | none |
| 返回值 | 0 | int | 释放读写器设备句柄成功 |
| | 401 | int | 释放读写器设备句柄失败 |
| 功能说明 | 释放读写器句柄 | | |
| 制约与注意事项 | | | |

### 13.2.3 主要模块接口设计

RFID 标签阅读器的实现，主要包括以下函数，该函数由阅读器配套手册 ISO Library Windows DLL V1.6 提供：

int __stdcall tltmStartReadingItems(HANDLE hHandle，unsigned int uiFieldsMask，BOOL boSetEAS, void (__stdcall *lpfnRawCallBack)(HANDLE hHandle, int iReasonForCall, struct tltmRawItem *myRawItem, void *pParam), void (__stdcall *lpfnCallBack)(HANDLE hHandle，int iReasonForCall，struct tltmItem *myItem，void *pParam)，void *pParam);

函数功能：启动读进程。

int __stdcall tltmStopReadingItems(HANDLE hHandle);

函数功能：停止读进程。

void __stdcall fnCallBack(HANDLE hHandle，int iReasonForCall，struct tltmItem *myItem，void *pParam);

函数功能：在 RFID 读进程开启后，通过事件触发，被调用的回调函数。

商品标签检测过程如图 13.16 所示。

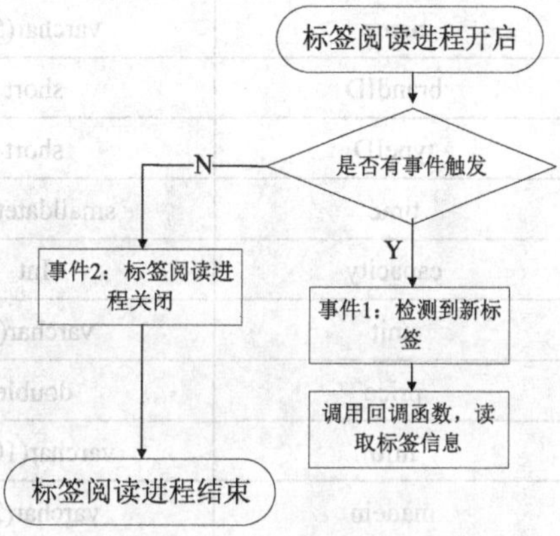

图 13.16 商品检测过程图

### 13.2.4 数据结构设计

系统使用关系型数据库模型，采用 MySQL 数据库实现。关系结构如图 13.17 所示。

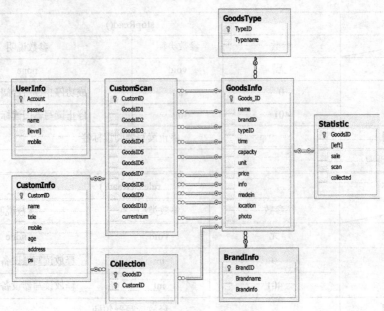

图 13.17　数据库结构关系图

数据表的结构设计主要包括八部分，各部分详细信息及基本信息表如下所示。

（1）GooodInfo（化妆品基本信息表）

化妆品基本信息表主要用于存储化妆品的基本信息，如表 13.17 所示。

表 13.17　　　　　　　　　　　化妆品基本信息表结构

| 列名 | 数据类型 | 可否为空 | 说明 |
| --- | --- | --- | --- |
| goodID | varchar(24) | NOT NULL | 商品 ID 主键 |
| name | varchar(50) | NOT NULL | 商品名称 |
| brandID | short | NOT NULL | 商品品牌 ID |
| typeID | short | NOT NULL | 商品类型 ID |
| time | smalldatetime | NOT NULL | 商品出产时间 |
| capacity | Int | NOT NULL | 商品容量 |
| unit | varchar(4) | NOT NULL | 商品容量单位 |
| price | double | NOT NULL | 商品价格 |
| info | varchar(1024) | NOT NULL | 商品其他信息 |
| madein | varchar(20) | NOT NULL | 商品出产地 |
| location | varchar(50) | NOT NULL | 商品货架号 |
| photo | varchar(1024) | NOT NULL | 商品图片路径 |

（2）Custom（顾客基本信息表）

顾客基本信息表主要用于存储顾客的基本信息，如表 13.18 所示。

表 13.18　　　　　　　　　　　　　　　顾客基本信息表结构

| 列名 | 数据类型 | 可否为空 | 说明 |
|---|---|---|---|
| CustomID | varchar(24) | NOT NULL | 顾客 ID 主键 |
| name | varchar(20) | NOT NULL | 顾客姓名 |
| tele | varchar(20) |  | 顾客电话号码 |
| mobile | varchar(20) |  | 顾客手机号码 |
| age | tinyint | NOT NULL | 顾客年龄 |
| address | varchar(128) |  | 顾客住址 |
| ps | varchar(32) |  | 顾客附加信息 |

（3）Collection（顾客收藏化妆品关系表）

顾客收藏化妆品关系表主要用于存储会员顾客和其收藏化妆品对应关系，如表 13.19 所示。

表 13.19　　　　　　　　　　　　　　顾客收藏商品关系表结构

Collection

| 列名 | 数据类型 | 可否为空 | 说明 |
|---|---|---|---|
| goodID | varchar(32) | NOT NULL | 商品 ID 联合主键 |
| customID | varchar(32) | NOT NULL | 顾客 ID 联合主键 |

（4）User（管理员信息表）

管理员信息表主要用于存储管理员的基本信息，管理员能够登录网站后台进行会员信息和化妆品信息维护等操作，如表 13.20 所示。

表 13.20　　　　　　　　　　　　　　　管理员信息表结构

User

| 列名 | 数据类型 | 可否为空 | 说明 |
|---|---|---|---|
| account | varchar(20) | NOT NULL | 管理员账号 主键 |
| passwd | varchar(30) | NOT NULL | 管理员密码 |
| name | varchar(50) | NOT NULL | 管理员姓名 |
| level | short | NOT NULL | 管理员权限等级 |
| mobile | varchar(20) | NOT NULL | 管理员联系电话 |

（5）GoodType（化妆品种类表）

化妆品种类表结构主要用于存储化妆品种类信息，如表 13.21 所示。

表 13.21　　　　　　　　　　　　　　　化妆品种类表结构

GoodType

| 列名 | 数据类型 | 可否为空 | 说明 |
|---|---|---|---|
| typeID | short | NOT NULL | 商品类别 ID 主键 |
| typename | varchar(50) | NOT NULL | 商品类别名称 |

（6）Brand（化妆品品牌分类表）

化妆品品牌分类表主要用于存储商品品牌信息，如表 13.22 所示。

表 13.22　　　　　　　　　　　　商品品牌分类表结构

| 列名 | 数据类型 | 可否为空 | 说明 |
| --- | --- | --- | --- |
| brandID | short | NOT NULL | 商品品牌 ID 主键 |
| brandname | varchar(50) | NOT NULL | 商品品牌名称 |
| brandinfo | varchar(1024) | NOT NULL | 商品品牌信息 |

（7）Statistic（化妆品统计信息表）

化妆品统计信息表主要用于存储化妆品被浏览次数等统计信息，如表 13.23 所示。

表 13.23　　　　　　　　　　　　化妆品统计信息表结构

| 列名 | 数据类型 | 可否为空 | 说明 |
| --- | --- | --- | --- |
| goodID | varchar（24） | NOT NULL | 商品 ID 主键 |
| left | tinyint | NOT NULL | 商品库存量 |
| sale | tinyint | NOT NULL | 商品销售量 |
| scan | tinyint | NOT NULL | 商品浏览量 |
| collected | tinyint | NOT NULL | 商品收藏量 |

（8）CustomScan（会员顾客浏览记录表）

会员顾客浏览记录表主要用于存储会员浏览化妆品的信息，如表 13.24 所示。

表 13.24　　　　　　　　　　　　会员顾客浏览记录表结构

| 列名 | 数据类型 | 可否为空 | 说明 |
| --- | --- | --- | --- |
| CustomID | varchar(24) | NOT NULL | 顾客 ID 主键 |
| goodID1 | varchar(24) | | 顾客浏览商品的 ID |
| goodID2 | varchar(24) | | 顾客浏览商品的 ID |
| goodID3 | varchar(24) | | 顾客浏览商品的 ID |
| goodID4 | varchar(24) | | 顾客浏览商品的 ID |
| goodID5 | varchar(24) | | 顾客浏览商品的 ID |
| goodID6 | varchar(24) | | 顾客浏览商品的 ID |
| goodID7 | varchar(24) | | 顾客浏览商品的 ID |
| goodID8 | varchar(24) | | 顾客浏览商品的 ID |
| goodID9 | varchar(24) | | 顾客浏览商品的 ID |
| goodID10 | varchar(24) | | 顾客浏览商品的 ID |
| currentnum | tinyint | NOT NULL | 浏览记录 |

## 13.3 系统实现

### 13.3.1 化妆品标签阅读实现

如 13.2.1 小节中模块内部关联结构所呈现，化妆品标签阅读模块采用 ActiveX 空间来实现。ActiveX 控件部分：由于 TagSys 阅读器读写程序是基于 MFC 框架的程序。在本系统中，用户通过网站浏览信息，所以要考虑怎样实现网页和本地读写程序之间的交互。在此用到 ActiveX（ActiveX 只支持 IE 浏览器）技术，即把本地的 MFC 程序封装成 ActiveX 控件，提供接口给网页调用（网页加载 ActiveX 控件，并使用 Javascript 脚本操纵控件的函数，访问控件的方法）。

RFID 读写模块设计流程：初始化 RFID 阅读器，定时从阅读器中读取 RFID 标签信息（包贴用 RFID 的化妆品以及 RFID 用户卡信息）。对标签信息进行相关处理，判断是否有标签移入检测区或者移出检测区，并将这些信息（RFID 阅读器状态，RFID 标签信息，是否有标签新增，是否有标签删除）进行临时缓存，等待 Javascript 调用获取。

在编写 ActiveX 控件前，先将 RFID 阅读器开发光盘中 TAGSYS RFID L-P101\L-P101 - Software Suite\SDKs\Tagsys Library DLL ISO SDK 1-5-0\ActiveX\Files 目录下的 ActiveX 控件需要依赖的几个 lib 文件和 dll 文件（LibTSMap.dll、LibTSMap.lib、MultiStxe.dll、MultiMedioStx.dll）直接复制到系统的 System32 目录下。

其中，这几个文件的功能如表 13.25 所示。

表 13.25  ActiveX 依赖文件功能表

| DLL | Description |
| --- | --- |
| LibTSMapX.dll | The Activex |
| LibTSMap.dll | Provides the Library command set |
| MultiMedioStx.dll | Implements readers command set |
| MultiSTXe.dll | Implements readers protocol over RS232 or TCP/IP |

在 HTML 网页中，通过标签\<object\>\</object\>加载 ActiveX 控件，利用 Javascript 调用控件函数。主要代码如下。

```
<HTML>
<HEAD>
<TITLE>Scriptable ActiveX Web Control</TITLE>
<SCRIPT LANGUAGE="JavaScript">
    //Javascript 调用 ActiveX 控件函数
    function USB_RFID_Init(){
        MFCCtrl.WebInit();
    }
    //扫描标签函数，并输出标签内部信息
function USB_RFID_Scan(){
MFCCtrl.WebScan();
    }
//停止标签扫描，输出停止时的相关信息
    function StopRead(){
MFCCtrl.WebStopScan();
    }
```

```
//停止扫描后，将其所占用的串口进行释放
function USB_RFID_Release(){
MFCCtrl.WebRelease();
        }
</SCRIPT>
</HEAD>
<BODY>
<!-- 加载ActiveX控件方法-->
<OBJECT id="MFCCtrl" WIDTH=500 HEIGHT=300
      classid="CLSID:6BE806C3-80B5-424B-8C72-730F63F007E5">
</OBJECT>
<input type='button' onclick='USB_RFID_Init()' value='Init'>
<input type='button' onclick='USB_RFID_Scan()' value='Start'>
<input type='button' onclick='StopRead()' value='Stop'>
<input type='button' onclick='ReleaseRead()' value='Release'>
</BODY>
</HTML>
```

上述代码中，出现有 WebInit()、WebScan()、WebStopScan()、WebRelease() 4 个函数，分别用于初始化打开串口，阅读化妆品标签，停止阅读，释放串口。下面列出 4 个函数的具体实现。

```
void CMFCCtrlCtrl::WebInit(void)
{
    AFX_MANAGE_STATE(AfxGetStaticModuleState());

    m_dialogTest.OnBtnInit();//调用对象 m_dialogTest 的成员函数 OnBtnInit
}

void CMFCCtrlCtrl::WebRelease(void)
{
    AFX_MANAGE_STATE(AfxGetStaticModuleState());

    m_dialogTest.OnBtnRelease();
}

void CMFCCtrlCtrl::WebStartScan(void)
{
    AFX_MANAGE_STATE(AfxGetStaticModuleState());

    SetTimer(IDT_TIMER2,  3000,  NULL);       //启动定时器,定时器每隔 3000ms 运行一
                                              //次 ID 为 IDT_TIMER2 的事件函数
    m_dialogTest.OnBtnRelist();
}

void CMFCCtrlCtrl::WebStopScan(void)
{
    AFX_MANAGE_STATE(AfxGetStaticModuleState());

    m_dialogTest.OnBtnStpScan();

    KillTimer(IDT_TIMER2);//杀死运行 IDT_TIMER2 事件函数的定时器
}
```

说明：本 ActiveX 控件是基于已经封装好的函数库开发的，如果想进一步利用更底层的函数实现，不妨看一看和 MultiMedioStx.dll 以及 MultiStxe.dll 有关的开发文档。

## 13.3.2 用户卡端信息读取实现

用户信息读取端采用 Ajax 技术，实现与 RFID 读写器与服务器之间的异步通信，从读写器中获取用户卡 ID 信息。以下将给出具体代码，在给出代码前，首先列出 XMLHttpRequest 对象的一些主要方法和属性，如表 13.26 和表 13.27 所示，以便于理解程序。

表 13.26　　　　　　　　　　　标准 XMLHttpRequest 操作

| 方　法 | 描　述 |
|---|---|
| abort() | 停止当前请求 |
| getAllResponseHeaders() | 把 HTTP 请求的所有响应首部作为键/值对返回 |
| getResponseHeader("header") | 返回指定首部的串值 |
| open("method","url") | 建立对服务器的调用。method 参数可以是 GET、POST 或 PUT。url 参数可以是相对 URL 或绝对 URL。这个方法还包括 3 个可选的参数 |
| send(content) | 向服务器发送请求 |
| setRequestHeader("header","value") | 把指定首部设置为所提供的值。在设置任何首部之前必须先调用 open() |

表 13.27　　　　　　　　　　　标准 XMLHttpRequest 属性

| 属　性 | 描　述 |
|---|---|
| onreadystatechange | 每个状态改变时都会触发这个事件处理器，通常会调用一个 Java Script 函数 |
| readystate | 请求的状态。有 5 个可取值：0 = 未初始化，1 = 正在加载，2 = 已加载，3 = 交互中，4 = 完成 |
| response Tert | 服务器的响应，表示为一串 |
| responseXML | 服务器的响应，表示为 XML。这个对象可以解析为一个 DOM 对象 |
| status | 服务器的 HTTP 状态码（200 对应 OK，404 对应 Not Found（未找到）等） |
| statusText | HTTP 状态码的相应文本（OK 或 Not Found（未找到）等） |

具体实现代码如下。

```
<html>
  <body>
    <script type="text/javascript">
      var http_request = false;
      var session_id = "e10fb898";
      var tagArr = null;
      var url = null;
      function send_request(method, url, content, responseType, callback){
        http_request = false;
//创建 XMLHttpRequest 对象，以与读写器进行通信，读取用户卡 ID 信息
        if (window.XMLHttpRequest)
        {
          http_request = new XMLHttpRequest();
          if (http_request.overrideMimeType)
          {
            http_request.overrideMimeType("text/xml");
          }
        }else if (window.ActiveXObject)
        {
```

```javascript
            try{
                http_request = new ActiveXObject("Msxml2.XMLHTTP");
            }catch(e){
                try{
                    http_request = new ActiveXObject("Microsoft.XMLHTTP");
                }catch(e){
                }
            }
        }
//创建 XMLHttpRequest 对象失败
        if (!http_request)
        {
            window.alert("Can't Create XMLHttpRequest Object");
            return false;
        }
//服务器响应为字符串
        if (responseType.toLowerCase() == "text")
        {
            http_request.onreadystatechange = callback;
        }
        else if (responseType.toLowerCase() == "xml")
        {
            http_request.onreadystatechange = callback;
            window.alert("Response Param Error!");
            return false;
        }
//服务器响应信息为 xml 对象
        if (method.toLowerCase() == "get")
        {
            http_request.open(method, url, true);
            http_request.setRequestHeader("Content-Type", "text/xml");
            http_request.setRequestHeader("Cache-Control", "no-cache");
        }
        else if (method.toLowerCase() == "post")
        {
            http_request.open(method, url, true);
    http_request.setRequestHeader("Content-Type","application/x-www-form-urlencoded");
            http_request.setRequestHeader("Accept-Language", "zh-cn");
        }
        else{
            window.alert("Http Request Param Error!");
        }
        http_request.send(content);
    }
//对于读写器建立连接的返回信息进行处理
    function LoginResponse(){
        if (http_request.readyState == 4)
        {
            if (http_request.status == 200)
            {
                var res_xml = loadXML(http_request.responseText);
                var node_err = res_xml.getElementsByTagName('CSL/Error')[0];
```

```javascript
            var node_ack = res_xml.getElementsByTagName('CSL/Ack')[0];
            if (node_err != null )
            {
                window.alert("Already Login In");
            }
            if (node_ack != null)
            {
                var v = res_xml.selectNodes('CSL/Ack');
                session_id = v[0].text.substr(15);
            }
        }
    }
//对读写器返回的信息进行处理
        function ReadEPCResponse(){
            if (http_request.readyState == 4)
            {
                if (http_request.status == 200)
                {
                    var res_xml = loadXML(http_request.responseText);
                    var max_rssi = -100;
                    for (var i = 0;;i++ )
                    {
                        var node_rec = res_xml.getElementsByTagName("CSL/TagList/tagEPC")[i];
                        if (node_rec != null)
                        {
                            if (node_rec.getAttribute("rssi") >= max_rssi)
                            {
                                tagArr = node_rec.getAttribute("tag_id");
                                max_rssi = node_rec.getAttribute("rssi");
window.alert(tagArr);
                            }
                        }else
                            break;
                    }
                    if (i == 0)
                    {
                        send_request("GET", url, null, "TEXT", ReadEPCResponse);
                    }
                }
            }
        }
//断开与读写器连接响应函数
        function LoginoutResponse(){
            if (http_request.readyState == 4)
            {
                if (http_request.status == 200)
                {
                    var res_xml = loadXML(http_request.responseText);
                    var node_ack = res_xml.getElementsByTagName('CSL/Ack')[0];
                    if (node_ack == null)
                    {
                        window.alert("Login Out Failed!");
```

```
                    }
                }
            }
//登录函数，服务器 IP 地址为：192.168.25.248，端口号为：9090，用户名为：
root，密码为：csl2006
            function Login(){
url= "http://192.168.25.248:9090/API?command=login&username=root&password=csl2006";
                send_request("GET", url, null, "TEXT", LoginResponse);
            }
            //向 RFID 标签读写器发送读取请求，读取其缓存中增删改的标签 ID 信息
            function ReadEPC(){
    url="http://192.168.25.248:9090/API?command=getCaptureTagsRaw&mode=getEPC&session_id=" +
session_id;
                tagArr = null;
                send_request("GET", url, null, "TEXT", ReadEPCResponse);
            }

//断开与读写器的连接
            function Loginout(){
url="http://192.168.25.248:9090/API?command=forceLogout&username=root&
password=csl2006";
                send_request("GET", url, null, "TEXT", LoginoutResponse);
            }

            function loadXML(xmlStr){
                if(!window.DOMParser&&window.ActiveXObject)
{ //window.DOMParser 判断是否是非 ie 浏览器
                    var xmlDomVersions =
['MSXML.2.DOMDocument.6.0', 'MSXML.2.DOMDocument.3.0', 'Microsoft.XMLDOM'];
                    for(var i=0;i<xmlDomVersions.length;i++){
                        try{
                            xmlDoc = new ActiveXObject(xmlDomVersions[i]);
                            xmlDoc.async = false;
                            xmlDoc.loadXML(xmlStr); //loadXML 方法载入 xml 字符串
                            break;
                        }catch(e){
                        }
                    }
                }
                //支持 Mozilla 浏览器
                else if(window.DOMParser && document.implementation &&
document.implementation.createDocument){
                    try{
                        domParser = new DOMParser();
                        xmlDoc = domParser.parseFromString(xmlStr, "text/xml");
                    }catch(e){
                    }
                }
                else{
                    return null;
                }
                return xmlDoc;
```

```
        }
    </script>
//网页中添加按钮,以测试用户卡信息读取是否正常
    <input type="button" onClick="javascript:Login()" value="Login" />
    <input type="button" onClick="javascript:ReadEPC()" value="Read" />
    <input type="button" onClick="javascript:Loginout()" value="LoginOut" />
</body>
</html>
```

### 13.3.3 系统前台和后台管理模块实现

系统服务器端使用 PHP+HTML 脚本语言进行开发,不同的开发人员可以根据需求,在服务器端采用不同的开发语言对系统进行开发。但是无论采用哪种开发语言,都可以将 13.3.1 小节与 13.3.2 小节的 HTML 文件嵌入到开发页面中,并调用文件中的用户卡以及化妆品标签读取函数,以获取化妆品以及用户卡 ID 信息。以对数据库进行增、删、改操作,从而更新客户端页面,返回给用户化妆品以及用户的具体信息。系统前后台根据需要,开发人员自行进行开发,在此不再进行详细说明。

下面将以化妆品标签读写模块生成的 ActiveX 控件函数,在系统网页中的调用为例,讲解页面对 ActiveX 控件在本系统开发中的应用。在本系统中,将 ActiveX 控件函数嵌入到文件名为 usb_rfid 的 HTML 文件中,在系统服务器端的 PHP 文件里采用如下函数实现对 ActiveX 控件函数的调用。

```
    ......
    <?php
        require("read/usb_rfid.html");
    ?>
<body onload="USB_read()">
    ......
</body>
```

在整个 PHP 页面加载时,亦会将 usb_rfid.html 页面进行加载,在<body></body>执行之前,会执行 USB_read()函数,从而将读取的化妆品 ID 信息传送给 PHP 页面进行处理。采用同样的方法,可以对用户卡信息进行读取,并传送到 PHP 页面,进而对数据库进行相关操作,以更新数据库以及刷新页面。

## 13.4 系统使用说明

**1. edgeserver**

该系统是基于 edgeserver 中间件的一整套解决方案,换句话说,就是系统读标签的所有操作都要用到 edgeserver 中间件。所以 edgeserver 是很重要的中间件(也是一个服务器)。如果发现系统不能读取商品标签,很可能是 edgeserver 的配置出错。在 edgeserver 中,只要一个阅读器的配置出错,就会导致另外一个阅读器也无法读取标签。

**2. CS461 阅读器的配置**

CS461 的阅读器配置,可以通过登录其网页服务器进行配置。

① CS461 网页服务器的网址是:http://192.168.25.248:9090,用户名:root,密码:csl2006。

② 使用 IE 浏览器打开，系统需要安装过 MSXML4.0 sp2。

③ 登录后的具体设置可以参看光盘中的手册，手册路径：\User Guide\CSL CS-461 User's Manual v4.0.pdf。

**3. 系统的数据库**

系统的数据库使用 MySQL 5.0.67，登录名：root，密码：eti2008，数据库名：eti_project。

**4. Px Explorer**

每一个商品 RFID 标签都有一个唯一标识符，就像网卡的 Mac 地址一样。本系统的商品标签唯一标识符需要通过 Px Explorer 来读取。举以下例子进行说明。

① 读取"薇姿美体紧致精华露"包装盒下面的 RFID 标签；

② 安装 Px Explorer（选择 Px Explorer Setup.msi）。

③ 将 TagSys 的 USB 口插入主机，第一次插入会提示安装驱动。将光盘中 Tagsys USB Driver V1-3 文件夹复制出来，安装驱动时路径指向该文件夹即可。

④ 安装完驱动后，可以在电脑的设备管理器中看到阅读器的 COM 串口，如图 13.18 所示。

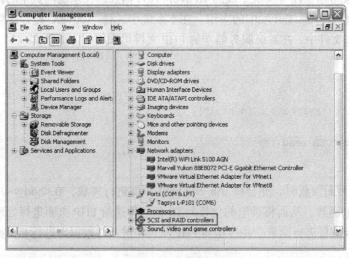

图 13.18 阅读器串口

⑤ 打开 Px Explorer，选择菜单栏 Settings\ Communication Settings，如图 13.19 所示。

⑥ Communication setting 具体配置信息如图 13.20 所示。

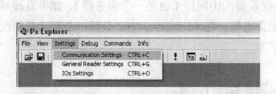

图 13.19 选择菜单栏 Settings\ Communication Settings

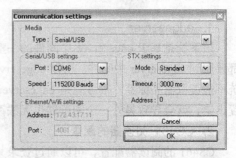

图 13.20 Communication Settings 设置

⑦ 选择菜单栏 Settings\ General Reader Settings，如图 13.21 所示。

⑧ General Reader Setting 配置信息如图 13.22 所示。值得注意的是，标签属于 ISO15693 类型，注意正确选择。

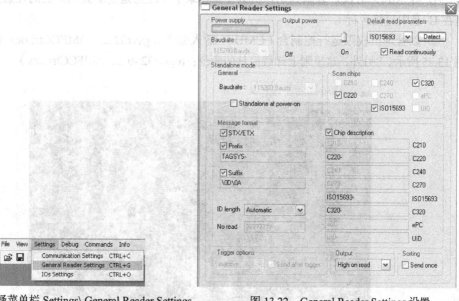

图 13.21 选择菜单栏 Settings\ General Reader Settings

图 13.22 General Reader Settings 设置

⑨ 如图 13.23 所示，选中"Default Read"选项。

⑩ 在打开的对话框中，选择按钮 Read，读出标签，如图 13.24 所示。由图可知，"薇姿美体紧致精华露"RFID 标签号为 E004010016815FF800（最后两位为 DSFID 位）。

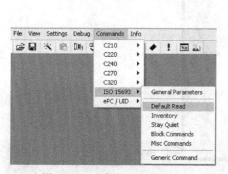

图 13.23 选中 Default Read

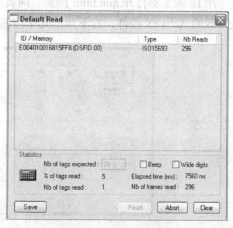

图 13.24 标签读取结构显示

RFID 智能导购系统根据以上得到的唯一标识符，到数据库中查找匹配商品信息进行展示。

## 13.4.1 化妆品标签阅读模块使用

### 1. 生成控件

打开 VS2005 工程，在工程选择 Start Debugging。然后 VS2005 就会在对应的目录下自动生成 ocx 文件，本系统中生成的是 Release 版的 MFC 的静态链接库文件（Use MFC in a static library），工程目录的 release 文件下 MFCCtrl.ocx 文件。

### 2. 注册

① 将 MFCCtrl.ocx 复制到用户机的任意目录下（注意是复制到用户机的任意盘符下，而不是在 U 盘中直接运行）。

② 以管理员权限运行控制台（CMD）。输入命令 regsvr32 ........\MFCCtrl.ocx 注册控件，如图 13.25 所示。（另外，这里附上卸载控件的命令：regsvr32 -u ........\MFCCtrl.ocx）

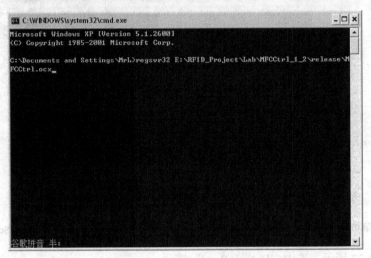

图 13.25　注册 MFCCtrl.ocx

### 3. 控件使用

用 IE 浏览器打开 hihi.html 网页，网页自动加载 ActiveX 控件。如图 13.26 所示，红框部分就是加载的 ActiveX 控件，右下角的几个按钮是用 HTML 写的按钮。

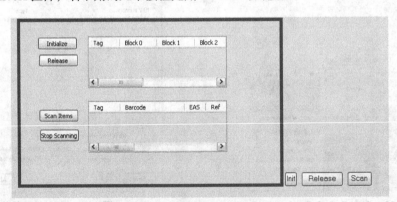

图 13.26　ActiveX 控件界面显示

### 4. 控件执行步骤

第一，打开串口；第二，扫描标签；第三，释放被占用的串口。只要直接单击图 13.26 右下角的几个按钮即可（先单击 Init，再单击 Scan，最后单击 Release）。

## 13.4.2　系统前台界面展示

化妆品导购模块的主要功能是：为用户展示最新化妆品信息；当贴有 RFID 标签的化妆品靠

近 RFID 化妆品读写器时，向用户展示该化妆品的具体信息以及同类化妆品的比较信息；会员登录后，可以查看并且收藏感兴趣的化妆品，以便于化妆品的查找与对比。化妆品展示模块可以具体细分为：会员登录、化妆品对比、化妆品信息展示、会员收藏、会员注销 5 个功能模块。化妆品展示模块的输入主要包含化妆品标签信息，以及会员卡信息。

### 1. 化妆品细信息展示及化妆品对比测试页面

当会员使用会员卡登录系统后，在系统首页将贴有 RFID 标签的化妆品靠近 RFID 化妆品读写器时，系统自动跳转到化妆品信息展示页面，显示该标签化妆品对应的具体信息，同时提供同类化妆品的对比信息。页面如图 13.27 所示。

图 13.27 化妆品细信息展示及化妆品对比测试页面

### 2. 会员收藏页面

当会员用户登录后，单击对应的化妆品进行收藏，则系统将该化妆品收藏到对应会员用户名下。页面如图 13.28 所示。

化妆品/用户信息管理模块具有管理会员以及销售人员信息的功能，其分为两大主要功能：会员/销售人员管理和化妆品管理。该模块在整个系统中属于后台管理模块。根据功能需求，会员/销售人员管理又细分为：会员注册、会员资料修改、会员销户、销售人员注册、销售人员资料管理、销售人员销户；化妆品管理细分为：化妆品信息修改、化妆品信息添加、化妆品信息删除、化妆品下架、化妆品信息查询。在此，仅展示会员/销售人员管理中的用户资料管理展示页面，以及化妆品管理中的化妆品信息添加页面。

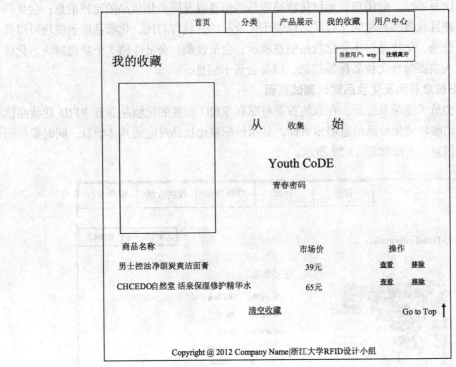

图 13.28 会员收藏页面

### 3. 用户信息管理展示页面

该页面主要向管理员展示用户信息,这里的用户包括管理员以及会员用户,如图 13.29 所示。

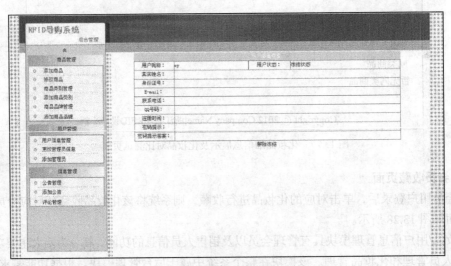

图 13.29 用户信息管理展示页面

### 4. 化妆品信息添加页面

此页面展示添加商品时需要填写的资料,当资料填写完毕后,单击添加按钮,则系统将会将对应商品信息添加到数据库中,如图 13.30 所示。

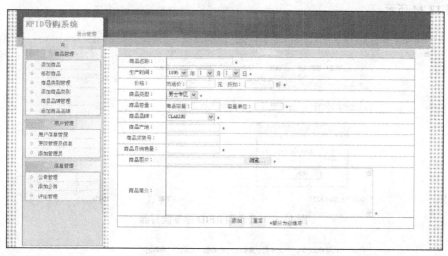

图 13.30 化妆品信息添加页面

#### 5. 化妆品信息展示页面

该页面向管理员展示了系统中所有化妆品的详细信息列表，以便于管理员对化妆品进行管理和查看。页面如图 13.31 所示。

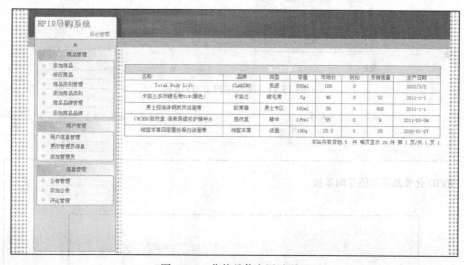

图 13.31 化妆品信息展示页面

## 13.4.3 用户卡标签读取模块使用

将用户卡标签读取模块的详细代码放于名为 csl_api 的 HTML 文件中，再浏览其中打开的文件。

① 单击两次以上 Login 按钮时，会提示用户已经与服务器建立了连接，出现界面如图 13.32 所示。

② 单击 Read 按钮后，将用户卡接近读写器，将读出当前用户卡的 ID 信息，出现界面如图 13.33 所示。

③ 当单击 LoginOut 按钮后，会断开与服务器的连接。

④ 系统网页中执行读取标签函数，用户将卡靠读写器时，系统页面会弹出该卡的 ID 信息，

界面如图 13.34 所示。

图 13.32　登录到 RFID 标签读写器

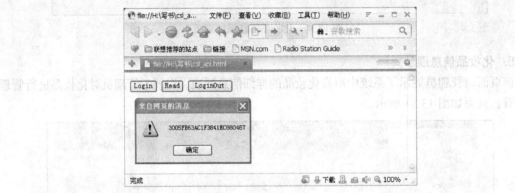

图 13.33　读取用户卡 ID 信息

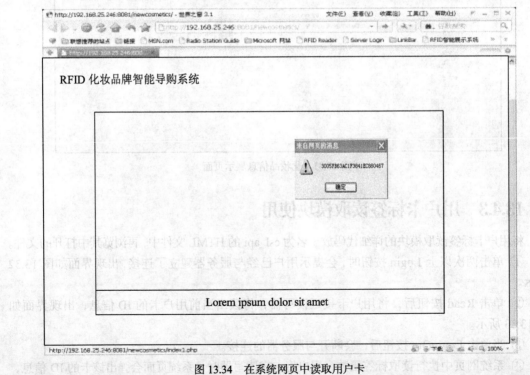

图 13.34　在系统网页中读取用户卡

## 小　结

本章在 RFID 技术的基础上，通过对现行化妆品导购体系中存在的不足进行分析，设计了基于射频识别技术的化妆品智能导购系统。首先对化妆品智能导购系统进行了详细的功能和性能需求分析；然后介绍了系统的总体设计和所使用的硬件，并详细描述了系统硬件的工作原理；最后给出了各个功能类和数据库的设计，并给出了系统实现之后的主界面。

为了实现系统对于化妆品信息和用户信息的管理，首先访问 RFID 阅读器，获得 RFID 阅读器状态以及相关标签 ID 数据信息，通过 HTTP 请求协议，将对应增加/删除的 ID 信息传递给服务器，将信息存储于数据库中，然后服务器通过后台 PHP 脚本访问数据库，根据 RFID 标签 ID 查找数据库，得到对应化妆品信息或用户信息，服务器将对应数据返回给 ActiveX 控件，javascript 通过从 ActiveX 控件获得增加/删除的 ID 信息，并刷新网页显示化妆品信息或用户信息。采集化妆品和用户信息，主要基于 RFID 技术，由系统硬件部分实现，然后交由软件部分进行处理和管理。经过本系统的设计，基本上达到了系统对于各个功能要求的实现，可以方便地实现用户对化妆品信息的查询。

## 讨论与习题

1. 化妆品智能导购系统分为哪几个模块？各模块主要功能是什么？
2. 简述化妆品展示模块的工作流程。
3. 化妆品智能导购系统实现主要包括哪几部分？
4. 简要描述 CS461 阅读器的配置过程。

# 参考文献

[1] 黄玉兰. 物联网——射频识别（RFID）核心技术详解[M]. 北京：人民邮电出版社，2010.

[2] 马建. 物联网技术概论[M]. 北京：机械工业出版社，2011.

[3] 张福生. 物联网——开启全新生活的智能时代[M]. 山西：山西人民出版社，2010.

[4] 王良民，熊书明. 物联网工程概论[M]. 北京：清华大学出版社，2011.

[5] 吴成东. 物联网技术与应用[M]. 北京：科学出版社，2012年.

[6] 熊三炉. 我国发展物联网的对策和建议[M]. 北京，科学管理研究，2011年第4期.

[7] 高飞，薛艳明，王爱华. 物联网核心技术——RFID 原理与应用[M]. 北京：人民邮电出版社.

[8] Systron 希创技术，http://www.systron.com.cn/tiaoxingma/txmbook.htm

[9] 刘云浩. 物联网导论[M]. 北京：科学出版社，2010.

[10] （德）芬肯才勒著. 射频识别技术（第三版）[M]. 陈大才等译. 北京：电子工业出版社，2006.

[11] 米志强，黄友森. 射频识别（RFID）技术与应用[M]. 北京：电子工业出版社，2011.

[12] 彭力. 物联网应用基础[M]. 北京：冶金工业出版社，2011.

[13] 张春红，裘晓峰，夏海轮，马涛. 物联网技术与应用[M]. 北京：人民邮电出版社，2011.

[14] 何将三，陈国栋. 基于 MF RC500 的射频识别读写器设计[J]. 单片机与嵌入式系统应用，2004(11):52-55.

[15] 贾振国，许琳，谷春苗. 射频卡基站芯片 U2270B 的原理及应用[J]. 国外电子元器件，2004(1):66-68.

[16] 无线射频识别（RFID）系统技术与应用[M]. 北京：人民邮电出版社，2007.

[17] 周晓光，王晓华. 射频识别（RFID）技术原理与应用案例[M]. 北京：人民邮电出版社，2006.

[18] 陈吉阳. 电子车牌识别系统的开发及应用前景分析[J]. 北方交通，2007，10.

[19] 王长清. 射频技术在高速公路收费系统中的应用[J]. 科技资讯. 2009，27.

[20] 李元忠. 射频识别技术在交通领域的应用[J]. 电讯技术. 2002，5.

[21] 摩佰尔电子科技有限公司. RFID 信息化港口物流管理系统解决方案[Z]. RFID 世界网，2011，06.

[22] 王岭，李海刚. 浅谈 RFID 技术在供应链管理中的应用价值[J]. 技术经济与管理研究，2006，6;30-32.

[23] 包起凡. RFID 在集装箱物流中的应用于探索[J]. 铁道物资学科管理，2006，4:40-42.

[24] 杨业娟，胡孔法. 基于 RFID 的物流仓储管理系统分析与设计[J]. 现代电子技术，2011，34-22.

[25] 任永昌，邢涛，赵国强. 居于射频识别技术在嵌入式仓储物流管理中的研究[J]. 电脑知识与技术，2010，6，19.

[26] 陈海滢，刘昭. 物联网应用启示录——行业分析与案例实践[M]. 北京：机械工业出版社，2011.

[27] 龚钢军，孙毅等. 面向智能电网的物联网架构与应用方案研究[J] 电力系统保护与控制，2011年20期.

[28] 深圳市创思源智能技术有限公司. 基于 RFID 技术的电力资产管理系统设计. AET 电子应用技术.

[29] 深圳市哲云科技有限公司, 基于 RFID 的医疗废物管理系统方案. RFID 世界网, 2012 年 3 月.

[30] 严蔚敏, 吴伟民. 数据结构（C 语言版）[M]. 北京：清华大学出版社, 2001.

[31] 耿祥义, 张跃平. Java 面向对象程序设计[M]. 北京：清华大学出版社, 2010.

[32] Magellan Technology.Magellan Reader Application Programmer's Guide （For Version 3 ReaderServer）. http://www.magtech.com.au/, 2007.

# 缩 略 词

| | | |
|---|---|---|
| ADS | Advanced Design System | 高级设计系统 |
| AIDC | Auto Identification and Data Capture | 自动识别技术 |
| AIDS | Auto Identification System | 自动识别系统 |
| AIM | Automatic Identification Manufacturers | 自动识别制造商协会 |
| ALE | Address Latch Enable | 地址锁存使能 |
| ALE | Application Level Event | 应用层事件 |
| AMS | Asset Management System | 资产管理系统 |
| API | Application Programming Interface | 应用程序编程接口 |
| BAW | Bulk Acoustic Wave | 体声波 |
| BEG | Business Event Generator | 商业事件生成器 |
| CAD | Computer Aided Design | 计算机辅助设计 |
| CCTV | Closed Circuit Television | 闭路电视 |
| CEP | Complex Event Processing | 复杂事件处理 |
| CPU | Central Processing Unit | 中央处理器 |
| DFD | Data Flow Diagram | 数据流图 |
| DMS | Document Management System | 文档信息管理系统 |
| DSP | Digital Signal Processing | 数字信号处理 |
| EAN | European Article Numbering | 欧洲商品编码 |
| EAS | Electronic Article Surveillance | 电子商品防窃（盗）系统 |
| EDA | Electronic Design Automation | 电子设计自动化 |
| EEPROM | Electrically Erasable Programmable Read-Only Memory | 电可擦可编程只读存储器 |
| EMI | Electro-Magnetic Interference | 电磁干扰 |
| EPC | Electronic Product Code | 电子产品编码 |
| EPCIS | EPC Informaiton Service | EPC 信息服务规范 |
| ERP | Enterprise Resource Planning | 企业资源计划 |
| FFT | Fast Fourier Transformation | 快速傅里叶变换 |
| FRAM | Ferroelectric Random Access Memory | 铁电存储器 |
| FTP | File Transfer Protocol | 文件传输协议 |
| GLN | Global Location Number | 全球位置码 |
| GPS | Global Positioning System | 全球定位系统 |
| GTIN | Global Trade Item Number | 全球贸易项目代码 |
| GUI | Graphical User Interface | 图形用户界面 |

| | | |
|---|---|---|
| HAL | Hardware Abstraction Layer | 硬件抽象层 |
| HF | High Frequency | 高频 |
| HTML | Hypertext Markup Language | 超文本标记语言 |
| HTTP | Hypertext Transport Protocol | 超文本传输协议 |
| IBM | International Business Machines | 国际商业机器公司 |
| IC | Integrated Card | 集成电路卡 |
| ICT | Information and Communications Technology | 信息与通信技术 |
| IDE | Integrated Drive Electronics | 电子集成驱动器 |
| IDT | Interdigital Transducer | 叉指换能器 |
| IG | Intelligence Guide | 智能导购系统 |
| IOT | The Internet of Things | 物联网 |
| ISO/IE | International Organization for Standardization/ International Electrotechnical Commission | 国际标准化组织和国际电工委员会 |
| IT | Information Technology | 信息技术 |
| JDBC | Java DataBase Connectivity | java 数据库连接 |
| JMS | Java Message Service | Java 消息服务 |
| LF | Low Frequency | 低频 |
| LMS | Logistics management system | 物流管理系统 |
| M2M | Machine to Machine | 机器—机器 |
| MCU | Micro Control Unit | 微控制器 |
| MFC | Microsoft Foundation Class | 微软基础类 |
| MOM | Message-Oriented Middleware | 面向消息的中间件 |
| OCR | Optical Character Recognition | 光学字符识别 |
| OMS | Order Management System | 订单管理系统 |
| ONS | Object Naming Service | 对象名解析服务 |
| PC | Personal Computer | 个人电脑 |
| PDA | Personal Digital Assistant | 掌上电脑 |
| PHP | Hypertext Preprocessor | 超级文本预处理语言 |
| PML | Physical Markup Language | 实体标记语言 |
| PML Server | Physical Markup Language Server | 实体标记语言服务 |
| POS | Point of Sale | 销售终端系统 |
| QoS | Quality of Service | 服务质量 |
| RCP | Reader Core Proxy | 阅读器核心代理层 |
| RFID | Radio Frequency Identification | 射频识别 |
| ROM | Read-Only Memory | 只读存储器 |
| RTF | Reader Talks First | 读写器先发言 |
| SAW | Surface Acoustic Wave | 声表面波 |
| SDK | Software Development Kit | 软件开发工具包 |
| SOAP | Simple Object Access Protocol | 简单对象访问协议 |
| SQL | Structured Query Language | 结构化查询语言 |

| | | |
|---|---|---|
| | Static Random Access Memory | 静止存储器 |
| | Serial Shipping Container Code | 系列货运包装箱代码 |
| | Transmission Control Protocol | 传输控制协议 |
| TTF | Tag Talks First | 标签先发言 |
| UCC | Uniform Code Council | 北美统一码协会 |
| UDP | User Datagram Protocol | 用户数据报协议 |
| UHF | Ultra High Frequency | 特高频 |
| UIDC | Ubiquitous ID Center | 泛在识别中心 |
| UPC | Universal Product Code | 通用产品编号 |
| USB | Universal Serial BUS | 通用串行总线 |
| VHF | Very High Frequency | 甚高频 |
| WMS | Warehouse management system | 仓库管理系统 |